普通高等教育“三海一核”系列规划教材

数学物理方程与特殊函数

于涛 杨延冰 编

高等教育出版社·北京

内容提要

本书共8章，前6章为数学物理方程与特殊函数的经典内容：介绍三类典型的数学物理方程及一些基本概念、分离变量法、行波法与积分变换法等，还探讨了贝塞尔函数、格林函数及勒让德多项式的应用；后2章为工程实践中应用广泛的变分法、解析近似解及数值近似解等内容。

本书可作为高等学校工科类各专业的数学物理方程与特殊函数课程教材，也可供相关的理科类专业学生及工程技术人员参考。

图书在版编目（CIP）数据

数学物理方程与特殊函数 / 于涛，杨延冰编．-- 北京：高等教育出版社，2019.9

ISBN 978-7-04-052203-7

Ⅰ．①数… Ⅱ．①于… ②杨… Ⅲ．①数学物理方程－高等学校－教材②特殊函数－高等学校－教材 Ⅳ．① O175.24 ② O174.6

中国版本图书馆 CIP 数据核字（2019）第 134572 号

策划编辑 李冬莉　责任编辑 李冬莉　封面设计 张 楠　版式设计 杜微言
插图绘制 黄云燕　责任校对 刘丽娴　责任印制 刁 毅

出版发行 高等教育出版社
社　　址 北京市西城区德外大街4号
邮政编码 100120
印　　刷 天津文林印务有限公司
开　　本 787 mm×1092 mm　1/16
印　　张 12.25
字　　数 300千字
购书热线 010-58581118
咨询电话 400-810-0598
网　　址 http://www.hep.edu.cn
　　　　 http://www.hep.com.cn
网上订购 http://www.hepmall.com.cn
　　　　 http://www.hepmall.com
　　　　 http://www.hepmall.cn
版　　次 2019年9月第1版
印　　次 2019年9月第1次印刷
定　　价 38.00元

物 料 号 52203-00

前言

18世纪,微积分产生之后,人们利用极限的思想对力学、物理学中的一些问题和规律进行了深入的探索,如研究质点的位移与时间的变化之间的关系,电流电压随变化着的时间而改变的规律,总结出描绘这类现象内在规律的数学模型——常微分方程。在科学技术日新月异发展的过程中,用只含有一个自变量的常微分方程,描述人们所研究的所有问题显然不行。例如,流动的物质,其内部的温度、密度等物理量不仅与时间有关,同时还和其所处的空间位置有关,因此要用含有多个自变量的函数来描述这类物理现象。这样,偏微分方程的理论就逐渐产生了。

数学物理方程的研究对象是具有物理背景的偏微分方程(组),而本书主要是对波动方程、热传导方程、调和方程等三类具有典型意义的数学物理方程进行剖析,阐明了偏微分方程的基本理论、典型解法以及它们在工程实际问题中的应用。在研究具体问题时,先建立描绘物理现象的数学模型,然后提供模型的求解方法,进而研究客观问题变化发展的一般规律。

本书是哈尔滨工程大学的"三海一核"特色系列教材,注重把物理规律、数学方法与工程实际这三者有机地结合在一起,希望在有限的学时内,通过初步的训练与有效的引导,培养工科学生应用数学工具解决复杂工程问题的能力。将建模思想、化归思想融入教学内容中,引导学生透过现象本身所蕴含的客观规律,寻找数学方法诞生的源泉,力求塑造一条合理的探索与发现之路。在满足传统的理工科教学基本要求的同时,还要满足新形势下的教学需求。

本书编写时,还注意与大学数学基础课程内容的衔接,考虑大学数学系列课程体系上的统一,保持方法叙述和符号含义的一致，在读者熟悉的环境里展开新的讨论。针对工科学生的特点，在文字和内容上，我们力求理论脉络尽可能清晰，解题方法尽可能丰富，数学推演尽可能简洁。为了达到易教易学的目的，本书不追求理论体系的完整性，而是注重内容的可读性与实用性。我们对许多基本理论采取述而不证的方式或者粗线条直观的分析，着重于探讨和阐明理论概念和方法技巧的渊源与作用，在介绍经典理论的同时，适当地介绍一些现代的数学物理研究方法。

读者只要具备高等数学、线性代数的基本知识，就能轻松地阅读本书。我们将部分涉及较深理论的内容以及对正文的注释、补充等用小字编排，读者阅读时可以适当选择，或者略去，或者借助于相关参考资料进行系统的学习。在课后习题中，我们列举了几个专题问题，表面上是较长的习题，实质上是对某些具体问题较为系统的研究，是对正文内容的补充和扩展，其结果有一定价值或涉及相关的应用。

本书的编写得到了哈尔滨工程大学本科院的大力支持，对此表示衷心的感谢。还要感谢课堂上那些踊跃提问的同学，他们智慧的火花点亮了我们写作的方向。特别要感谢廖振鹏院士、苏景辉教授，和他们关于数学物理问题多次有趣的探讨，使我们受益匪浅。本书的出版得到高等教育出版社的鼎力支持，作者在此表示感谢。

由于作者水平有限，难免有不妥之处，欢迎读者批评指正。

编者

2018 年 8 月 29 日

目录

第 1 章　典型方程的推导及基本概念 …… 1

1.1　波动方程与定解条件 …… 1

1.2　热传导方程与定解条件 …… 6

1.3　调和方程与定解条件 …… 11

1.4　基本概念与叠加原理 …… 12

1.5　二阶偏微分方程的分类 …… 17

习题 1 …… 24

第 2 章　分离变量法 …… 26

2.1　固有值与固有函数 …… 26

2.2　有界弦的自由振动 …… 31

2.3　有易弦的强迫振动 …… 40

2.4　有限长杆上的热传导问题 …… 51

2.5　二维拉普拉斯方程 …… 58

习题 2 …… 67

第 3 章　贝塞尔函数 …… 73

3.1　贝塞尔方程的求解及贝塞尔函数 …… 73

3.2　贝塞尔函数的递推公式及其振荡特性 …… 76

3.3　贝塞尔方程的导出 …… 79

3.4　函数按贝塞尔函数系展开 …… 81

3.5　贝塞尔函数的应用 …… 86

*3.6　圆柱冷却问题 …… 91

习题 3 …… 93

第 4 章　勒让德多项式 …… 96

4.1　勒让德方程的导出 …… 96

4.2　勒让德方程的求解 …… 98

4.3　勒让德多项式 …… 99

4.4　函数展开成勒让德多项式的级数 …… 102

4.5　连带的勒让德多项式 …… 107

习题 4 …… 109

第 5 章　行波法与积分变换法 …… 111

5.1　一阶线性偏微分方程的特征线法 …… 111

5.2　一维波动方程的初值问题 …… 114

5.3　延拓法求解半无限长弦的振动问题 …… 123

5.4　高维波动方程的初值问题 …… 127

5.5　积分变换法 …… 133

习题 5 …… 138

第 6 章　格林函数 …… 140

6.1　δ 函数 …… 140

6.2　无界域中的格林函数 …… 142

6.3　格林公式与有界域上的格林函数 …… 143

6.4　格林函数的应用 …… 146

习题 6 …… 151

第 7 章　变分法及应用 …… 152

7.1　泛函和泛函极值 …… 152

7.2　变分法在固有值问题中的应用 …… 157

7.3　伽辽金方法 …… 162

7.4　坐标函数的选择 …… 164

第 8 章　数学物理中的近似解法 …… 166

8.1　解析近似解 …… 166

8.2　数学物理方程的差分解法 …… 170

附录一　双调和方程 …… 177

附录二　探讨定解问题适定性的方法——能量积分法 …… 181

部分习题答案与提示 …… 188

参考文献 …… 189

第 1 章　典型方程的推导及基本概念

数学物理方程是一个以物理规律为基础，以数学方法为工具来研究实际问题的数学分支，它的主要研究对象为来自数学物理问题中的偏微分方程. 本章首先从具体的物理模型推导出三类典型的数学物理方程，以及相关的定解条件；然后介绍偏微分方程的基本概念及二阶线性偏微分方程的分类.

1.1　波动方程与定解条件

用微分方程描述工程实际问题，实质就是从物理问题导出数学物理方程. 首先，我们分析实际问题遵循的物理规律，并用数学概念表达相关的物理量，再运用数学方法推导出数学物理方程. 数学上可采用两种不同的推导方法，即**局部微元法**和**整体积分法**.

局部微元法是指在所研究的物体中，任取一个微元，在其上建立相应物理量的平衡关系，然后令微元的直径趋向于零，使微小的体积紧缩成一个点，则得到区域内任意一点的数学物理方程. 整体积分法是在物体内部任取一个子区域，在其上建立相应物理量的平衡关系，得到一个积分等式，根据积分区域的任意性，通过被积表达式就可得到数学物理方程. 这两种方法本质上是相同的. 下面，我们通过推导波动方程引入这些具体内容.

1.1.1 方程的导出

考虑如下问题：一根线密度为 ρ 、长为 l 的均匀细弦，拉紧之后使它在平衡位置作振幅微小的横振动，求弦上各点的位移随时间变化的规律.

本问题是现实生活中弦乐器的弦振动现象的简化. 弦振动是一个复杂的物理过程，在建立描述弦振动过程的数学模型时，为了便于讨论，必须忽略一些次要因素，作一些合理的假设与近似.

我们考虑一根理想化的柔软细弦，其横截面的直径与弦的长度相比非常小，因此可以把弦看作是质点的一维分布；柔软意味着整个弦可以任意变形，反抗弯曲所产生的力矩可以忽略不计，其内部的张力总是沿着弦的切线方向.

振幅微小，不仅指振动的幅度很小，同时认为切线的倾斜角也很小；横振动是指振动发生在一个平面内，且弦上各点的运动方向垂直于平衡位置.

我们以弦的平衡位置为 x 轴建立坐标系，弦的一端置于坐标原点，用函数 $u(x,t)$ 描述时刻 t 、弦上横坐标为 x 的点在纵轴 u 方向上的位移.

下面,我们先采用局部微元法推导弦作微小横振动的数学规律.在振动过程的任一时刻 t ,弦的形状是一条曲线,在弦上任选一小段弦 MM' ,其上每一点的位置如图 1-1 所示. 其中, M 点处的张力为 $\boldsymbol{T}$,其大小表示为 T ,它与 x 轴的夹角为 α , $\tan\alpha=\dfrac{\partial u(x,t)}{\partial x}$, M' 点处的张力为 $\boldsymbol{T}'$,其大小表示为 T' ,它与 x 轴的夹角为 α' , $\tan\alpha'=\dfrac{\partial u(x+\Delta x,t)}{\partial x}$,记弦段 MM' 的长度为 $\mathrm{d}s$.

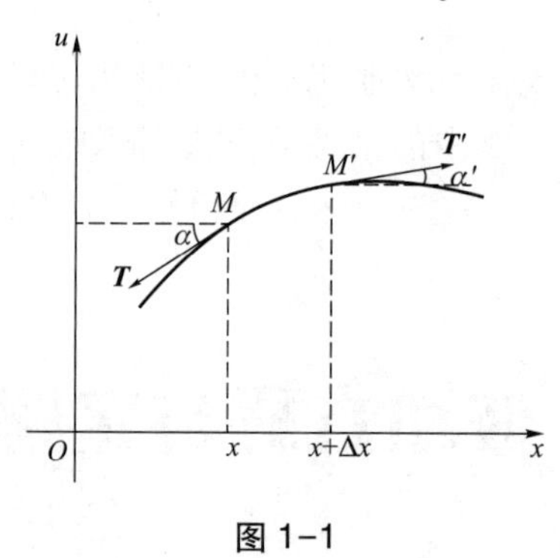

图 1-1

现在建立位移 $u(x,t)$ 所应满足的方程.首先,我们将弦段 MM' 上的运动近似看作是一个质点的运动,它满足牛顿运动定律: $F=ma$.

首先,由于是微小的振动,所以 $\alpha\approx\alpha'\approx 0$,则

$$\sin\alpha\approx\tan\alpha=\frac{\partial u(x,t)}{\partial x},\qquad \sin\alpha'\approx\tan\alpha'=\frac{\partial u(x+\Delta x,t)}{\partial x},$$

$$\mathrm{d}s=\int_x^{x+\Delta x}\sqrt{1+\left(\frac{\partial u(x,t)}{\partial x}\right)^2}\,\mathrm{d}x\approx\Delta x.$$

这样我们可以认为弦线没有伸长,也就是说,弦在 x 轴方向没有位移.

在 x 轴方向,弦段 MM' 受力总和为

$$F_x=-T\cos\alpha+T'\cos\alpha'.$$

因为弦只在 x 轴的垂直方向作横振动,在 x 轴方向没有位移,因此合力为 0,即

$$-T\cos\alpha+T'\cos\alpha'=0. \tag{1.1.1}$$

又由于是微小振动,因此 α,α' 近似为 0,有

$$\cos\alpha\approx\cos\alpha'\approx 1 .$$

代入(1.1.1)可以得到

$$T=T'.$$

这表明,弦上各点处张力相等,是一个常数.

在 u 轴方向上,弦段 MM' 受力的总和为

$$F_u=-T\sin\alpha+T'\sin\alpha'-\rho g\mathrm{d}s ,$$

其中, ρ 为弦的线密度, g 为重力加速度.同时,弦段 MM' 在 t 时刻沿 u 方向运动的加速度近似为 $\dfrac{\partial^2 u(\bar{x},t)}{\partial t^2}$,其中 $\bar{x}$ 为弦段 MM' 的质心横坐标,位于点 $x,x+\Delta x$ 之间.于是成立

$$-T\sin\alpha+T'\sin\alpha'-\rho g\mathrm{d}s=\rho\mathrm{d}s\frac{\partial^2 u(\bar{x},t)}{\partial t^2},$$

即

$$T'\tan\alpha'-T\tan\alpha-\rho g\mathrm{d}s=\rho\mathrm{d}s\frac{\partial^2 u(\bar{x},t)}{\partial t^2}.$$

$$T\left[\frac{\partial u(x+\Delta x,t)}{\partial x}-\frac{\partial u(x,t)}{\partial x}\right]-\rho g\Delta x=\rho\Delta x\frac{\partial^2 u(\bar{x},t)}{\partial t^2}.$$

由微分中值定理可得

$$T\left[\frac{\partial^2 u(x+\theta\Delta x,t)}{\partial x^2}\right]\Delta x-\rho g\Delta x=\rho\Delta x\frac{\partial^2 u(\bar{x},t)}{\partial t^2}.$$

令 $\Delta x\to 0$,则有 $x+\theta\Delta x\to x$, $\bar{x}\to x$,得到

$$\rho\frac{\partial^2 u(x,t)}{\partial t^2}=T\frac{\partial^2 u(x,t)}{\partial x^2}-\rho g,$$

即

$$\frac{\partial^2 u(x,t)}{\partial t^2}+g=\frac{T}{\rho}\frac{\partial^2 u(x,t)}{\partial x^2}.$$

通常情况下,弦绷得很紧,张力较大,导致弦振动速度变化很快,即 $\frac{\partial^2 u}{\partial t^2}$ 比 g 远远大得多,所以 g 可以略去.令 $a^2=\frac{T}{\rho}$,得到

$$\frac{\partial^2 u(x,t)}{\partial t^2}=a^2\frac{\partial^2 u(x,t)}{\partial x^2}.\tag{1.1.2}$$

称方程(1.1.2)为**弦振动方程**,未知函数 u 只含有两个变量 x,t ,其中 t 表示时间, x 表示空间位置.表示空间位置的变量只有一个,因此该方程又称为**一维波动方程**.

在振动过程中,如果弦上还受到一个与振动方向平行的外力, t 时刻弦上 x 点处的外力密度为 $F(x,t)$,方向垂直于 x 轴,则在上述推导过程之中,弦段 MM' 在 u 轴方向上所受的合力为

$$F_u=-T\sin\alpha+T'\sin\alpha'-\rho g\mathrm{d}s+F(x,t)\mathrm{d}s,$$

即

$$T'\sin\alpha'-T\sin\alpha-\rho g\mathrm{d}s+F(x,t)\mathrm{d}s=\rho\mathrm{d}s\frac{\partial^2 u(\bar{x},t)}{\partial t^2},$$

则得到描述弦受外力强迫振动的方程

$$\frac{\partial^2 u(x,t)}{\partial t^2}=a^2\frac{\partial^2 u(x,t)}{\partial x^2}+f(x,t),\tag{1.1.3}$$

式中 $f(x,t)=\frac{1}{\rho}F(x,t)$,表示 t 时刻单位质量的弦在 x 点处所受的外力.

方程中与函数 $u(x,t)$ 无关的项 $f(x,t)$ 又称为**自由项**.含有非零自由项 $f(x,t)$ 的方程称为**非齐次方程**,若 $f(x,t)=0$,则称之为**齐次方程**.因此方程(1.1.2)称为**齐次一维波动方程**,方程(1.1.3)称为**非齐次一维波动方程**.

下面我们运用整体积分法作一个简单的推导，学习一下这个方法的思想及具体应用.为此，我们在弦上任选一段 MM'，其在 x 轴上投影为 $[x_1,x_2]$，在 u 轴方向上，惯性力

$$F=ma=\int_{x_1}^{x_2}\mathrm{d}(ma)=\int_{x_1}^{x_2}(\mathrm{d}m)a=\int_{x_1}^{x_2}(\rho\mathrm{d}s)a=\int_{x_1}^{x_2}\rho\frac{\partial^2u(x,t)}{\partial t^2}\mathrm{d}s.$$

已经证明弦线没有伸长且张力 $\boldsymbol{T}$ 为常量，故弦段 MM' 的张力在 u 轴方向的分量是

$$\begin{aligned}T\sin\alpha'-T\sin\alpha&\approx T\tan\alpha'-T\tan\alpha=T\frac{\partial u(x,t)}{\partial x}\Big|_{x=x_2}-T\frac{\partial u(x,t)}{\partial x}\Big|_{x=x_1}\\&=T[u_x(x_2,t)-u_x(x_1,t)]=T\int_{x_1}^{x_2}\frac{\partial^2u(x,t)}{\partial x^2}\mathrm{d}x,\end{aligned}$$

因此，弦段 MM' 上力的平衡关系为

$$T\int_{x_1}^{x_2}\frac{\partial^2u(x,t)}{\partial x^2}\mathrm{d}x+\rho g\mathrm{d}s=\int_{x_1}^{x_2}\rho\frac{\partial^2u(x,t)}{\partial t^2}\mathrm{d}s,$$

则对一切弦段 MM' 成立

$$\int_{x_1}^{x_2}\left[-\rho\frac{\partial^2u(x,t)}{\partial t^2}+T\frac{\partial^2u(x,t)}{\partial x^2}+\rho g\right]\mathrm{d}x=0,$$

故可得

$$-\rho\frac{\partial^2u(x,t)}{\partial t^2}+T\frac{\partial^2u(x,t)}{\partial x^2}+\rho g=0.$$

经过整理及合理的假设，略去 g，得到偏微分方程

$$\frac{\partial^2u(x,t)}{\partial t^2}=a^2\frac{\partial^2u(x,t)}{\partial x^2}.$$

如果我们研究外力作用下平面薄膜的微小振动，则会得到二维波动方程

$$\frac{\partial^2u}{\partial t^2}=a^2\left(\frac{\partial^2u}{\partial x^2}+\frac{\partial^2u}{\partial y^2}\right)+f(x,y,t).$$

同样的分析方法，我们可以得到描述外力作用下弦振动的三维波动方程

$$\frac{\partial^2u}{\partial t^2}=a^2\left(\frac{\partial^2u}{\partial x^2}+\frac{\partial^2u}{\partial y^2}+\frac{\partial^2u}{\partial z^2}\right)+f(x,y,z,t).$$

方程(1.1.2)是一个重要的偏微分方程，各种弹性振动，如建筑物的剪切振动、潮汐波、地震波等都可以用这个方程来描述，这些物理现象的共同特征是振动产生波的传播.该方程于1752年由达朗贝尔(d'Alembert)首先建立，后来，欧拉(Euler，1759年)和伯努利(Bernoulli，1762年)在对声波的研究过程中，分别推广建立了二维波动方程和三维波动方程.

1.1.2 定解条件

当学习后续内容后，我们会了解到不同长度的杆的纵振动、电磁波沿同轴线传播等问题，都可归结为方程(1.1.2)描述的数学模型.为了得到具体问题所蕴含的变化规律，还须考虑物理现象所处的特定环境及历史演变.所谓的特定环境，实质就是实际问题通过边界和外部环境发生的关

系，这种关系的数学描述就称之为**边界条件**.历史演变就是要知道物理现象从何种状态转移到如今的状态，这就需要了解问题变化刚开始的状态，对这种状态的描述称之为**初始条件**.**定解条件**即是初始条件和边界条件的统称.

所以，一根弦线的特定振动状态还依赖于弦初始时刻的状态和通过弦线两端所受外界的影响.为了确定一个具体的弦振动的规律，除了列出方程外，还需要给出它满足的定解条件，即初始条件和边界条件：

初始条件，即初始时刻 $t=0$ 时，弦上各点的位移和速度：

$$u(x,t)\big|_{t=0}=\varphi(x)\,(0<x<l),\tag{1.1.4}$$

$$\frac{\partial u(x,t)}{\partial t}\Big|_{t=0}=\psi(x)\,(0<x<l),\tag{1.1.5}$$

式中，$\varphi(x)$，$\psi(x)$ 为已知函数，当 $\varphi(x)=\psi(x)=0$ 时，称之为**齐次初始条件**.

边界条件，即弦的端点所满足的条件.由物理学可知，弦在振动时，其端点（以 $x=l$ 表示这个端点）所受的约束情况通常有以下三种.

① 固定端.即弦在振动过程中，该端点始终固定不动，位移是 0.对应于这种状态的边界条件为

$$u(x,t)\big|_{x=l}=0\text{ 或 }u(l,t)=0.$$

更一般的情况是，弦的端点不固定，而是按照某种规律 $w(t)$ 运动，则边界条件为

$$u(x,t)\big|_{x=l}=w(t),$$

这样的边界条件称为**第一类边界条件**.

② 自由端.即弦的这个端点可以在垂直于 x 轴的轨道上自由滑动，不受垂直方向的外力的作用，从而该端点在位移方向上的张力为零.由前述推导过程可知对应于这种状态的边界条件为

$$T\frac{\partial u}{\partial x}\Big|_{x=l}=0,$$

即

$$\frac{\partial u}{\partial x}\Big|_{x=l}=0.$$

一般情况下，若此端点受垂直方向的外力的作用，假设 t 时刻外力大小为 $g(t)$，则有

$$T\frac{\partial u}{\partial x}\Big|_{x=l}=g(t).$$

整理.令 $\mu(t)=\dfrac{g(t)}{T}$，有

$$\frac{\partial u}{\partial x}\Big|_{x=l}=\mu(t).$$

这样的边界条件称为**第二类边界条件**.

③ 弹性支承端.即弦的一个端点固定在弹性支承上，弹性支承的伸缩符合胡克（Hooke）定律，如果弹性支承初始位移为 $u=0$，则 $u\big|_{x=l}$ 表示弹性支承在该点的伸长.此时弦对支承的拉力在垂直方向的分量为

$$T\frac{\partial u}{\partial x}\Big|_{x=l},$$

大小应该等于 $ku\big|_{x=l}$,即

$$T\frac{\partial u}{\partial x}\bigg|_{x=l}=-ku\big|_{x=l}$$

或

$$\left(\frac{\partial u}{\partial x}+\sigma u\right)\bigg|_{x=l}=0.$$

式中,$\sigma=k/T$,k 为劲度系数.

一般情况下,弦的端点还受垂直方向的外力,t 时刻外力大小为 $g(t)$,则有

$$T\frac{\partial u}{\partial x}\bigg|_{x=l}=-ku\big|_{x=l}-g(t).$$

令 $\mu(t)=-\dfrac{g(t)}{T}$,$\sigma=\dfrac{k}{T}$,有

$$\left(\frac{\partial u}{\partial x}+\sigma u\right)\bigg|_{x=l}=\mu(t).$$

这样的边界条件称为**第三类边界条件**.

我们不考虑具体的物理模型,从数学的角度出发,将描述一维波动方程的边界条件抽象推广为用于描述任意现象的边界条件.

若在边界 Γ 上直接给出未知函数 u 的数值,即

$$u\big|_{\Gamma}=\mu_1(t),$$

这种形式的边界条件称为**第一类边界条件**.

若在边界 Γ 上直接给出未知函数 u 沿 Γ 的外法线方向 $\boldsymbol{n}$ 的方向导数,即

$$\frac{\partial u}{\partial \boldsymbol{n}}\bigg|_{\Gamma}=\mu_2(t),$$

这种形式的边界条件称为**第二类边界条件**.

同样,我们称如下形式的边界条件为**第三类边界条件**:

$$\left(\frac{\partial u}{\partial \boldsymbol{n}}+\sigma u\right)\bigg|_{\Gamma}=\mu_3(t).$$

若 $\mu_i(t)=0(i=1,2,3)$,则称这种边界条件为**齐次边界条件**,否则就称之为**非齐次边界条件**.

1.2 热传导方程与定解条件

众所周知,如果空间某物体 G 内各点处的温度不同,热量就会从温度较高的点向温度较低的点流动,这种现象就叫**热传导**.由于热量的传导过程表现为温度随时间和点的位置的不同而变化,因此热传导问题实质上就是要求出物体内部温度分布的函数.

1.2.1 方程的导出

我们在三维空间中建立一个模型,来描述一个均匀的、各向同性物体内部的热传导过程.用 $u(x,y,z,t)$ 表示物体 G 内部某点 $M(x,y,z)$ 在 t 时刻的温度,然后我们利用整体积分法,推导温度函数 $u(x,y,z,t)$ 满足的数学物理方程.

热的传播符合傅里叶(Fourier)定律:物体在无穷小时段 $\mathrm{d}t$ 内流过一个无穷小面积 $\mathrm{d}S$ 的热量 $\mathrm{d}Q$,与时间 $\mathrm{d}t$ 、曲面的面积 $\mathrm{d}S$ 以及物体的温度 u 沿曲面 $\mathrm{d}S$ 的外法线方向 $\boldsymbol{n}$ 的方向导数 $\dfrac{\partial u}{\partial \boldsymbol{n}}$ 三者成正比,即

$$\mathrm{d}Q=-k\frac{\partial u}{\partial \boldsymbol{n}}\mathrm{d}S\mathrm{d}t. \tag{1.2.1}$$

式中, $k=k(x,y,z)$ 称为物体在点 (x,y,z) 处的热传导系数.当物体为均匀且各向同性的导体时, k 取常数.由于热量的流向与温度的梯度方向相反,所以上式中有了一个负号.

在物体 G 内部任取一个小区域记为 Ω ,其边界曲面记为 Σ ,则从时刻 t_1 到时刻 t_2 经过曲面 Σ 流入区域 Ω 的热量为

$$Q_1=\int_{t_1}^{t_2}\left[\oint\!\!\!\oint_{\Sigma}k\frac{\partial u}{\partial \boldsymbol{n}}\mathrm{d}S\right]\mathrm{d}t. \tag{1.2.2}$$

流入的热量使 Ω 内部的温度发生了变化,在时间间隔 (t_1,t_2) 内,区域 Ω 内部各点的温度由 $u(x,y,z,t_1)$ 变化到 $u(x,y,z,t_2)$,这一过程所需要的热量为

$$Q_2=\iiint_{\Omega}c\rho[u(x,y,z,t_2)-u(x,y,z,t_1)]\,\mathrm{d}V, \tag{1.2.3}$$

式中, c 为物体的比热容, ρ 为物体的密度.

如果所考虑的物体内部没有热源,由热量守恒定律可得 $Q_1=Q_2$,则

$$\int_{t_1}^{t_2}\left[\oint\!\!\!\oint_{\Sigma}k\frac{\partial u}{\partial \boldsymbol{n}}\mathrm{d}S\right]\mathrm{d}t=\iiint_{\Omega}c\rho[u(x,y,z,t_2)-u(x,y,z,t_1)]\mathrm{d}V. \tag{1.2.4}$$

假设函数 u 关于 x,y,z 具有二阶连续偏导数,关于 t 具有一阶连续偏导数,则利用高斯(Gauss)公式有

$$Q_1=\int_{t_1}^{t_2}\left[\iiint_{\Omega}\left[\frac{\partial}{\partial x}\left(k\frac{\partial u}{\partial x}\right)+\frac{\partial}{\partial y}\left(k\frac{\partial u}{\partial y}\right)+\frac{\partial}{\partial z}\left(k\frac{\partial u}{\partial z}\right)\right]\mathrm{d}V\right]\mathrm{d}t.$$

Q_2 可以表示为

$$Q_2=\iiint_{\Omega}c\rho\left[\int_{t_1}^{t_2}\frac{\partial u}{\partial t}\mathrm{d}t\right]\mathrm{d}V=\int_{t_1}^{t_2}\left[\iiint_{\Omega}c\rho\frac{\partial u}{\partial t}\mathrm{d}V\right]\mathrm{d}t.$$

于是(1.2.4)式可变为

$$\int_{t_1}^{t_2}\left[\iiint_{\Omega}\left[c\rho\frac{\partial u}{\partial t}-\frac{\partial}{\partial x}\left(k\frac{\partial u}{\partial x}\right)-\frac{\partial}{\partial y}\left(k\frac{\partial u}{\partial y}\right)-\frac{\partial}{\partial z}\left(k\frac{\partial u}{\partial z}\right)\right]\mathrm{d}V\right]\mathrm{d}t=0.$$

由于 t_1,t_2 与区域 Ω 是任意选取的,且被积函数是连续的,于是得

$$c\rho\frac{\partial u}{\partial t}=\frac{\partial}{\partial x}\left(k\frac{\partial u}{\partial x}\right)+\frac{\partial}{\partial y}\left(k\frac{\partial u}{\partial y}\right)+\frac{\partial}{\partial z}\left(k\frac{\partial u}{\partial z}\right). \tag{1.2.5}$$

(1.2.5)式称为非均匀的各向同性体内的热传导方程.若物体是均匀的,则 k,c,ρ 均为常数,记 $k/c\rho=a^2$,则(1.2.5)式变成

$$\frac{\partial u}{\partial t}=a^2\left(\frac{\partial^2 u}{\partial x^2}+\frac{\partial^2 u}{\partial y^2}+\frac{\partial^2 u}{\partial z^2}\right). \tag{1.2.6}$$

若物体内部有热源,且单位时间内单位体积所产生的热量为 $F(x,y,z,t)$,则相应的热传导方程为

$$\frac{\partial u}{\partial t}=a^2\left(\frac{\partial^2 u}{\partial x^2}+\frac{\partial^2 u}{\partial y^2}+\frac{\partial^2 u}{\partial z^2}\right)+f(x,y,z,t)\ , \tag{1.2.7}$$

式中

$$f(x,y,z,t)=\frac{1}{c\rho}F(x,y,z,t).$$

我们称方程(1.2.6)为**齐次热传导方程**,而称方程(1.2.7)为**非齐次热传导方程**.在这两个方程中,用 x,y,z 三个变量描述空间位置,所以又被称为**三维热传导方程**.

当我们考虑的对象是不含热源的一根均匀细杆时,它的侧面绝热,且在同一横截面上的温度分布是相同的.若我们以细杆作为 x 轴,则杆上的温度 u 只与 x,t 有关,所以有

$$u_y=u_z=0.$$

则(1.2.6)式变为

$$\frac{\partial u}{\partial t}=a^2\frac{\partial^2 u}{\partial x^2}, \tag{1.2.8}$$

这个方程称为**一维热传导方程**.

同样,若考虑一个薄片上的热传导问题,其上、下两个侧面绝热,则可得到二维热传导方程

$$\frac{\partial u}{\partial t}=a^2\left(\frac{\partial^2 u}{\partial x^2}+\frac{\partial^2 u}{\partial y^2}\right). \tag{1.2.9}$$

在研究由于浓度不均匀而产生的诸如气体的扩散、液体的渗透,半导体材料中杂质扩散等物理过程时,若用 u 表示扩散物质的浓度,则浓度 u 满足的方程在形式上与热传导方程一样.于是,我们也把这类方程称作**扩散方程**.历史上,傅里叶在其经典名著《热的解析理论》中首先引入和研究了热传导方程.

下面,我们运用局部微元法推导一维热传导方程.考虑一根水平放置在 x 轴、长度为 l 的均匀细杆,其端点在 $x=0,x=l$ 处.假设细杆的横截面是均匀的,且侧面绝热.这样,杆内只存在 x 方向的热流.令 $u(x,t)$ 为杆上 x 点处 t 时刻的温度, $e(x,t)$ 为热流密度(单位体积的热能), $\phi(x,t)$ 为热流量(单位时间内沿正方向流过单位面积的热能), $Q(x,t)$ 为热源在单位体积单位时间内产生的热能, $c(x)$ 为比热容, $\rho(x)$ 为密度.在其上任选一小段薄片 $[x,x+\Delta x]$,记细杆的横截面积为 A ,则该薄片的体积为 $A\Delta x$,薄片上的全部热能为 $e(x,t)A\Delta x$.

由于薄片中的热能使薄片的温度由零升高到 $u(x,t)$,所以

$$e(x,t)A\Delta x=c(x)u(x,t)\rho(x)A\Delta x,$$

则成立

$$e(x,t)=c(x)u(x,t)\rho(x). \tag{1.2.10}$$

热能守恒定律表明热能的改变是由于从边界流过的热能以及内部热源,应用到我们选定的

小体积上,则有

$$\frac{\partial}{\partial t}[e(x,t)A\Delta x] = \phi(x,t)A - \phi(x+\Delta x,t)A + Q(x,t)A\Delta x. \tag{1.2.11}$$

依据傅里叶热传导定律,有

$$\phi(x,t) = -K_0\frac{\partial u}{\partial x}, \tag{1.2.12}$$

其中 K_0 称为热导率.傅里叶热传导定律的定量描述就是热从物体内部温度高处流向温度低处,因此,若随着 x 的增加温度也增加,则热能将向 x 减少的方向流动,故傅里叶热传导定律中存在一个负号.

对(1.2.11)式两端同除 $A\Delta x$,并令 $\Delta x \to 0$,得到

$$\frac{\partial}{\partial t}e(x,t) = \lim_{\Delta x\to 0}\frac{\phi(x,t)-\phi(x+\Delta x,t)}{\Delta x} + Q(x,t) = -\frac{\partial}{\partial x}\phi(x,t) + Q(x,t).$$

将(1.2.10)式,(1.2.12)式代入上式,有

$$\frac{\partial}{\partial t}[c(x)u(x,t)\rho(x)] = -\frac{\partial}{\partial x}\left[-K_0\frac{\partial u}{\partial x}\right] + Q(x,t),$$

则得到热传导方程

$$c(x)\rho(x)\frac{\partial}{\partial t}[u(x,t)] = K_0\frac{\partial^2 u}{\partial x^2} + Q(x,t).$$

若比热容 $c(x)$ 、密度 $\rho(x)$ 均为常数,上述方程化为

$$\frac{\partial u}{\partial t} = a^2\frac{\partial^2 u}{\partial x^2} + f(x,t),$$

其中, $a^2 = \frac{K_0}{c\rho}$ 称为热扩散率, $f(x,t) = \frac{1}{c\rho}Q(x,t)$.

1.2.2 定解条件

对于一个特定的热传导过程,仅知道温度 u 所满足的方程是远远不够的,还需知道研究对象在“初始”时刻的状态和边界上发生的变化,即所谓的初始条件和边界条件.

方程(1.2.6)中的未知函数 u 只含有关于变量 t 的一阶偏导数,所以初始条件显然为

$$u(x,y,z,t)\big|_{t=0} = \varphi(x,y,z), \tag{1.2.13}$$

式中, $\varphi(x,y,z)$ 为已知函数,表示 $t=0$ 时刻物体内部温度的分布.

至于边界条件,常见的有以下三种基本类型.设所考虑物体 G 的边界曲面为 Γ ,且已知物体表面的温度为 $\mu_1(x,y,z,t)$,则

$$u(x,y,z,t)\big|_{\Gamma} = \mu_1(x,y,z,t), \tag{1.2.14}$$

式中 $\mu_1(x,y,z,t)$ 为定义在 Γ 上的已知函数,这种边界条件称为第一类边界条件.

若已知物体表面上各点的热流量 μ_0,也就是说物体表面上单位时间内流过单位面积的热量是已知的,则由傅里叶热传导定律可得

$$\mu_0 = -k\frac{\partial u}{\partial \boldsymbol{n}}\bigg|_\Gamma,$$

其中 $\boldsymbol{n}$ 为外法线方向,则有

$$\frac{\partial u}{\partial \boldsymbol{n}}\bigg|_\Gamma = \mu_2(x,y,z,t). \tag{1.2.15}$$

式中,$\mu_2(x,y,z,t) = -\dfrac{\mu_0}{k}$ 为定义在 Γ 上的已知函数.这种边界条件称为第二类边界条件.

特别的,若物体表面上各点热流量为0,则称之为**绝热性边界条件**,即

$$\frac{\partial u}{\partial \boldsymbol{n}}\bigg|_\Gamma = 0.$$

若物体置于一介质中,我们只能测得与物体相接触的介质温度 u_1.一般情况下,由于 u_1 与物体表面的温度 u 不同,因此物体内部和周围的介质通过曲面 Γ 存在热量交换.由热传导中的牛顿实验定律可知

$$\mathrm{d}Q = k_1(u-u_1)\mathrm{d}S\mathrm{d}t, \tag{1.2.16}$$

式中,k_1 是两种介质之间的热交换系数.在物体内部无限接近表面 Γ 处,作一闭曲面 Σ,由于在 Γ 内侧热量不能积累,因此在曲面 Σ 上 的热流量应等于边界曲面 Γ 上的热流量,流过曲面 Σ 的热量满足

$$\mathrm{d}Q = -k\frac{\partial u}{\partial \boldsymbol{n}}\mathrm{d}S\mathrm{d}t,$$

流过边界曲面 Γ 的热量满足

$$\mathrm{d}Q = k_1(u-u_1)\mathrm{d}S\mathrm{d}t,$$

所以有关系式

$$-k\frac{\partial u}{\partial \boldsymbol{n}}\bigg|_\Gamma = k_1(u-u_1)\big|_\Gamma,$$

即

$$\left(\frac{\partial u}{\partial \boldsymbol{n}} + \alpha u\right)\bigg|_\Gamma = \alpha u_1\big|_\Gamma. \tag{1.2.17}$$

这种边界条件可改写为

$$\left(\frac{\partial u}{\partial \boldsymbol{n}} + \alpha u\right)\bigg|_\Gamma = \mu_3(x,y,z,t), \tag{1.2.18}$$

式中,$\mu_3(x,y,z,t)$ 为定义在 Γ 上的已知函数,α 为已知正数.这种类型的边界条件称为**第三类边界条件**.

当 $\mu_i(x,y,z,t) = 0(i=1,2,3)$ 时,相应的边界条件称为**齐次边界条件**,否则称为**非齐次边界条件**.

1.3 调和方程与定解条件

设空间有一静电场,其电荷密度为$\rho(x,y,z)$,电场强度为$\boldsymbol{E}$.在国际单位制下,静电场的方程组为

$$\begin{cases}\nabla(\varepsilon \boldsymbol{E})=\rho, & (1.3.1)\\ \nabla\times \boldsymbol{E}=\boldsymbol{0}, & (1.3.2)\end{cases}$$

式中,ε是介电常数.

由于静电场具有无旋性,因此电势$u(x,y,z)$与电场强度$\boldsymbol{E}(x,y,z)$之间有关系式

$$\boldsymbol{E}=-\nabla u. \tag{1.3.3}$$

将(1.3.3)式代入(1.3.1)式得

$$-\varepsilon\nabla\cdot(\nabla u)=\rho,$$

即

$$\Delta u=-\frac{1}{\varepsilon}\rho. \tag{1.3.4}$$

在直角坐标系下,(1.3.4)式表示为

$$\frac{\partial^2 u}{\partial x^2}+\frac{\partial^2 u}{\partial y^2}+\frac{\partial^2 u}{\partial z^2}=-\frac{1}{\varepsilon}\rho. \tag{1.3.5}$$

称方程(1.3.5)为**三维泊松(Poisson)方程**.若电荷密度$\rho=0$,则方程(1.3.5)为

$$\frac{\partial^2 u}{\partial x^2}+\frac{\partial^2 u}{\partial y^2}+\frac{\partial^2 u}{\partial z^2}=0. \tag{1.3.6}$$

称方程(1.3.6)为**三维调和方程**(又称为**拉普拉斯方程**).

在1.2节中,我们建立了热传导方程,若导热物体内热源的分布和边界情况不随时间变化,则经过相当长时间后,物体内部的温度将达到稳定状态,不再随时间变化,因而热传导方程中的$\frac{\partial u}{\partial t}=0$,于是(1.2.6)和(1.2.7)变为

$$\frac{\partial^2 u}{\partial x^2}+\frac{\partial^2 u}{\partial y^2}+\frac{\partial^2 u}{\partial z^2}=0, \tag{1.3.7}$$

$$\frac{\partial^2 u}{\partial x^2}+\frac{\partial^2 u}{\partial y^2}+\frac{\partial^2 u}{\partial z^2}=-\frac{1}{a^2}f(x,y,z). \tag{1.3.8}$$

这样,我们又得到了拉普拉斯方程和泊松方程.在这里,由不同的物理过程却得到相同的偏微分方程.

对于拉普拉斯方程和泊松方程所描述的具体的物理现象,也需要附加一定的条件.由于它们描述稳定或平衡的物理现象,用于表示该过程的物理量与时间无关,故定解条件只有边界条件而无初始条件.和前面一样,边界条件也分为三类.

第一类边界条件：直接给出未知函数 u 在边界 Γ 上的数值，即

$$u|_{\Gamma}=\mu_1.$$

第二类边界条件：直接给出未知函数 u 在边界 Γ 上、沿 Γ 的外法线方向 $\boldsymbol{n}$ 的方向导数，即

$$\left.\frac{\partial u}{\partial \boldsymbol{n}}\right|_{\Gamma}=\mu_2.$$

第三类边界条件：直接给出未知函数 u 及其沿 Γ 的外法线方向 $\boldsymbol{n}$ 的方向导数的某种线性组合在边界 Γ 上的值，即

$$\left.\left(\frac{\partial u}{\partial \boldsymbol{n}}+\sigma u\right)\right|_{\Gamma}=\mu_3.$$

若 $\mu_i=0(i=1,2,3)$，则称相应的边界条件为齐次边界条件，否则就称之为非齐次边界条件.

1.4　基本概念与叠加原理

1.4.1　偏微分方程的基本概念

在大学数学基础课程中，我们学习了常微分方程理论，了解了常微分方程的阶、通解、线性、齐次以及非齐次等概念.在偏微分方程理论中，首先也要介绍诸如此类的基本概念.

偏微分方程就是含有未知函数及其关于各个自变量的偏导数的方程；偏微分方程中所含有的未知函数的最高阶偏导数的阶数，称为**偏微分方程的阶**；若偏微分方程中的每一项关于未知函数及其所有偏导数的次数都为0次或者1次，则称该方程为**线性偏微分方程**，否则就称为**非线性偏微分方程**；一个线性偏微分方程中存在不含未知函数及其偏导数的项（称为**自由项**，这一项关于未知函数及其所有偏导数的次数都为0次），则方程称为**非齐次偏微分方程**，否则就称为**齐次偏微分方程**.

依照定义，偏微分方程

$$\frac{\partial u}{\partial t}=a(t,x)\frac{\partial^2 u}{\partial x^2}+b(t,x)\frac{\partial u}{\partial x}+u+f(t,x)$$

是二阶线性非齐次偏微分方程.

$$\frac{\partial u}{\partial x}+\frac{\partial u}{\partial y}=0$$

是一阶线性齐次偏微分方程.

$$\frac{\partial^3 u}{\partial x\partial y^2}+2\frac{\partial^2 u}{\partial x\partial y}+xy=0$$

是三阶线性非齐次偏微分方程.

$$\frac{\partial u}{\partial t}+u\frac{\partial u}{\partial x}=0\ (\text{冲击波方程})$$

是一阶非线性偏微分方程.

$$\frac{\partial u}{\partial t}+\sigma u\frac{\partial u}{\partial x}+\frac{\partial^3 u}{\partial x^3}=0\text{(KdV 方程)}$$

是三阶非线性偏微分方程.

设函数 u 在区域 Ω 中具有直到方程的阶数的连续偏导数,把 u 代入方程中能得到恒等式,则称 u 为方程在区域 Ω 内的一个解,这种解又称为**古典解**;若该函数 u 无穷次可微,则称为**光滑解**;若该函数 u 可以展开成收敛的幂级数,则称为**解析解**.显然,光滑解和解析解都是方程的古典解.

由于某些原因,有时我们得不到某种定解问题的古典解,而定解问题反映的客观规律是存在的,因此需要推广解的概念,探索更广泛意义下的广义解(形式解或弱解).这些内容,在以后的章节中会陆续介绍.

一般情况下,我们希望能求出方程的通解,并进一步求出所满足的特解.

例 1.1

求偏微分方程 $\frac{\partial u(x,y)}{\partial x}=0$ 的解 $u(x,y)$.

解 这是一个最简单的偏微分方程,它含有 2 个自变量,且方程是一阶线性齐次偏微分方程.显然,函数 $\frac{\partial u(x,y)}{\partial x}$ 关于变量 x 是常数,即不含有 x.另一方面,对于任意的一阶连续可微函数 f, $u=f(y)$ 满足此方程,所以得到所求偏微分方程的通解为

$$u(x,y)=f(y),$$

其中 f 是任意的一阶连续可微函数.

例 1.2

求解偏微分方程 $\frac{\partial^2 u}{\partial x\partial y}=0.$

解 这是二阶线性齐次偏微分方程.由例 1.1 的分析过程,我们将方程化为

$$\frac{\partial}{\partial x}\left(\frac{\partial u}{\partial y}\right)=0,$$

得到

$$\frac{\partial u}{\partial y}=f(y),$$

式中, f 是任意的一阶连续可微函数.

两侧同时对 y 积分,则得到

$$u(x,y)=\int f(y)\mathrm{d}y+G(x)=F(y)+G(x),$$

式中, G 是任意函数.由 f 是任意函数可知 F 也是任意函数.

只要任意函数 F,G 是二阶连续可微的,则求得的 $u(x,y)$ 就是所给的偏微分方程的通解.

在实际工作中,能找到通解的偏微分方程非常少,所以我们只能去求方程的某些特解,并限制这些特解满足附加的定解条件,进而归纳出一些规律性的计算原则.在以后的几章中,我们将对不同数学物理方程的求解问题进行分析.

1.4.2 定解问题及其适定性

科研实践中关注的大量工程问题,本质上是研究物理量(如位移、温度、浓度、电势等)在空间各点随时间变化的规律,为此,要推导出描述该物理量变化规律的方程,同时,要描述该物理量在研究区域边界上和初始时刻的情形,即定解条件.这样,方程和定解条件就构成了描述具体实际现象的定解问题.

由于定解条件的不同,定解问题又可以分为以下三种.

初值问题(又称为**柯西问题**):只有初始条件,没有边界条件的定解问题;

边值问题:只有边界条件,没有初始条件的定解问题;

混合问题:既有初始条件,又有边界条件的定解问题.

我们研究数学物理方程定解问题的目的在于探索、发现和解释客观物质世界的变化规律,因此建立的数学物理方程定解问题符合客观实际是非常重要的.在分析实际问题遵循的物理规律、推导数学物理方程时,我们对物理模型作了一些理想化的假设,补充了一些附加条件.这样得到的定解问题是否真实反映了客观实际呢?因此有必要从量的角度出发,利用适当的数学工具,通过下述三个方面来检验数学模型的优劣.

1. 解的存在性:在推导偏微分方程及提出定解条件时,往往需要忽略我们认为次要的因素,作出简化的假定.如果定解问题提得不合适,或定解条件过多、互相矛盾,则解就可能不存在.

2. 解的唯一性:如果定解条件不够充分,就可能出现多个解,但是客观物理过程有可能存在唯一的结果,因此必须寻找新的定解条件,以保证解的唯一性.

3. 解的稳定性:因为定解条件大都来自实际测量,而测量必然有误差,定解条件细微的误差,如果引起解很大的变动,则这个解将会与实际情况出现很大的差异.解的稳定性要求当定解条件在一定范围内变化时,所得的解也只能在一定精度范围内变化,这就是稳定性所要研究的问题.

定解问题的存在性、唯一性、稳定性合称为**定解问题的适定性**.如果一个定解问题存在唯一且稳定的解,则称定解问题是**适定的**.

定解问题的适定性,是利用计算机求解偏微分方程数值解的前提和保证.研究定解问题的适定性,不但是验证数学模型正确性的必备手段,同时也启发了科研工作者继续改进数学模型,使定解问题更为合理地反映自然规律.

下面我们给出两个数学物理问题中不适定问题的经典例题.

例 1.3

考虑矩形区域上的定解问题

$$\begin{cases} \dfrac{\partial^2 u}{\partial x \partial y} = 0, & 0 \leqslant x \leqslant a, 0 \leqslant y \leqslant b, \\ u(0,y) = Ay(b-y), u(a,y) = 0, \\ u(x,0) = B\sin \dfrac{n\pi}{a}x, u(x,b) = 0. \end{cases}$$

解 由偏微分方程 $\dfrac{\partial^2 u}{\partial x \partial y} = 0$ 可得

$$\frac{\partial u}{\partial x} = f(x), \quad 0 \leqslant x \leqslant a, 0 \leqslant y \leqslant b.$$

这说明,在矩形区域的边界 $y = 0$, $y = b$ 上,若变量 x 取值相同,则 $\dfrac{\partial u}{\partial x}$ 取值也相同,即

$$u_x(x,0) = u_x(x,b) = f(x). \tag{1.4.1}$$

但是,对边界条件 $u(x,0) = B\sin \dfrac{n\pi}{a}x, u(x,b) = 0$ 关于 x 求导,(1.4.1)式显然不成立.因此,这个定解问题的解不存在,定解问题是不适定的.

例 1.4

考虑如下定解问题

$$\begin{cases} \dfrac{\partial^2 u}{\partial t^2} + \dfrac{\partial^2 u}{\partial x^2} = 0, & -\infty < x < +\infty, t > 0, \\ u(x,0) = \varphi(x), \\ u_t(x,0) = \psi(x) + \dfrac{1}{n^k}\sin nx. \end{cases} \tag{1.4.2}$$

解 我们可以很容易验证

$$u(x,t) = \frac{1}{n^{k+1}} \frac{e^{nt} - e^{-nt}}{2} \sin nx$$

是定解问题

$$\begin{cases} \dfrac{\partial^2 u}{\partial t^2} + \dfrac{\partial^2 u}{\partial x^2} = 0, \\ \qquad -\infty < x < +\infty, t > 0, \\ u(x,0) = 0, \\ u_t(x,0) = \dfrac{1}{n^k}\sin nx \end{cases} \tag{1.4.3}$$

的唯一解.其中,常数 $k > 0$.

假设 $u_0(x,t)$ 是下述定解问题

$$\begin{cases} \dfrac{\partial^2 u}{\partial t^2} + \dfrac{\partial^2 u}{\partial x^2} = 0, & -\infty < x < +\infty, t > 0, \\ u(x,0) = \varphi(x), \\ u_t(x,0) = \psi(x) \end{cases} \tag{1.4.4}$$

的唯一解.可以证明

$$u(x,t) = u_0(x,t) + \frac{1}{n^{k+1}}\frac{e^{nt}-e^{-nt}}{2}\sin nx$$

是定解问题(1.4.2)的解.

定解问题(1.4.2)与定解问题(1.4.4)唯一不同之处是初始条件多了一项微小的扰动 $\frac{1}{n^k}\sin nx$(当 n 足够大时),这导致定解问题(1.4.2)的解与定解问题(1.4.4)的解有一些不同,它们的差异为

$$u(x,t) - u_0(x,t) = \frac{1}{n^{k+1}}\frac{e^{nt}-e^{-nt}}{2}\sin nx. \tag{1.4.5}$$

当微小的扰动 $\frac{1}{n^k}\sin nx$ 趋于零时,随着 $t\to\infty$,余项 $\frac{1}{n^{k+1}}\frac{e^{nt}-e^{-nt}}{2}\sin nx$ 不趋向于零.

这说明,当定解问题(1.4.2)的初值有微小扰动时,解的改变不是微小的,有可能是很大的,此时解的稳定性被破坏了.因此定解问题(1.4.2)是不适定的.

对于确定性的现象来说,一个基本上正确(但经常是近似地)描述了所考察的物理模型的定解问题是适定的.在以后的讨论中,我们着眼于定解问题的具体求解,不去探讨适定性.这是因为讨论定解问题的适定性往往十分困难,而本书中所探索的定解问题都是经典的,适定性是经过证明了的.但也必须指出,有些特殊的定解问题尽管不满足适定性的要求,但在实际工作中有着广泛的应用前景,因此仍须加以研究,但它们已经超出了本书的范围,有兴趣的读者可以查阅相关的书籍.

1.4.3 叠加原理

许多物理现象都具有叠加性:几种不同元素同时所产生的综合效果,等于各个因素单独出现时所产生的效果的累加.例如,多个点电荷所产生的总电势,等于各个电荷单独产生的电势的叠加.这些现象在微分方程中表现为线性方程的叠加原理.在具体的数学物理模型中,描述这种具有叠加性的定解问题,不仅偏微分方程是线性的,同时定解条件也是线性的.

为了易于理解,我们以二元函数 $u(x,y)$ 所满足的二阶线性偏微分方程为例来解释叠加原理

$$a_{11}\frac{\partial^2 u}{\partial x^2} + 2a_{12}\frac{\partial^2 u}{\partial x\partial y} + a_{22}\frac{\partial^2 u}{\partial y^2} + b_1\frac{\partial u}{\partial x} + b_2\frac{\partial u}{\partial y} + cu = f_i(i=1,2,\cdots,n). \tag{1.4.6}$$

式中,$a_{11},a_{12},a_{22},b_1,b_2,c,f_i(i=1,2,\cdots,n)$ 都是某区域上关于 x,y 的已知函数.

叠加原理1: 设 $u_i(i=1,2,\cdots,n)$ 满足线性方程(1.4.6),则它们的线性组合

$$u = \sum_{i=1}^{n} c_i u_i$$

必满足方程

$$a_{11}\frac{\partial^2 u}{\partial x^2} + 2a_{12}\frac{\partial^2 u}{\partial x\partial y} + a_{22}\frac{\partial^2 u}{\partial y^2} + b_1\frac{\partial u}{\partial x} + b_2\frac{\partial u}{\partial y} + cu = \sum_{i=1}^{n} c_i f_i. \tag{1.4.7}$$

叠加原理 2：设 $u_i(i=1,2,\cdots)$ 满足线性方程(1.4.6)，且 u_i 具有二阶连续偏导数，则收敛的级数

$$u=\sum_{i=1}^{\infty}k_iu_i$$

是方程

$$a_{11}\frac{\partial^2u}{\partial x^2}+2a_{12}\frac{\partial^2u}{\partial x\partial y}+a_{22}\frac{\partial^2u}{\partial y^2}+b_1\frac{\partial u}{\partial x}+b_2\frac{\partial u}{\partial y}+cu=\sum_{i=1}^{\infty}k_if_i(i=1,2,\cdots)\tag{1.4.8}$$

的解.

若 $f_i=0$，则收敛的级数

$$u=\sum_{i=1}^{\infty}k_iu_i$$

是齐次方程

$$a_{11}\frac{\partial^2u}{\partial x^2}+2a_{12}\frac{\partial^2u}{\partial x\partial y}+a_{22}\frac{\partial^2u}{\partial y^2}+b_1\frac{\partial u}{\partial x}+b_2\frac{\partial u}{\partial y}+cu=0\tag{1.4.9}$$

的解.

上述叠加原理的证明是显然的，我们以后经常利用这种可以叠加的特性，把一个复杂的定解问题分解成若干个相对简单的定解问题，从而使问题变得容易处理.

1.5 二阶偏微分方程的分类

在前面的内容里，我们介绍了三类典型的数学物理方程：

(1) 波动方程 $\dfrac{\partial^2u}{\partial t^2}=a^2\dfrac{\partial^2u}{\partial x^2}$；

(2) 热传导方程 $\dfrac{\partial u}{\partial t}=a^2\dfrac{\partial^2u}{\partial x^2}$；

(3) 拉普拉斯方程 $\dfrac{\partial^2u}{\partial x^2}+\dfrac{\partial^2u}{\partial y^2}=0.$

从物理观点看，它们反映三类不同本质的物理现象，正好是对时间可逆的过程(波动过程)、不可逆过程(扩散过程)以及与时间无关的过程(稳定过程).一个物理状态的变化过程是否可逆，在数学上反映为相应的方程关于时间 t 是否对称，这只要在方程中用 $-t$ 代替 t 后，看方程形式是否改变就可知道.

如果我们忽略时间变量和空间变量的物理差别，仅将它们看作是两个不同的变量，且以 x,y 表示，则一维波动方程具有类似于二维拉普拉斯方程的形式

$$\frac{\partial^2u}{\partial x^2}-a^2\frac{\partial^2u}{\partial y^2}=0,$$

$$\frac{\partial^2u}{\partial x^2}+\frac{\partial^2u}{\partial y^2}=0.$$

从数学形式上看,它们之间的差别似乎很小.但由物理过程分析,它们之间的差别的确很大.因此,我们需要探讨一下二阶线性偏微分方程的分类问题,依据数学定义研究各种方程的性质.

我们主要讨论有两个自变量的情况,这样的二阶线性偏微分方程的一般形式为

$$a_{11}\frac{\partial^2 u}{\partial x^2}+2a_{12}\frac{\partial^2 u}{\partial x\partial y}+a_{22}\frac{\partial^2 u}{\partial y^2}+b_1\frac{\partial u}{\partial x}+b_2\frac{\partial u}{\partial y}+cu+f=0. \tag{1.5.1}$$

式中,系数 $a_{11},a_{12},a_{22},b_1,b_2,c$ 以及 f 都是自变量 x,y 的实函数.

在解析几何中,二次曲线的标准型有双曲线、椭圆、抛物线.我们采用适当的坐标变换,对二次项的系数作一个化简,可将一般意义的二次曲线

$$a_{11}x^2+2a_{12}xy+a_{22}y^2+b_1x+b_2y+c=0$$

转化为二次曲线的三种标准型之一,并且通过系数 a_{11},a_{12},a_{22} 可以直接判定二次曲线的类型.这促使我们开始考虑:能否寻找一个适当的变量代换,使(1.5.1)式的形式变得简单一些,并据此给出一个分类标准;同时,能否根据偏微分方程自身的信息来判断其所属类型.为此,我们作变量替换

$$\begin{cases}\xi=\varphi(x,y),\\ \eta=\psi(x,y).\end{cases} \tag{1.5.2}$$

并假设在我们考虑的平面区域内,雅可比(Jacobi)行列式

$$\frac{\partial(\xi,\eta)}{\partial(x,y)}=\begin{vmatrix}\xi_x & \xi_y\\ \eta_x & \eta_y\end{vmatrix}\neq 0,$$

即变换是可逆的.于是利用变换(1.5.2)式,可将方程(1.5.1)化为关于自变量 ξ,η 的二阶偏微分方程

$$\alpha\frac{\partial^2 u}{\partial \xi^2}+2\beta\frac{\partial^2 u}{\partial \xi\partial\eta}+\gamma\frac{\partial^2 u}{\partial \eta^2}+\Phi\left(\xi,\eta,u,\frac{\partial u}{\partial \xi},\frac{\partial u}{\partial \eta}\right)=0. \tag{1.5.3}$$

式中

$$\begin{cases}\alpha=a_{11}\varphi_x^2+2a_{12}\varphi_x\varphi_y+a_{22}\varphi_y^2,\\ \beta=a_{11}\varphi_x\psi_x+a_{12}(\varphi_x\psi_y+\varphi_y\psi_x)+a_{22}\varphi_y\psi_y,\\ \gamma=a_{11}\psi_x^2+2a_{12}\psi_x\psi_y+a_{22}\psi_y^2,\end{cases} \tag{1.5.4}$$

而 Φ 是 u,u_ξ,u_η 的线性函数.

现在,要选取适当的变换式(1.5.2),使(1.5.1)式的二阶偏导数项化为最简单的形式.由(1.5.4)式可以看出,第一行和第三行的形式是完全一样的,只是 φ,ψ 的不同.若要选择方程

$$a_{11}\left(\frac{\partial v}{\partial x}\right)^2+2a_{12}\frac{\partial v}{\partial x}\frac{\partial v}{\partial y}+a_{22}\left(\frac{\partial v}{\partial y}\right)^2=0$$

的两个线性无关解

$$v(x,y)=\varphi_1(x,y),v(x,y)=\varphi_2(x,y),$$

则取

$$\begin{cases}\xi=\varphi(x,y)=\varphi_1(x,y),\\ \eta=\psi(x,y)=\varphi_2(x,y),\end{cases}$$

此时,(1.5.3)式中的系数 α,γ 就变为0.于是,我们得到了一个在形式上比(1.5.1)式要简单的表

达式,

$$2\beta \frac{\partial^2 u}{\partial \xi \partial \eta} + \Phi\left(\xi, \eta, u, \frac{\partial u}{\partial \xi}, \frac{\partial u}{\partial \eta}\right) = 0.$$

下面我们不加证明地给出一个重要结论,不妨设 $a_{11} \neq 0$,考虑一阶偏微分方程

$$a_{11}\left(\frac{\partial v}{\partial x}\right)^2 + 2a_{12}\frac{\partial v}{\partial x}\frac{\partial v}{\partial y} + a_{22}\left(\frac{\partial v}{\partial y}\right)^2 = 0 \tag{1.5.5}$$

的求解问题.

定理 1.1 如果 $v(x,y)$ 是方程(1.5.5)的一个解,则 $v(x,y) + c$ 是常微分方程

$$a_{11}\left(\frac{\mathrm{d}y}{\mathrm{d}x}\right)^2 - 2a_{12}\frac{\mathrm{d}y}{\mathrm{d}x} + a_{22} = 0 \tag{1.5.6}$$

的通解;反之亦然.

由定理可知,为了寻找使 $\alpha = 0, \gamma = 0$ 的变量代换,需要求解常微分方程(1.5.6).为此,我们称方程(1.5.6)为二阶线性偏微分方程(1.5.1)的**特征方程**,特征方程的通解叫做方程(1.5.1)的**特征线**.特征方程(1.5.6)可以改写为

$$\frac{\mathrm{d}y}{\mathrm{d}x} = \frac{a_{12} \pm \sqrt{a_{12}^2 - a_{11}a_{22}}}{a_{11}}.$$

类似于平面二次曲线的分类,根据判别式

$$\Delta(x,y) \equiv a_{12}^2 - a_{11}a_{22}$$

的符号,我们给出对二阶线性偏微分方程(1.5.1)进行分类的一个标准.

当 $\Delta(x,y) > 0$ 时,称方程(1.5.1)为双曲型方程;

当 $\Delta(x,y) < 0$ 时,称方程(1.5.1)为椭圆型方程;

当 $\Delta(x,y) = 0$ 时,称方程(1.5.1)为抛物型方程.

由上述定义,显然,波动方程是双曲型的,一维热传导方程是抛物型的,二维拉普拉斯方程和泊松方程都是椭圆型的.由于波动方程描述的是波的传播现象,它具有对时间是可逆的性质;热传导方程反映了热的传导现象,其对时间是不可逆的;而拉普拉斯方程所描述的是稳定和平衡状态.这三种方程所描述的自然现象的本质完全不同,同样的,它们在数学上所属的类型也不一样,这表明,不同类型的数学物理方程反映了不同的物理特性.

在解决二阶线性偏微分方程分类问题之后,我们需要考虑方程(1.5.1)经过变量替换(1.5.2),转化为新的方程(1.5.3)后,方程类型是否发生了改变.

由(1.5.4)式易得

$$\Delta(\xi,\eta) = \beta^2 - \alpha\gamma = (a_{12}^2 - a_{11}a_{22})(\varphi_x\psi_y - \varphi_y\psi_x)^2 = \Delta(x,y)(\varphi_x\psi_y - \varphi_y\psi_x)^2$$

由此可见,经过变量替换(1.5.2)后,方程的类型保持不变.

下面,我们就三种类型的方程,分别讨论一下方程标准形的问题.

1. 双曲型方程

由于 $a_{12}^2 - a_{11}a_{22} > 0$,求解特征方程(1.5.6)得到两族实特征线 $\varphi(x,y) = c_1$ 和 $\psi(x,y) = c_2$,其中 φ, ψ 都是实函数,令

$$\begin{cases} \xi = \varphi(x,y), \\ \eta = \psi(x,y), \end{cases}$$

则方程(1.5.3)化为

$$u_{\xi\eta}+\Phi_1(\xi,\eta,u,u_\xi,u_\eta)=0. \tag{1.5.7}$$

若在方程(1.5.7)中再利用变量代换

$$\begin{cases} s=\dfrac{1}{2}(\xi+\eta), \\ t=\dfrac{1}{2}(\xi-\eta), \end{cases}$$

则方程(1.5.7)变为

$$u_{ss}-u_{tt}+\Phi_2(s,t,u,u_s,u_t)=0. \tag{1.5.8}$$

方程(1.5.7)和方程(1.5.8)均称为**双曲型方程的标准形**.

例 1.5

试将方程 $y^2\dfrac{\partial^2 u}{\partial x^2}-x^2\dfrac{\partial^2 u}{\partial y^2}=0$ 化为标准形.

解 $\Delta=a_{12}^2-a_{11}a_{22}$

$=0-y^2(-x^2)$

$=x^2y^2>0(x\neq 0,y\neq 0).$

当 $x\neq 0,y\neq 0$ 时,原方程为双曲型的,其特征方程为

$$y^2\left(\frac{\mathrm{d}y}{\mathrm{d}x}\right)^2-x^2=0,$$

从而有

$$\frac{\mathrm{d}y}{\mathrm{d}x}=\frac{x}{y},\frac{\mathrm{d}y}{\mathrm{d}x}=-\frac{x}{y}.$$

积分,得到两族积分曲线

$$\frac{1}{2}y^2-\frac{1}{2}x^2=c_1,\ \frac{1}{2}y^2+\frac{1}{2}x^2=c_2.$$

作变换

$$\xi=\frac{1}{2}y^2-\frac{1}{2}x^2,\quad \eta=\frac{1}{2}y^2+\frac{1}{2}x^2,$$

代入原方程,整理得

$$u_{\xi\eta}=\frac{\eta}{2(\xi^2-\eta^2)}u_\xi-\frac{\xi}{2(\xi^2-\eta^2)}u_\eta.$$

2. 椭圆型方程

由于 $a_{12}^2-a_{11}a_{22}<0$,因此特征方程(1.5.6)的通解只能是复函数,

$$\varphi(x,y)=c_1,\varphi^*(x,y)=c_2,$$

其中 φ ,φ^* 为共轭复函数,此时方程(1.5.1)不存在实的特征线,设

$$\varphi(x,y)=\varphi_1(x,y)+\mathrm{i}\varphi_2(x,y)=c_1$$

为特征方程(1.5.6)的解,且 φ_x ,φ_y 不同时为零,这里 φ_1、φ_2 是实函数.为了避免引入复函数,我

们作变换

$$\xi = \mathrm{Re}\,\varphi(x,y) = \varphi_1(x,y), \quad \eta = \mathrm{Im}\,\varphi(x,y) = \varphi_2(x,y).$$

由 $\xi + \mathrm{i}\eta$ 满足(1.5.5)式,代入后将实部及虚部分开,则得

$$a_{11}\xi_x^2 + 2a_{12}\xi_x\xi_y + a_{22}\xi_y^2 = a_{11}\eta_x^2 + 2a_{12}\eta_x\eta_y + a_{22}\eta_y^2,$$

$$a_{11}\xi_x\eta_x + a_{12}(\xi_x\eta_y + \xi_y\eta_x) + a_{22}\xi_y\eta_y = 0.$$

因此,方程(1.5.1)可化成标准形

$$u_{\xi\xi} + u_{\eta\eta} + \Phi_3(\xi,\eta,u,u_\xi,u_\eta) = 0. \tag{1.5.9}$$

例 1.6

考察特里科米(Tricomi)方程

$$y\frac{\partial^2 u}{\partial x^2} + \frac{\partial^2 u}{\partial y^2} = 0.$$

解 $\Delta \equiv -y$,当 $y > 0$ 时,原方程是椭圆型的;当 $y < 0$ 时,原方程是双曲型的.特里科米方程的特征方程为

$$y(\mathrm{d}y)^2 + (\mathrm{d}x)^2 = 0.$$

① $y > 0$ 时,它变为

$$\mathrm{d}x \pm \mathrm{i}\sqrt{y}\,\mathrm{d}y = 0,$$

于是有

$$x \pm \mathrm{i}\frac{2}{3}y^{\frac{3}{2}} = c.$$

令

$$\xi = x, \eta = \frac{2}{3}y^{\frac{3}{2}},$$

则原方程化为

$$u_{\xi\xi} + u_{\eta\eta} = -\frac{1}{3\eta}u_\eta.$$

② $y < 0$ 时,特征方程为

$$\mathrm{d}x \pm \sqrt{-y}\,\mathrm{d}y = 0,$$

于是有

$$x \pm \frac{2}{3}(-y)^{\frac{3}{2}} = c.$$

令

$$\xi = x - \frac{2}{3}(-y)^{\frac{3}{2}}, \eta = x + \frac{2}{3}(-y)^{\frac{3}{2}},$$

则原方程化为

$$u_{\xi\eta} = \frac{1}{6(\eta - \xi)}(u_\xi - u_\eta).$$

3. 抛物型方程

由于 $a_{12}^2 - a_{11}a_{22} = 0$,因此解特征方程(1.5.6)只能得到一族实特征线 $\varphi(x,y) = c$,任取一个与 $\varphi(x,y)$ 线性无关的函数 $\psi(x,y)$,且 $\gamma \neq 0$,作代换

$$\begin{cases}\xi = \varphi(x,y),\\ \eta = \psi(x,y).\end{cases}$$

所以由(1.5.4)式得

$$\alpha = a_{11}\varphi_x^2 + 2a_{12}\varphi_x\varphi_y + a_{22}\varphi_y^2 = 0,$$

进而由 $a_{12}^2 - a_{11}a_{22} = 0$ 可得

$$\sqrt{a_{11}}\varphi_x + \sqrt{a_{22}}\varphi_y = 0,$$

所以有

$$\begin{aligned}\beta &= a_{11}\varphi_x\psi_x + \sqrt{a_{11}a_{22}}(\varphi_x\psi_y + \varphi_y\psi_x) + a_{22}\varphi_y\psi_y\\ &= (\sqrt{a_{11}}\varphi_x + \sqrt{a_{22}}\varphi_y)(\sqrt{a_{11}}\psi_x + \sqrt{a_{22}}\psi_y)\\ &= 0.\end{aligned}$$

于是,(1.5.1)方程可化为

$$u_{\eta\eta} + \Phi_4(\xi,\eta,u,u_\xi,u_\eta) = 0. \tag{1.5.10}$$

(1.5.10)式称为**抛物型方程的标准形**.

由于 $\psi(x,y)$ 的选择不唯一,所以抛物型方程的标准形也是不唯一的.

例 1.7

将方程 $x^2\dfrac{\partial^2 u}{\partial x^2} + 2xy\dfrac{\partial^2 u}{\partial x\partial y} + y^2\dfrac{\partial^2 u}{\partial y^2} = 0$ 化为标准形.

解 $\Delta = x^2y^2 - x^2y^2 = 0$,则原方程为抛物型方程,其特征方程为

$$\frac{\mathrm{d}y}{\mathrm{d}x} = \frac{x}{y},$$

从而有

$$\frac{y}{x} = c.$$

令

$$\xi = \frac{y}{x},\eta = x,$$

代入原方程,化简得标准形

$$u_{\eta\eta} = 0(y \neq 0).$$

我们讨论了二阶线性偏微分方程的二阶偏导数各项的化简问题.在化简的基础上,对于原方程各项系数都是常数的情形,我们还可以再化简方程的一阶偏导数或不含偏导数的项.先考察双曲型方程和椭圆型方程.

不妨将二阶偏导数各项经过化简的方程写为

$$\bar{a}_{11}\frac{\partial^2 u}{\partial x^2} + 2\bar{a}_{12}\frac{\partial^2 u}{\partial x\partial y} + \bar{a}_{22}\frac{\partial^2 u}{\partial y^2} + \bar{b}_1\frac{\partial u}{\partial x} + \bar{b}_2\frac{\partial u}{\partial y} + \bar{c}u + f(x,y) = 0, \tag{1.5.11}$$

式中,$\bar{a}_{11},\bar{a}_{12},\bar{a}_{22},\bar{b}_1,\bar{b}_2,\bar{c}$ 都是常数.作变量代换

$$u(x,y) = \mathrm{e}^{\lambda x+\mu y}v(x,y) \quad (\lambda,\mu \text{ 是待定常数}), \tag{1.5.12}$$

则由(1.5.11)式得到关于 $u(x,y)$ 的方程：

$$\begin{aligned}&\bar{a}_{11}v_{xx}+2\bar{a}_{12}v_{xy}+\bar{a}_{22}v_{yy}+(2\lambda\bar{a}_{11}+2\mu\bar{a}_{12}+b_1)v_x+(2\lambda\bar{a}_{12}+2\mu\bar{a}_{22}+\\&\bar{b}_2)v_y+(\lambda^2\bar{a}_{11}+2\lambda\mu\bar{a}_{12}+\mu^2\bar{a}_{22}+\lambda\bar{b}_1+\mu\bar{b}_2+\bar{c})v+f\mathrm{e}^{-\lambda x-\mu y}=0.\end{aligned}\tag{1.5.13}$$

对于双曲型方程和椭圆型方程，$a_{12}^2-a_{11}a_{22}\neq 0$，为了使(1.5.13)式中不含有一阶偏导数项，令

$$\begin{cases}2\lambda\,\bar{a}_{11}+2\mu\,\bar{a}_{12}+\bar{b}_1=0,\\2\lambda\,\bar{a}_{12}+2\mu\,\bar{a}_{22}+\bar{b}_2=0,\end{cases}$$

解之得

$$\begin{aligned}\lambda&=\frac{\bar{b}_1\,\bar{a}_{22}-\bar{b}_2\,\bar{a}_{12}}{2(\bar{a}_{12}^2-\bar{a}_{11}\,\bar{a}_{22})},\\\mu&=\frac{\bar{b}_2\,\bar{a}_{11}-\bar{b}_1\,\bar{a}_{12}}{2(\bar{a}_{12}^2-\bar{a}_{11}\,\bar{a}_{22})}.\end{aligned}\tag{1.5.14}$$

由此可见，当 λ,μ 的值如上所述时，变量代换(1.5.12)使得方程(1.5.13)中的一阶偏导数项不存在.

对于抛物型方程，我们由标准形出发，不妨设

$$\frac{\partial^2 u}{\partial y^2}+\bar{b}_1\frac{\partial u}{\partial x}+\bar{b}_2\frac{\partial u}{\partial y}+\bar{c}u+f(x,y)=0,\tag{1.5.15}$$

式中，$\bar{b}_1,\bar{b}_2,\bar{c}$ 都是常数.仍作变量代换

$$u(x,y)=\mathrm{e}^{\lambda x+\mu y}v(x,y),$$

并仿前述步骤，由 v_y 和 v 项的系数为 0，得

$$\begin{cases}2\mu+\bar{b}_2=0,\\\mu^2+\lambda\bar{b}_1+\mu\bar{b}_2+\bar{c}=0,\end{cases}$$

解得

$$\lambda=\frac{1}{\bar{b}_1}\left(\frac{\bar{b}_2^2}{4}-\bar{c}\right),\quad \mu=-\frac{\bar{b}_2}{2},\tag{1.5.16}$$

则当 λ,μ 的值如(1.5.16)式时，变量代换(1.5.12)将消去(1.5.13)式中 v 对 y 的一阶偏导数项和一次项(此时，$\bar{a}_{11}=\bar{a}_{12}=0,\bar{a}_{22}=1$).

例如，热传导方程

$$\frac{\partial u}{\partial t}=a^2\frac{\partial^2 u}{\partial x^2}-bu(\text{常数 } a>0,b>0).$$

要想 u 项不出现，只需令

$$u(x,t)=\mathrm{e}^{-bt}v(x,t),$$

则得到关于 $v(x,t)$ 的方程

$$v_t=a^2v_{xx}.$$

习题1

1. 有一均匀杆,只要杆中任一小段有纵向位移或速度,必导致邻段的压缩或伸长,这种伸缩传开去,就是纵波沿着杆的传播.试推导杆的纵振动方程.

2. 长为 l 的均匀杆侧面绝缘,一端温度为零,另一端有恒定热量 q 流入杆内(即单位时间通过单位横截面积的热量为 q).设杆内没有热源,且初始温度分布为 $\frac{x(l-x)}{2}$,其中 $0<x<l$,试写出相应的定解问题.

3. 设某溶质在均匀且各向同性的溶液中扩散, t 时刻它在溶液中点 (x,y,z) 处的浓度为 $N(x,y,z,t)$.已知溶质单位时间流过曲面 Σ 上单位面积的质量 m 服从纳恩斯特(Nernst)定律: $m=-D\nabla N\cdot\boldsymbol{n}$,式中, D 为扩散系数, $\boldsymbol{n}$ 为曲面 Σ 的外法线方向.试推导 $N(x,y,z,t)$ 满足的偏微分方程.

4. 设长为 l 的均匀细杆,其侧面与外界无热交换,初始时刻杆上每点 x 处的温度为 $\varphi(x)$,且一端有稳恒热量 q 流入,另一端在温度为零的介质中自由冷却,试导出杆的传热方程及定解条件.

5. 有一长为 l 的均匀细杆,其侧面与外界无热交换,杆内有强度随时间连续变化的热源,设在同一截面上具有同一热源强度及初始温度,且杆的一端保持温度为零,另一端绝热,试推导相应的定解问题.

6. 一均匀杆长为 l,一端固定,另一端沿杆的轴线压缩 $s(s<l)$,静止后突然放手任其振动,试建立相应的定解问题.

7. 设有一根均匀柔软的细弦,当它做微小的横振动时,除受内部张力作用外,还受到阻尼力的作用,设阻尼力与速度成正比,比例系数为 k.试写出带有阻尼的弦振动方程.

8. 验证函数 $u=f(xy)$ 是方程 $x\frac{\partial u}{\partial x}-y\frac{\partial u}{\partial y}=0$ 的解,其中 f 是任意连续可微函数.

9. 验证函数 $u(x,y,t)=\frac{1}{\sqrt{t^2-x^2-y^2}}$ 满足二维波动方程 $\frac{\partial^2 u}{\partial t^2}=\frac{\partial^2 u}{\partial x^2}+\frac{\partial^2 u}{\partial y^2}$,其中 $x^2+y^2<t^2$.

10. 将下列偏微分方程化为标准形:

(1) $\frac{\partial^2 u}{\partial x^2}+4\frac{\partial^2 u}{\partial x\partial y}+5\frac{\partial^2 u}{\partial y^2}+\frac{\partial u}{\partial x}+2\frac{\partial u}{\partial y}=0$;

(2) $x^2\frac{\partial^2 u}{\partial x^2}+2xy\frac{\partial^2 u}{\partial x\partial y}+y^2\frac{\partial^2 u}{\partial y^2}+x\frac{\partial u}{\partial x}+y\frac{\partial u}{\partial y}=0$;

(3) $4\frac{\partial^2 u}{\partial x^2}+5\frac{\partial^2 u}{\partial x\partial y}+\frac{\partial^2 u}{\partial y^2}+4\frac{\partial u}{\partial x}+\frac{\partial u}{\partial y}=0$;

(4) $x^2\frac{\partial^2 u}{\partial x^2}+2xy\frac{\partial^2 u}{\partial x\partial y}+y^2\frac{\partial^2 u}{\partial y^2}-y^2=0$;

(5) $\frac{\partial^2 u}{\partial x^2}+y\frac{\partial^2 u}{\partial x\partial y}=0\quad(y>0)$; (6) $x^2\frac{\partial^2 u}{\partial x^2}-y^2\frac{\partial^2 u}{\partial y^2}=0$.

11. 若 $f(z)$, $g(z)$ 是任意两个二次连续可微函数,验证

$$u=f(x+at)+g(x-at)$$

满足方程

$$\frac{\partial^2 u}{\partial t^2}-a^2\frac{\partial^2 u}{\partial x^2}=0.$$

12. **专题问题:叠加原理**

在求解定解问题中,需要结合物理背景将复杂的定解问题分解成若干个简单的定解问题.对下述两个问题,在数学证明之后,能否给出一个合理的物理解释?

(1) 证明:若 $W(x,t)$, $V(x,t)$ 分别满足定解问题 (I),(II) :

$$(\mathrm{I})\quad \begin{cases} \dfrac{\partial^2 W}{\partial t^2} = a^2 \dfrac{\partial^2 W}{\partial x^2}, & 0 < x < l, t > 0, \\ W|_{x=0} = 0, W|_{x=l} = 0, \\ W|_{t=0} = \varphi(x), \left.\dfrac{\partial W}{\partial t}\right|_{t=0} = \psi(x), \end{cases}$$

$$(\mathrm{II})\quad \begin{cases} \dfrac{\partial^2 V}{\partial t^2} = a^2 \dfrac{\partial^2 V}{\partial x^2} + f(x,t), & 0 < x < l, t > 0, \\ V|_{x=0} = 0, V|_{x=l} = 0, \\ V|_{t=0} = \left.\dfrac{\partial V}{\partial t}\right|_{t=0} = 0, \end{cases}$$

则 $u(x,t) = V(x,t) + W(x,t)$ 是定解问题

$$\begin{cases} \dfrac{\partial^2 u}{\partial t^2} = a^2 \dfrac{\partial^2 u}{\partial x^2} + f(x,t), & 0 < x < l, t > 0, \\ u|_{x=0} = 0, u|_{x=l} = 0, \\ u\Big|_{t=0} = \varphi(x), \dfrac{\partial u}{\partial t}\Big|_{t=0} = \psi(x) \end{cases}$$

的解.

(2) 证明:矩形域内泊松方程边值问题

$$\begin{cases} u_{xx} + u_{yy} = f(x,y), & 0 < x < a, 0 < y < b, \\ u(0,y) = \phi_1(y), u(a,y) = \phi_2(y), \\ u(x,0) = \psi_1(x), u(x,b) = \psi_2(x) \end{cases}$$

的解 $u(x,y)$ 可以分解为

$$u(x,y) = v^{(1)}(x,y) + v^{(2)}(x,y) + v^{(3)}(x,y),$$

其中 $v^{(1)}(x,y), v^{(2)}(x,y), v^{(3)}(x,y)$ 分别满足

$$\begin{cases} v_{xx}^{(1)} + v_{yy}^{(1)} = 0, & 0 < x < a, 0 < y < b, \\ v^{(1)}(0,y) = 0, v^{(1)}(a,y) = 0, \\ v^{(1)}(x,0) = \psi_1(x), v^{(1)}(x,b) = \psi_2(x), \end{cases}$$

$$\begin{cases} v_{xx}^{(2)} + v_{yy}^{(2)} = 0, & 0 < x < a, 0 < y < b, \\ v^{(2)}(0,y) = \phi_1(y), v^{(2)}(a,y) = \phi_2(y), \\ v^{(2)}(x,0) = 0, v^{(2)}(x,b) = 0. \end{cases}$$

$$\begin{cases} v_{xx}^{(3)} + v_{yy}^{(3)} = f(x,y), & 0 < x < a, 0 < y < b, \\ v^{(3)}(0,y) = 0, v^{(3)}(a,y) = 0, \\ v^{(3)}(x,0) = 0, v^{(3)}(x,b) = 0. \end{cases}$$

第 2 章　分离变量法

在前一章里,我们将物理学、力学、工程技术等方面的实际问题应用数学的手段归纳为相应的定解问题. 本章将介绍求解这些数学问题常用的一种方法——分离变量法. 分离变量法的基本思想是,当数学问题满足齐次方程、齐次边界条件时,我们可以把数学物理方程中未知的多元函数,分解成若干个一元函数的乘积,进而把求解偏微分方程的问题转化为求解若干个常微分方程的问题. 下面,我们以一维波动方程的求解为重点,详细分析各种不同类型问题的求解思路,并将这些求解方法推广到热传导方程、拉普拉斯方程等定解问题中.

2.1　固有值与固有函数

2.1.1　施图姆-刘维尔问题

在以后的学习中,经常要求一个满足给定条件的常微分方程的非零解,且该方程含有待定常数,即形如下述定解问题

$$\begin{cases}X''(x)+\lambda X(x)=0, & a<x<b,\\ X(a)=X(b)=0,\end{cases}$$

其中 λ 为待定常数. 这类问题通常叫做**固有值问题**(或**本征值问题**、或**施图姆-刘维尔**(Sturm-Liouville)**问题**).

二阶线性常微分方程一般可以化成

$$\frac{\mathrm{d}}{\mathrm{d}x}\left[k(x)\frac{\mathrm{d}y}{\mathrm{d}x}\right]-q(x)y+\lambda\rho(x)y=0,\quad a<x<b,$$

此方程称为**施图姆-刘维尔方程**.

我们假设 $k(x)$,$k'(x)$ 在区间 $[a,b]$ 上连续.当 $a<x<b$ 时, $k(x)>0$; $q(x)$ 在闭区间 $[a,b]$(或者开区间 (a,b))上连续,在区间端点处至多有一阶极点,且 $q(x)\geqslant 0$;$\rho(x)$ 在闭区间 $[a,b]$ 上连续,且 $\rho(x)>0$.

施图姆-刘维尔方程附加上边界条件即称为**固有值问题**(**施图姆-刘维尔问题**).使固有值问题存在非零解的 λ 值,就称为该问题的固有值,相应的非零解就称为**固有函数**.

如果限定 x 在某个有限区间 (a,b) 内变化,那么边界条件自然就给定在端点 a 和 b 上,一般给定的都是齐次边界条件.边界条件的提法与 $k(x)$ 在端点处的性质有关. 以 $x=a$ 处为例,有下述结论:

(1) 若 $k(x)|_{x=a} \neq 0$,则 $y(x)$ 在 $x=a$ 处满足第一、二、三类边界条件;

(2) 若 $k(x)|_{x=a}=0, k'(x)|_{x=a} \neq 0$,则要求 $y(x)|_{x=a}$ 有界;

(3) 若 $k(x)|_{x=a}=k(x)|_{x=b}$,则需要附加 $y(x)|_{x=a}=y(x)|_{x=b}$ 及 $y'(x)|_{x=a}=y'(x)|_{x=b}$.

上述(2),(3)一般称为**有界性条件**及**周期性条件**,也称为**自然边界条件**.

例 2.1

求含有待定常数的常微分方程边值问题

$$\begin{cases} X''(x)+\lambda X(x)=0, & (2.1.1) \\ X(0)=X(l)=0 & (2.1.2) \end{cases}$$

的固有值与固有函数.

解 首先,我们要研究待定常数 λ 的取值范围,通过适当的限制与假设,以便求出最终结果.因此我们分三种情况进行探讨.

(1) 假设 $\lambda<0$,此时,方程(2.1.1)

$$X''(x)+\lambda X(x)=0$$

的通解为

$$X(x)=Ae^{\sqrt{-\lambda}x}+Be^{-\sqrt{-\lambda}x},$$

由边界条件(2.1.2)得关于未知数 A,B 的方程组

$$\begin{cases} A+B=0, \\ Ae^{\sqrt{-\lambda}l}+Be^{-\sqrt{-\lambda}l}=0. \end{cases}$$

其系数行列式

$$\begin{vmatrix} 1 & 1 \\ e^{\sqrt{-\lambda}l} & e^{-\sqrt{-\lambda}l} \end{vmatrix} \neq 0,$$

由线性代数中的结论,关于未知数 A,B 的线性方程组只有零解,即

$$A=B=0,$$

所以

$$X(x)\equiv 0.$$

因此 $\lambda<0$ 这个假设是错误的.

(2) 假设 $\lambda=0$,则方程

$$X''(x)=0$$

的通解为

$$X(x)=Ax+B.$$

由边界条件(2.1.2)得

$$\begin{cases} B=0, \\ Al+B=0, \end{cases}$$

可得

$$A=B=0.$$

因此 $X(x)\equiv 0$.同理,$\lambda=0$ 不符合要求.

(3) 假设 $\lambda>0$,不妨令 $\lambda=\beta^2, \beta>0$,则方程

$$X''(x) + \beta^2 X(x) = 0 \tag{2.1.3}$$

的通解为

$$X(x) = A\cos\beta x + B\sin\beta x. \tag{2.1.4}$$

由边界条件式(2.1.2)得

$$\begin{cases} A = 0, \\ A\cos\beta l + B\sin\beta l = 0, \end{cases}$$

解得

$$B\sin\beta l = 0.$$

因为 $X(x) \neq 0$,所以必有 $B \neq 0$,则只能有

$$\sin\beta l = 0,$$

所以求得一系列的 β ,记为

$$\beta_n = \frac{n\pi}{l} \quad (n = 1,2,\cdots).$$

由通解表达式(2.1.4)求得方程(2.1.3)相应的一个非零解序列为

$$X_n(x) = B_n \sin\frac{n\pi}{l}x \quad (n = 1,2,\cdots).$$

这样,我们求得常微分方程边值问题(2.1.1),(2.1.2)的固有值:

$$\lambda_n = \left(\frac{n\pi}{l}\right)^2 \quad (n = 1,2,\cdots),$$

相应的固有函数:

$$\sin\frac{n\pi}{l}x \quad (n = 1,2,\cdots).$$

在前面求解固有值问题时,通过对常微分方程特解的讨论,得出了固有值 λ 是正数. 其实,我们不需要求解固有值问题就能证明 λ 是正数.

例 2.2

证明常微分边值问题 $\begin{cases} X''(x) + \lambda X(x) = 0, \\ X(0) = X(l) = 0 \end{cases}$ 的固有值 λ 是正数.

证明 对 $X''(x) + \lambda X(x) = 0$,方程两边同乘 $X(x)$,在区间 $(0,l)$ 上积分,有

$$\int_0^l X(x)X''(x)\mathrm{d}x + \lambda\int_0^l X^2(x)\mathrm{d}x = 0,$$

则

$$\lambda = -\frac{1}{\int_0^l X^2(x)\mathrm{d}x}\int_0^l X(x)X''(x)\mathrm{d}x,$$

其中

$$\int_0^l X(x)X''(x)\mathrm{d}x = \int_0^l X(x)\mathrm{d}X'(x) = X(x)X'(x)\Big|_0^l - \int_0^l X'(x)\mathrm{d}X(x)$$

$$= X(l)X'(l) - X(0)X'(0) - \int_0^l X'(x)\mathrm{d}X(x).$$

由边界条件 $X(0) = X(l) = 0$,上式为

$$\int_0^l X(x)X''(x)\mathrm{d}x = -\int_0^l [X'(x)]^2\mathrm{d}x,$$

因此 $\lambda = \dfrac{\int_0^l [X'(x)]^2\mathrm{d}x}{\int_0^l X^2(x)\mathrm{d}x}.$

由定积分的性质,λ 非负.

若 $\lambda = 0$,显然 $X(x) \equiv 0$,故 $\lambda > 0$.

例 2.3

求含有待定常数的常微分方程边值问题

$$\begin{cases} X''(x) + \lambda X(x) = 0, & (2.1.5) \\ X(0) = 0, X'(l) = 0 & (2.1.6) \end{cases}$$

的固有值与固有函数.

解 利用类似前述例题的方法,可以判断待定常数 $\lambda > 0$.不妨令 $\lambda = \beta^2, \beta > 0$,则常微分方程(2.1.5)转化为

$$X''(x) + \beta^2 X(x) = 0$$

其通解为

$$X(x) = A\cos\beta x + B\sin\beta x.$$

由边界条件(2.1.6)得

$$\begin{cases} A = 0 \\ -A\beta\sin\beta l + B\beta\cos\beta l = 0, \end{cases}$$

解得 $B\beta\cos\beta l = 0.$

因为 $X(x) \neq 0$,所以必有 $B \neq 0$,则只能

$$\cos\beta l = 0,$$

所以求得一系列的 β ,记为

$$\beta_n = \frac{(2n+1)\pi}{2l} \quad (n = 0,1,2,\cdots),$$

方程的非零解序列:

$$X_n(x) = B_n\sin\frac{(2n+1)\pi}{2l}x \quad (n = 0,1,2,\cdots),$$

固有值:

$$\lambda_n = \frac{(2n+1)^2\pi^2}{4l^2} \quad (n = 0,1,2,\cdots),$$

固有函数:

$$\sin\frac{(2n+1)\pi}{2l}x \quad (n = 0,1,2,\cdots).$$

例 2.4

求含有待定常数的常微分方程边值问题

$$\begin{cases} X''(x) + \lambda X(x) = 0, & (2.1.7) \\ X'(0) = 0, X(l) + hX'(l) = 0 & (2.1.8) \end{cases}$$

的固有值与固有函数,其中 $h > 0$.

解 利用类似前述例题的方法,可以判断待定常数 $\lambda > 0$.此时方程(2.1.7)的通解为

$$X(x) = A\cos\sqrt{\lambda}\,x + B\sin\sqrt{\lambda}\,x.$$

由(2.1.8)式得

$$\begin{cases} B\sqrt{\lambda} = 0, \\ A\cos\sqrt{\lambda}\,l + B\sin\sqrt{\lambda}\,l + h(-A\sqrt{\lambda}\sin\sqrt{\lambda}\,l + \\ \quad B\sqrt{\lambda}\cos\sqrt{\lambda}\,l) = 0. \end{cases}$$

从而 $B = 0$,而

$$(\cos\sqrt{\lambda}\,l - h\sqrt{\lambda}\sin\sqrt{\lambda}\,l)A = 0,$$

由于 $A \neq 0$(否则 $X(x) \equiv 0$),所以

$$\cos\sqrt{\lambda}\,l - h\sqrt{\lambda}\sin\sqrt{\lambda}\,l = 0,$$

即

$$\cot\sqrt{\lambda}\,l = h\sqrt{\lambda},$$

这是一个关于 $\sqrt{\lambda}$ 的超越方程.若令 $\sqrt{\lambda}\,l = \mu$,则超越方程变为

$$\cot\mu = \frac{\mu h}{l}.$$

显然,该方程的解应为曲线 $y_1 = \cot\mu$ 和直线 $y_2 = \frac{h}{l}\mu$ 的交点的横坐标.设其正根从小到大依次为 $\mu_1, \mu_2, \cdots, \mu_n, \cdots$.于是得到

固有值:$\lambda_n = \frac{\mu_n^2}{l^2} \quad (n = 1,2,\cdots)$;

固有函数:$\cos\frac{\mu_n}{l}x \quad (n = 1,2,\cdots)$.

2.1.2 固有值问题的基本结论

关于施图姆-刘维尔方程

$$\frac{\mathrm{d}}{\mathrm{d}x}\left[k(x)\frac{\mathrm{d}y}{\mathrm{d}x}\right] - q(x)y + \lambda\rho(x)y = 0 \quad (a < x < b)$$

的固有值与固有函数问题,我们不加证明地给出几个结论.

(1) 存在无穷多个实的固有值,适当安排顺序,可构成一个非减序列

$$\lambda_1 \leqslant \lambda_2 \leqslant \lambda_3 \leqslant \cdots \leqslant \lambda_n \leqslant \cdots,$$

对应这些固有值存在无穷多个固有函数

$$y_1(x),y_2(x),\cdots,y_n(x),\cdots.$$

(2) 所有固有值均非负,即

$$\lambda_n \geqslant 0 \quad (n=1,2,\cdots).$$

(3) 设 $\lambda_n \neq \lambda_m$ 是任意两个固有值,对应的固有函数为 $y_n(x),y_m(x)$,则

$$\int_a^b \rho(x) y_n(x) y_m(x) \mathrm{d}x = 0,$$

即固有函数系 $\{y_n(x)\}$ 是一个带权函数 $\rho(x)$ 正交的函数系.

(4) 固有函数系 $\{y_n(x)\}$ 在区间 $[a,b]$ 上构成一个完备系,即函数 $f(x)$ 若在 (a,b) 内存在一阶连续导数及分段连续的二阶导数,并满足所给的边界条件,则函数 $f(x)$ 在 (a,b) 内可以按固有函数系展开为绝对且一致收敛的级数

$$f(x) = \sum_{n=1}^{\infty} a_n y_n(x),$$

式中

$$a_n = \frac{\int_a^b \rho(x) f(x) y_n(x) \mathrm{d}x}{\int_a^b \rho(x) y_n^2(x) \mathrm{d}x} \quad (n=1,2,\cdots).$$

2.2 有界弦的自由振动

2.2.1 分离变量法

研究一根长为 l ,两端固定的弦做微小振动的现象,其初始位移和初始速度已给定,在无外力作用的情况下,求弦上任意点处的位移.

如果把此弦置于坐标横轴上,端点置于 $x=0,x=l$,初始位移和初始速度分别记为 $\varphi(x)$, $\psi(x)$,则该问题转化为求解如下定解问题

$$\begin{cases} \dfrac{\partial^2 u}{\partial t^2} = a^2 \dfrac{\partial^2 u}{\partial x^2}, \quad 0 < x < l, t > 0, & (2.2.1) \\ u\big|_{x=0} = 0, u\big|_{x=l} = 0, & (2.2.2) \\ u\big|_{t=0} = \varphi(x), \dfrac{\partial u}{\partial t}\Big|_{t=0} = \psi(x). & (2.2.3) \end{cases}$$

这个定解问题的特点是:偏微分方程(2.2.1)是线性齐次的,边界条件(2.2.2)也是齐次的.该问题的适定性已经证明,我们只需考虑如何解出未知函数 $u(x,t)$.

由物理学可知,乐器发出的声音可以分解成各种不同频率的单音,每个单音的波形都是正弦曲线,其振幅依赖于时间 t ,也就是说每个单音可以表示成

$$w(x,t)=A(t)\sin\omega x$$

的形式.这种形式的特点是:二元函数 $w(x,t)$ 等价于两个分别含有变量 x 与变量 t 的一元函数的乘积,即两个变量被分离了.

弦的振动也是一种波动,它同样具有上述特点,因此,我们不妨设偏微分方程(2.2.1)的解为

$$u(x,t)=X(x)T(t). \tag{2.2.4}$$

由于定解问题是适定的,因此方程的解存在且唯一,若通过这种假设可以求出问题的解,则说明我们的假设是正确的,研究问题的方法是可行的,定解问题获得了解决;若无法求出 $X(x)$,$T(t)$ 的表达式,则该假设不成立,只能另想办法重新开始求解的历程.

将(2.2.4)式代入方程(2.2.1)得

$$T''(t)X(x)=a^2X''(x)T(t), \tag{2.2.5}$$

同除以 $a^2X(x)T(t)$,(2.2.5)式可变形为

$$\frac{X''(x)}{X(x)}=\frac{T''(t)}{a^2T(t)}. \tag{2.2.6}$$

从方程的形式来看,变量 x 与变量 t 被分离了,这种方法称为**分离变量法**.(2.2.6)式的左侧是一个只含有 x 的函数,右侧是一个只含有 t 的函数,故有

$$\frac{X''(x)}{X(x)}=\frac{T''(t)}{a^2T(t)}=\text{常数}.$$

我们记该常数为 $-\lambda$,则有

$$\frac{X''(x)}{X(x)}=\frac{T''(t)}{a^2T(t)}=-\lambda,$$

则得到含有未知参数的两个常微分方程

$$T''(t)+\lambda a^2T(t)=0, \tag{2.2.7}$$

$$X''(x)+\lambda X(x)=0. \tag{2.2.8}$$

对实际问题而言,若 $u(x,t)\equiv 0$,则表示弦静止不动,失去了研究的意义;同时,由于初始位移及初始速度的存在,因此定解问题必有非零解. 于是我们要寻找方程的非平凡解(非零解),这就要求 $X(x)$,$T(t)$ 不能恒等于零.

将(2.2.4)式代入边界条件(2.2.2)得

$$X(0)T(t)=0,X(l)T(t)=0,\quad \forall t>0.$$

若未知常数 $X(0)\neq 0$ 或者 $X(l)\neq 0$,对所有 t ,必有 $T(t)\equiv 0$,由(2.2.4)式可得 $u(x,t)\equiv 0$. 为了避免这种不合理的现象出现,只能

$$X(0)=0,X(l)=0. \tag{2.2.9}$$

于是,我们获得一个固有值问题:

$$\begin{cases}X''(x)+\lambda X(x)=0,\\X(0)=X(l)=0.\end{cases}$$

在 2.1 节例 2.1 中,可知 $\lambda>0$,且方程的通解为

$$X(x)=A\cos\sqrt{\lambda}x+B\sin\sqrt{\lambda}x.$$

由边界条件,求得

固有值： $\lambda_n=\left(\dfrac{n\pi}{l}\right)^2 \quad (n=1,2,\cdots)$；

固有函数： $\sin\dfrac{n\pi}{l}x \quad (n=1,2,\cdots)$；

问题的非零解序列：$X_n(x)=B_n\sin\dfrac{n\pi}{l}x \quad (n=1,2,\cdots)$.

将固有值 λ_n 代入(2.2.7)式，有

$$T''_n(t)+\frac{n^2\pi^2a^2}{l^2}T_n(t)=0 \qquad (n=1,2,\cdots),$$

其通解为

$$T_n(t)=C_n\cos\frac{n\pi a}{l}t+D_n\sin\frac{n\pi a}{l}t \qquad (n=1,2,\cdots).$$

于是得到满足方程(2.2.1)及初始条件(2.2.3)的一组特解

$$u_n(x,t)=\left(a_n\cos\frac{n\pi a}{l}t+b_n\sin\frac{n\pi a}{l}t\right)\sin\frac{n\pi}{l}x \qquad (n=1,2,\cdots). \tag{2.2.10}$$

式中，$a_n=B_nC_n, b_n=B_nD_n$ 是任意常数.

我们无法确定哪一个 $u_n(x,t)$ 是反映实际问题的解，同时初始条件(2.2.3)中的 $\varphi(x)$，$\psi(x)$ 是任意给定的，一般情况下，(2.2.10)式中的任何一个单独的特解都不会满足初始条件(2.2.3).

因为方程(2.2.1)是线性齐次的方程，根据叠加原理，所有解的线性组合满足方程，因此级数

$$u(x,t)=\sum_{n=1}^{\infty}u_n(x,t)=\sum_{n=1}^{\infty}\left(a_n\cos\frac{n\pi a}{l}t+b_n\sin\frac{n\pi a}{l}t\right)\sin\frac{n\pi}{l}x \tag{2.2.11}$$

是方程(2.2.1)的解，且满足边界条件及初始条件，为此有

$$u(x,t)\big|_{t=0}=u(x,0)=\varphi(x)=\sum_{n=1}^{\infty}a_n\sin\frac{n\pi}{l}x,$$

$$\left.\frac{\partial u}{\partial t}\right|_{t=0}=u_t(x,0)=\psi(x)=\sum_{n=1}^{\infty}b_n\frac{n\pi a}{l}\sin\frac{n\pi}{l}x.$$

显然，a_n 和 $b_n\dfrac{n\pi a}{l}$ 分别是函数 $\varphi(x),\psi(x)$ 在区间 $[0,l]$ 上展开的傅里叶正弦级数的系数，即

$$\begin{cases}a_n=\dfrac{2}{l}\displaystyle\int_0^l\varphi(x)\sin\frac{n\pi}{l}x\mathrm{d}x,\\ b_n=\dfrac{2}{n\pi a}\displaystyle\int_0^l\psi(x)\sin\frac{n\pi}{l}x\mathrm{d}x.\end{cases} \tag{2.2.12}$$

将 a_n,b_n 代入(2.2.11)式，即得原定解问题的解.

2.2.2 解的物理诠释

定解问题(2.2.1)—(2.2.3)的级数解(2.2.11)有明显的物理意义.为了便于解释,我们取级数(2.2.11)的一般项,将其表示为

$$u_n(x,t)=\left(a_n\cos\frac{n\pi a}{l}t+b_n\sin\frac{n\pi a}{l}t\right)\sin\frac{n\pi}{l}x=N_n\sin(\omega_n t+\theta_n)\sin\frac{n\pi}{l}x,$$

式中

$$N_n=\sqrt{a_n^2+b_n^2},\ \theta_n=\arctan\frac{a_n}{b_n},\ \omega_n=\frac{n\pi a}{l}.$$

首先固定时间 t ,研究振动波在任一指定时刻的形状,再固定弦上一点,看一看该点随时间变化的规律.

当 $t=t_0$ 时,有

$$u_n(x,t_0)=N_n^{(1)}\sin\frac{n\pi}{l}x,$$

式中, $N_n^{(1)}=N_n\sin(\omega_n t_0+\theta_n)$ 是一个定值,说明在任一时刻, $u_n(x,t_0)$ 的波形都是一条正弦曲线,其振幅与时刻 t_0 有关.

当 $x=x_0$ 时,有

$$u_n(x_0,t)=N_n^{(2)}\sin(\omega_n t+\theta_n),$$

式中, $N_n^{(2)}=N_n\sin\frac{n\pi}{l}x_0$ 是一个定值,这意味着弦上每一个 x_0 都在做简谐振动,其振幅为 $|N_n^{(2)}|$,频率为 ω_n ,初相位为 θ_n .若 x 取另外一个定值,情况也一样,只是振幅不同而已.综上所述, $u_n(x,t)$ 表示这样一个振动波,所考察的弦上各点以同样的频率做简谐振动,各点的初始相位也一样,其振幅跟点的位置有关,此振动波在任一时刻的波形都是一条正弦曲线.这种振动波还有一个特点,即 $[0,l]$ 范围内有 $n+1$ 个点永远不动,即 $x_m=\frac{ml}{n}(m=0,1,2,\cdots,n)$ 时, $u_m(x,t)=0$,这样的点在物理上称为**节点**,这说明 $u_n(x,t)$ 在 $[0,l]$ 上是分段振动的,这种包含节点的振动波称为**驻波**.另外,驻波还在点 $x_k=\frac{(2k-1)l}{2n}(k=1,2,\cdots,n)$ 处振幅达到最大,这样的点叫**腹点**.

从上面的讨论可知, $u_1(x,t)$, $u_2(x,t)$,$\cdots$,$u_n(x,t)$,$\cdots$ 是一系列驻波,它们的频率、相位和振幅都随 n 而异.因此,可以说定解问题的解(2.2.11)是由一系列驻波叠加而成的,每一个驻波的波形由固有函数确定,频率由固有值确定. 因此,分离变量法也称为**驻波法**.

2.2.3 分离变量法的应用

例 2.5

设长为 l 的弦两端固定在 x 轴上的点 $x=0$ 及 $x=l$ 处，在 $x=c\ (0<c<l)$ 处向上拉起距离为 h，然后放开做自由振动，求弦的运动规律 $u(x,t)$.

解 该实际问题可以归纳为求解定解问题

$$\begin{cases} \dfrac{\partial^2 u}{\partial t^2}=a^2\dfrac{\partial^2 u}{\partial x^2}, & 0<x<l,t>0, \\ u\big|_{x=0}=0, u\big|_{x=l}=0, \\ u\big|_{t=0}=\begin{cases} \dfrac{h}{c}x, & 0<x\leqslant c, \\ \dfrac{h}{l-c}(l-x), & c<x\leqslant l, \end{cases} & \dfrac{\partial u}{\partial t}\bigg|_{t=0}=0. \end{cases}$$

本题的偏微分方程与边界条件，和前述推导的问题一样，所以其解可由(2.2.11)式给出，但是初始条件不同，反映了不同振动问题的振动规律相应的系数不同. 由(2.2.12)式得

$$\begin{aligned} a_n &= \frac{2}{l}\int_0^l \varphi(x)\sin\frac{n\pi}{l}x\mathrm{d}x \\ &= \frac{2}{l}\int_0^c \frac{h}{c}x\sin\frac{n\pi}{l}x\mathrm{d}x+\frac{2}{l}\int_c^l \frac{h}{l-c}(l-x)\sin\frac{n\pi}{l}x\mathrm{d}x \\ &= \frac{2hl^2}{n^2\pi^2c(l-c)}\sin\frac{n\pi c}{l}, \\ b_n &= \frac{2}{l}\int_0^l \psi(x)\sin\frac{n\pi}{l}x\mathrm{d}x=0, \end{aligned}$$

所以

$$\begin{aligned} u(x,t) &= \sum_{n=1}^{\infty}\left(a_n\cos\frac{n\pi a}{l}t+b_n\sin\frac{n\pi a}{l}t\right)\sin\frac{n\pi}{l}x \\ &= \frac{2hl^2}{\pi^2c(l-c)}\sum_{n=1}^{\infty}\frac{1}{n^2}\sin\frac{n\pi c}{l}\cos\frac{n\pi a}{l}t\sin\frac{n\pi}{l}x. \end{aligned}$$

例 2.6

求解下述定解问题

$$\begin{cases} \dfrac{\partial^2 u}{\partial t^2}=a^2\dfrac{\partial^2 u}{\partial x^2}, & 0<x<l,t>0, \\ u\big|_{x=0}=0, \dfrac{\partial u}{\partial x}\bigg|_{x=l}=0, \\ u\big|_{t=0}=x^2-2lx, \dfrac{\partial u}{\partial t}\bigg|_{t=0}=3\sin\dfrac{3\pi}{2l}x. \end{cases}$$

解 令

$$u(x,t)=X(x)T(t),$$

代入定解问题后,分离变量得到一个含参数的常微分方程和一个固有值问题

$$T''(t)+\lambda a^2 T(t)=0, \tag{2.2.13}$$

$$\begin{cases}X''(x)+\lambda X(x)=0, & (2.2.14)\\ X(0)=0, X'(l)=0. & (2.2.15)\end{cases}$$

通过2.1节例2.3求得定解问题的固有值:

$$\lambda_n=\frac{(2n+1)^2\pi^2}{4l^2}\quad (n=0,1,2,\cdots);$$

相应的固有函数:

$$\sin\frac{(2n+1)\pi}{2l}x\quad (n=0,1,2,\cdots).$$

同时求得方程(2.2.14)的一通解序列为

$$X_n(x)=B_n\sin\frac{(2n+1)\pi}{2l}x\quad (n=0,1,2,\cdots).$$

将固有值代入常微分方程(2.2.13),得

$$T''_n(t)+\frac{(2n+1)^2\pi^2a^2}{4l^2}T_n(t)=0\quad (n=0,1,2,\cdots).$$

求得其通解为

$$T_n(t)=C_n\cos\frac{(2n+1)\pi a}{2l}t+D_n\sin\frac{(2n+1)\pi a}{2l}t\quad (n=0,1,2,\cdots).$$

于是所求定解问题的解为

$$\begin{aligned}u_n(x,t)&=X_n(x)T_n(t)\\&=\left[a_n\cos\frac{(2n+1)\pi a}{2l}t+b_n\sin\frac{(2n+1)\pi a}{2l}t\right]\sin\frac{(2n+1)\pi}{2l}x\quad (n=0,1,2,\cdots).\end{aligned}$$

利用叠加原理,

$$u(x,t)=\sum_{n=0}^{\infty}u_n(x,t)=\sum_{n=0}^{\infty}\left[a_n\cos\frac{(2n+1)\pi a}{2l}t+b_n\sin\frac{(2n+1)\pi a}{2l}t\right]\sin\frac{(2n+1)\pi}{2l}x.$$

利用初始条件得

$$a_n=\frac{2}{l}\int_0^l(x^2-2lx)\sin\frac{(2n+1)\pi}{2l}x\mathrm{d}x=-\frac{32l^2}{(2n+1)^3\pi^3}\quad (n=0,1,2,\cdots).$$

$$b_n=\frac{4}{(2n+1)\pi a}\int_0^l 3\sin\frac{3\pi}{2l}x\sin\frac{(2n+1)\pi}{2l}x\mathrm{d}x=\begin{cases}0, & n\neq 1,\\ \dfrac{2l}{\pi a}, & n=1,\end{cases}$$

所以

$$u(x,t)=\frac{2l}{\pi a}\sin\frac{3\pi a}{2l}t\sin\frac{3\pi}{2l}x+\sum_{n=0}^{\infty}\left[-\frac{32l^2}{(2n+1)^3\pi^3}\right]\cos\frac{(2n+1)\pi a}{2l}t\sin\frac{(2n+1)\pi}{2l}x$$

是所求定解问题的解.

通过对上面内容的总结,我们把利用分离变量法求解定解问题的过程归纳为下列三个步骤:

第一步，分离变量. 设 $u(x,t)=X(x)T(t)$，代入偏微分方程，将变量 x，t 分置方程的两侧，分别得到两个关于 $X(x)$ 和 $T(t)$ 的常微分方程.

第二步，解固有值问题. 通过齐次边界条件的变量分离，可得到关于 $X(x)$ 的固有值问题，解出固有值及固有函数.

第三步，利用叠加原理. 求出问题的一系列特解，利用叠加原理获得一个无穷级数解，由初始条件确定无穷级数的系数.

分离变量法在求解高阶线性偏微分方程的定解问题时同样适用，下面我们讨论长为 l，两端简支的梁的横振动方程，这是一个四阶偏微分方程，定解问题叙述如下：

例 2.7

求解定解问题

$$\begin{cases}\dfrac{\partial^2 u}{\partial t^2}+a^2\dfrac{\partial^4 u}{\partial x^4}=0, \quad 0<x<l,t>0 & (2.2.16)\\ u\big|_{x=0}=u\big|_{x=l}=\dfrac{\partial^2 u}{\partial x^2}\Big|_{x=0}=\dfrac{\partial^2 u}{\partial x^2}\Big|_{x=l}=0, & (2.2.17)\\ u\big|_{t=0}=\varphi(x),\dfrac{\partial u}{\partial t}\Big|_{t=0}=\psi(x). & (2.2.18)\end{cases}$$

解 令 $u(x,t)=X(x)T(t)$ 为方程的非零解. 代入方程(2.2.16)，有

$$\frac{X^{(4)}(x)}{X(x)}=-\frac{T''(t)}{a^2T(t)}=\lambda,$$

$$X^{(4)}(x)-\lambda X(x)=0,$$

$$T''(t)+\lambda a^2T(t)=0. \tag{2.2.19}$$

将 $u(x,t)=X(x)T(t)$ 代入边界条件(2.2.17)中，分离变量可得固有值问题

$$\begin{cases}X^{(4)}(x)-\lambda X(x)=0, & (2.2.20)\\ X(0)=X(l)=0, & (2.2.21)\\ X''(0)=X''(l)=0. & (2.2.22)\end{cases}$$

应用类似 2.1 节例 2.2 的方法可证明 $\lambda>0$. 不妨令 $\lambda=\beta^4,\beta>0$. 方程(2.2.20)通解为

$$X(x)=C_1e^{\beta x}+C_2e^{-\beta x}+C_3\cos\beta x+C_4\sin\beta x.$$

由边界条件(2.2.21)、(2.2.22)，有

$$\begin{cases}C_1+C_2+C_3=0,\\ C_1e^{\beta l}+C_2e^{-\beta l}+C_3\cos\beta l+C_4\sin\beta l=0,\\ \beta^2(C_1+C_2-C_3)=0,\\ \beta^2(C_1e^{\beta l}+C_2e^{-\beta l}-C_3\cos\beta l-C_4\sin\beta l)=0.\end{cases}$$

因为 $\beta>0$，解得

$$C_1=C_2=C_3=0, \qquad \sin\beta l=0.$$

于是

$$\beta_n = \frac{n\pi}{l}, \quad (n = 1,2,\cdots),$$

$$\lambda_n = \beta^4 = \left(\frac{n\pi}{l}\right)^4 \quad (n = 1,2,\cdots),$$

$$X_n(x) = \sin\frac{n\pi}{l}x \quad (n = 1,2,\cdots),$$

方程(2.2.19)通解为

$$T_n(t) = a_n\cos\frac{n^2\pi^2 a}{l^2}t + b_n\sin\frac{n^2\pi^2 a}{l^2}t \quad (n = 1,2,\cdots).$$

于是

$$u(x,t) = \sum_{n=1}^{\infty}X_n(x)T_n(t) = \sum_{n=1}^{\infty}(a_n\cos\frac{n^2\pi^2 a}{l^2}t + b_n\sin\frac{n^2\pi^2 a}{l^2}t)\sin\frac{n\pi}{l}x.$$

代入初始条件(2.2.18)中,有

$$\varphi(x) = \sum_{n=1}^{\infty}a_n\sin\frac{n\pi}{l}x$$

$$\psi(x) = \sum_{n=1}^{\infty}b_n\frac{n^2\pi^2 a}{l^2}\sin\frac{n\pi}{l}x.$$

于是

$$\begin{cases} a_n = \dfrac{2}{l}\displaystyle\int_0^l\varphi(x)\sin\frac{n\pi}{l}x\mathrm{d}x, \\ & n = 1,2,\cdots, \\ b_n = \dfrac{2l}{n^2\pi^2 a}\displaystyle\int_0^l\psi(x)\sin\frac{n\pi}{l}x\mathrm{d}x \end{cases}$$

例 2.8

长为 π 且两端固定的弦在某介质中做自由微振动,已知这个介质的阻力与速度成正比. 比例系数为 $2h$ ($0 < h < 1$),假定初始时刻的速度与位移已知,试求弦的位移 $u(x,t)$.

解 问题归结为求解下述定解问题:

$$\begin{cases} \dfrac{\partial^2 u}{\partial t^2} + 2h\dfrac{\partial u}{\partial t} = \dfrac{\partial^2 u}{\partial x^2}, & 0 < x < \pi, t > 0, \\ u\big|_{x=0} = 0, u\big|_{x=l} = 0, \\ u\big|_{t=0} = \varphi(x), \left.\dfrac{\partial u}{\partial t}\right|_{t=0} = \psi(x). \end{cases}$$

方程虽然比前述标准形式多了一项 $2h\dfrac{\partial u}{\partial t}$,但它仍然是线性齐次方程,且边界条件也是齐次的,故仍能用分离变量法求解.

令 $u(x,t) = X(t)T(t)$，代入方程，有

$$\frac{T''(t)+2hT'(t)}{T(t)} = \frac{X''(x)}{X(x)} = -\lambda\ ,$$

$$T''(t)+2hT'(t)+\lambda T(t) = 0,$$

$$X''(x)+\lambda X(x) = 0.$$

将 $u(x,t) = X(x)T(t)$ 代入边界条件，有

$$X(0) = X(\pi) = 0.$$

则我们得到一个固有值问题：

$$\begin{cases} X''(x)+\lambda X(x) = 0, \\ X(0) = X(\pi) = 0. \end{cases}$$

可得固有值：

$$\lambda_n = n^2,\quad (n = 1,2\cdots);$$

固有函数：

$$X_n(x) = \sin nx\qquad (n = 1,2\cdots).$$

将固有值代入关于 $T(t)$ 的方程，有

$$T''_n(t)+2hT'_n(t)+n^2T_n(t) = 0\quad (n = 1,2,\cdots).$$

得到上述方程的通解为

$$T_n(t) = \mathrm{e}^{-ht}(a_n\cos k_nt+b_n\sin k_nt)\qquad (n = 1,2,\cdots),$$

其中 $k_n = \sqrt{n^2-h^2}\quad (n = 1,2,\cdots)$.

由叠加原理，原定解问题的解为

$$u(x,t) = \mathrm{e}^{-ht}\sum_{n=1}^{\infty}(a_n\cos k_nt+b_n\sin k_nt)\sin nx.$$

由初始条件，有

$$\varphi(x) = \sum_{n=1}^{\infty}a_n\sin nx\ ,$$

$$\psi(x) = -\sum_{n=1}^{\infty}(a_nh+b_nk_n)\sin nx\ ,$$

于是得

$$a_n = \frac{2}{\pi}\int_0^{\pi}\varphi(x)\sin nx\mathrm{d}x,$$

$$b_n = \frac{h}{k_n}a_n+\frac{2}{\pi k_n}\int_0^{\pi}\psi(x)\sin nx\mathrm{d}x.$$

从前面的推导过程可以发现，分离变量法是求解有界域上一维波动方程的有力工具，我们将会看到，在解决其他类型的数学物理方程中，分离变量法也同样是十分有效的. 分离变量法的实质是通过偏微分方程及边界条件，研究含有待定常数的常微分方程边值问题（施图姆-刘维尔问题）及叠加原理的运用，这些运算之所以能够实现，关键是偏微分方程及边界条件都是齐次的，当这两个条件不具备时，我们需要对现有的方法进行适当的改进，从而去解决更普遍的现象——含有非齐次偏微分方程或者非齐次边界条件的定解问题.

2.3 有界弦的强迫振动

前面讨论的弦振动问题,其偏微分方程及边界条件都是齐次的.而描述一般意义下的弦振动问题,其偏微分方程或者边界条件可以是非齐次的. 本节我们首先研究非齐次偏微分方程、齐次边界条件的定解问题,介绍一种常用的求解方法——固有函数展开法. 然后研究含有非齐次边界条件的定解问题的求解. 我们以弦的强迫振动为例展开讨论,所用的方法可以推广到其他类型的问题上.

2.3.1 非齐次方程的固有函数法

首先,我们讨论一种最简单的强迫振动问题,一根长为 l ,初始时刻静止、两端固定的弦在外力作用下所产生的振动. 其振动纯粹由外力引起,即定解问题由非齐次方程、齐次边界条件与零初始条件(齐次初始条件)组成. 定解问题归纳为

$$\begin{cases}\dfrac{\partial^2 u}{\partial t^2}=a^2\dfrac{\partial^2 u}{\partial x^2}+f(x,t), \quad 0<x<l,t>0, & (2.3.1)\\ u|_{x=0}=0,\ u|_{x=l}=0, & (2.3.2)\\ u|_{t=0}=0,\ \dfrac{\partial u}{\partial t}\Big|_{t=0}=0. & (2.3.3)\end{cases}$$

根据物理规律,外力只影响振动的振幅,而不改变振动的频率;结合常微分方程的“常数变易法”原理,我们通过齐次方程的解来构造非齐次方程的解. 因此作如下设想:这个定解问题的解可分拆为无穷多个驻波的叠加,而每个驻波的波形仍然是由相应的齐次方程((2.2.1)—(2.2.3)式)的固有函数决定的. 通过上节的讨论,我们知道在边界固定的情况下,相应齐次方程的固有函数系为 $\left\{\sin\dfrac{n\pi}{l}x\right\}$,相应的驻波为

$$u_n(x,t)=\left(a_n\cos\frac{n\pi a}{l}t+b_n\sin\frac{n\pi a}{l}t\right)\sin\frac{n\pi}{l}x, \quad n=1,2,\cdots.$$

因此我们猜测含有非齐次偏微分方程(2.3.1)的定解问题其解应当具有如下形式

$$u(x,t)=\sum_{n=1}^{\infty}v_n(t)\sin\frac{n\pi}{l}x, \tag{2.3.4}$$

式中 $v_n(t)$ 是待定的未知函数. 为了确定 $v_n(t)$,将 $u(x,t)$ 代入定解问题有

$$\begin{cases}\displaystyle\sum_{n=1}^{\infty}\left[v''_n(t)+\frac{n^2\pi^2a^2}{l^2}v_n(t)\right]\sin\frac{n\pi}{l}x=f(x,t),\\ \displaystyle\sum_{n=1}^{\infty}v_n(0)\sin\frac{n\pi}{l}x=0,\quad \sum_{n=1}^{\infty}v'_n(0)\sin\frac{n\pi}{l}x=0.\end{cases} \tag{2.3.5}$$

为了求解上的方便,将 $f(x,t)$ 按固有函数系展开成级数

$$f(x,t)=\sum_{n=1}^{\infty}f_n(t)\sin\frac{n\pi}{l}x\,,\tag{2.3.6}$$

式中

$$f_n(t)=\frac{2}{l}\int_0^l f(x,t)\sin\frac{n\pi}{l}x\mathrm{d}x.\tag{2.3.7}$$

将(2.3.6)式代入(2.3.5)式,得

$$\sum_{n=1}^{\infty}\left[v''_n(t)+\frac{n^2\pi^2a^2}{l^2}v_n(t)-f_n(t)\right]\sin\frac{n\pi}{l}x=0.$$

根据函数系 $\left\{\sin\frac{n\pi}{l}x\right\}$ 在 $[0,l]$ 上的正交性,可知

$$\begin{cases}v''_n(t)+\dfrac{n^2\pi^2a^2}{l^2}v_n(t)-f_n(t)=0,\\ v_n(0)=0,\ v'_n(0)=0\quad(n=1,2,\cdots).\end{cases}$$

应用常数变易法或拉普拉斯变换,可求得常微分方程定解问题

$$\begin{cases}v''_n(t)+\dfrac{n^2\pi^2a^2}{l^2}v_n(t)=f_n(t),\\ v_n(0)=v'_n(0)=0\end{cases}\tag{2.3.8}$$

的解为

$$v_n(t)=\frac{l}{n\pi a}\int_0^l f_n(\tau)\sin\frac{n\pi a(t-\tau)}{l}\mathrm{d}\tau\qquad(n=1,2,\cdots),\tag{2.3.9}$$

则原定解问题的解为

$$u(x,t)=\sum_{n=1}^{\infty}\left[\frac{l}{n\pi a}\int_0^l f_n(\tau)\sin\frac{n\pi a(t-\tau)}{l}\mathrm{d}\tau\right]\sin\frac{n\pi}{l}x.\tag{2.3.10}$$

以上方法,实质上是将方程的自由项 $f(x,t)$ 及未知函数 $u(x,t)$ 都按照相应的齐次方程固有函数系展开,这种解题方法也被称为**固有函数法**. 需要注意的是,随着边界条件类型的不同,固有函数系也会有所改变.

然后,我们研究具有普遍意义的物理现象,带有初始形变的强迫振动,即考虑由非齐次方程、齐次边界条件与非零初始条件(非齐次初始条件)组成的定解问题,归纳为

$$\begin{cases}\dfrac{\partial^2u}{\partial t^2}=a^2\dfrac{\partial^2u}{\partial x^2}+f(x,t),\qquad 0<x<l,t>0,\\ u\big|_{x=0}=0,\ u\big|_{x=l}=0.\\ u\big|_{t=0}=\varphi(x),\ \dfrac{\partial u}{\partial t}\Big|_{t=0}=\psi(x).\end{cases}\tag{2.3.11}$$

此时,弦的振动是由两部分因素引起的,一部分是外来的强迫力,另一部分是初始形变所产生的回复力. 由物理规律可知,弦振动的位移可以看作是由强迫力引起的振动位移和由初始形变引起的振动位移的叠加,于是我们就设本问题的解为

$$u(x,t)=V(x,t)+W(x,t),$$

式中, $V(x,t)$ 则表示仅由强迫力引起的弦振动位移, $W(x,t)$ 则表示仅由初始状态引起的弦振动

位移,它们分别满足定解问题(I),(II):

$$
(\mathrm{I})\quad\begin{cases}\dfrac{\partial^2 V}{\partial t^2}=a^2\dfrac{\partial^2 V}{\partial x^2}+f(x,t), & 0<x<l,t>0,\\ V|_{x=0}=0,\ V|_{x=l}=0,\\ V|_{t=0}=\dfrac{\partial V}{\partial t}\Big|_{t=0}=0;\end{cases}
$$

$$
(\mathrm{II})\quad\begin{cases}\dfrac{\partial^2 W}{\partial t^2}=a^2\dfrac{\partial^2 W}{\partial x^2}, & 0<x<l,t>0,\\ W|_{x=0}=0,\ W|_{x=l}=0,\\ W|_{t=0}=\varphi(x),\ \dfrac{\partial W}{\partial t}\Big|_{t=0}=\psi(x).\end{cases}
$$

定解问题(I)属于非齐次方程、齐次边界条件及齐次初始条件的类型,可以利用固有函数展开法求解;(II)属于齐次方程、齐次边界条件的类型,可直接利用分离变量法求解;这样定解问题(2.3.11)得到解决. 满足定解条件的解为

$$
\begin{aligned}
u(x,t)&=V(x,t)+W(x,t)\\
&=\sum_{n=1}^{\infty}\left(a_n\cos\frac{n\pi a}{l}t+b_n\sin\frac{n\pi a}{l}t\right)\sin\frac{n\pi}{l}x+\sum_{n=1}^{\infty}\left[\frac{l}{n\pi a}\int_0^l f_n(\tau)\sin\frac{n\pi a(t-\tau)}{l}\mathrm{d}\tau\right]\sin\frac{n\pi}{l}x\\
&=\sum_{n=1}^{\infty}\left[a_n\cos\frac{n\pi a}{l}t+b_n\sin\frac{n\pi a}{l}t+\frac{l}{n\pi a}\int_0^l f_n(\tau)\sin\frac{n\pi a(t-\tau)}{l}\mathrm{d}\tau\right]\sin\frac{n\pi}{l}x.
\end{aligned}
$$

例 2.9

求解定解问题

$$
\begin{cases}\dfrac{\partial^2 u}{\partial t^2}=\dfrac{\partial^2 u}{\partial x^2}+x(\pi-x)t, & 0<x<\pi,t>0,\\ u|_{x=0}=0,\ u|_{x=\pi}=0,\\ u|_{t=0}=\sin x,\ \dfrac{\partial u}{\partial t}\Big|_{t=0}=0.\end{cases}
$$

解 此问题是非齐次方程非齐次初始条件,因此设 $u(x,t)=V(x,t)+W(x,t)$.

由上述讨论结果知 $W(x,t)$ 满足

$$
\begin{cases}\dfrac{\partial^2 W}{\partial t^2}=\dfrac{\partial^2 W}{\partial x^2}, & 0<x<\pi,t>0,\\ W|_{x=0}=0,\ W|_{x=\pi}=0.\\ W|_{t=0}=\sin x,\ \dfrac{\partial W}{\partial t}\Big|_{t=0}=0,\end{cases}
$$

由分离变量法易求得,该定解问题的固有函数系为 $\{\sin nx\}$,由(2.2.11)式可知

$$
W(x,t)=\sum_{n=1}^{\infty}(a_n\cos nt+b_n\sin nt)\sin nx.
$$

由初始条件可得

$$b_n = 0,$$

$$a_n = \begin{cases} 1, & n = 1, \\ 0, & n \neq 1, \end{cases}$$

即

$$W(x,t) = \cos t\sin x.$$

而 $V(x,t)$ 满足

$$\begin{cases} \dfrac{\partial^2 V}{\partial t^2} = \dfrac{\partial^2 V}{\partial x^2} + x(\pi - x)t, & 0 < x < \pi, t > 0, \\ V|_{x=0} = 0,\ V|_{x=\pi} = 0. \\ V|_{t=0} = \dfrac{\partial V}{\partial t}\Big|_{t=0} = 0, \end{cases}$$

由(2.3.10)式易求得

$$V(x,t) = \frac{8}{\pi}\sum_{n=0}^{\infty}\frac{1}{(2n+1)^3}\left[-\frac{\sin(2n+1)t}{(2n+1)^2} + \frac{t}{2n+1}\right]\sin(2n+1)x,$$

则原定解问题的解

$$u(x,t) = V(x,t) + W(x,t) = \cos t\sin x + \frac{8}{\pi}\sum_{n=0}^{\infty}\frac{1}{(2n+1)^3}\left[-\frac{\sin(2n+1)t}{(2n+1)^2} + \frac{t}{2n+1}\right]\sin(2n+1)x.$$

深入分析一下定解问题(I)、定解问题(II)解的构成,我们发现定解问题(2.3.11)的解可写成

$$\begin{aligned} u(x,t) = V(x,t) + W(x,t) &= \sum_{n=1}^{\infty} v_n(t)\sin\frac{n\pi}{l}x + \sum_{n=1}^{\infty} T_n(t)\sin\frac{n\pi}{l}x \\ &= \sum_{n=1}^{\infty}[v_n(t) + T_n(t)]\sin\frac{n\pi}{l}x \\ &= \sum_{n=1}^{\infty} v_n^{(1)}(t)\sin\frac{n\pi}{l}x, \end{aligned}$$

其中 $v_n^{(1)}(t) = v_n(t) + T_n(t)$,是关于 t 的待定函数. 因此实际应用中,不必分别求解两个定解问题,可以合二为一,直接设定解问题(2.3.11)的解为

$$u(x,t) = \sum_{n=1}^{\infty} v_n(t)\sin\frac{n\pi}{l}x,$$

代入定解问题(2.3.11)中的偏微分方程及初始条件,将非齐次项、初始条件按固有函数展开,即可得到关于 $v_n(t)$ 的常微分方程初值问题,解出 $v_n(t)$ 后即可得到 $u(x,t)$.

2.3.2 非齐次边界条件的处理

分离变量法的一个关键之处是求解一个固有值问题. 若定解问题的边界条件是非齐次的,利用分离变量法一般得不到固有值问题,也就无法求得定解问题的固有函数. 因此,对这一类问题的研究,重点放在如何使边界条件齐次化. 具体方法我们通过解决如下形式的定解问题来展开:

$$\begin{cases}\dfrac{\partial^2 u}{\partial t^2}=a^2\dfrac{\partial^2 u}{\partial x^2}+f(x,t), & 0<x<l,t>0,\\ u|_{x=0}=\mu_1(t),\ u|_{x=l}=\mu_2(t), \\ u|_{t=0}=\varphi(x),\ \dfrac{\partial u}{\partial t}\Big|_{t=0}=\psi(x).\end{cases} \tag{2.3.12}$$

根据叠加原理,振动产生的位移可以分解为若干部分的合成,因此我们设想将其中的某部分函数做适当的选择,使剩余部分的函数在边界上满足齐次性条件. 即设

$$u(x,t)=V(x,t)+W(x,t), \tag{2.3.13}$$

式中, $W(x,t)$ 是我们自选的已知函数. 我们将选择一个适当的辅助函数 $W(x,t)$,使 $V(x,t)$ 满足一个齐次边界条件的定解问题. 将(2.3.13)式代入问题(2.3.12),得

$$\begin{cases}\dfrac{\partial^2 V}{\partial t^2}+\dfrac{\partial^2 W}{\partial t^2}=a^2\dfrac{\partial^2 V}{\partial x^2}+a^2\dfrac{\partial^2 W}{\partial x^2}+f(x,t), & 0<x<l,t>0,\\ V|_{x=0}+W|_{x=0}=\mu_1(t),\ V|_{x=l}+W|_{x=l}=\mu_2(t). \\ V|_{t=0}+W|_{t=0}=\varphi(x),\ \dfrac{\partial V}{\partial t}\Big|_{t=0}+\dfrac{\partial W}{\partial t}\Big|_{t=0}=\psi(x),\end{cases}$$

关于 $V(x,t)$ 问题的边界条件是齐次的,所以取

$$\begin{cases}W|_{x=0}=\mu_1(t),\\ W|_{x=l}=\mu_2(t).\end{cases} \tag{2.3.14}$$

所以,选择好辅助函数 $W(x,t)$ 后, $V(x,t)$ 满足如下的定解问题

$$\begin{cases}\dfrac{\partial^2 V}{\partial t^2}=a^2\dfrac{\partial^2 V}{\partial x^2}+f_1(x,t), & 0<x<l,t>0,\\ V|_{x=0}=0,\ V|_{x=l}=0, \\ V|_{t=0}=\varphi_1(x),\ \dfrac{\partial V}{\partial t}\Big|_{t=0}=\psi_1(x),\end{cases} \tag{2.3.15}$$

式中

$$f_1(x,t)=f(x,t)+a^2\frac{\partial^2 W}{\partial^2 x}-\frac{\partial^2 W}{\partial^2 t},$$

$$\varphi_1(x)=\varphi(x)-W(x,0),$$

$$\psi_1(x)=\psi(x)-\frac{\partial W(x,0)}{\partial t}.$$

问题(2.3.15)可由固有函数法求解,一旦辅助函数 $W(x,t)$ 的具体形式给出,由(2.3.13)式可得出含非齐次边界条件的定解问题(2.3.12)的解.

下面我们探讨如何选择符合要求的辅助函数 $W(x,t)$. 在 t 时刻, $W(x,t)$ 可以认为是 xOW 平面上,以 x 为自变量的一条平面曲线,点 $A(0,\mu_1(t))$, $B(l,\mu_2(t))$ 位于 xOW 平面上. 满足条件(2.3.14)的函数 $W(x,t)$ 可理解为过点 A,B 的一条曲线,如图 2-1所示.

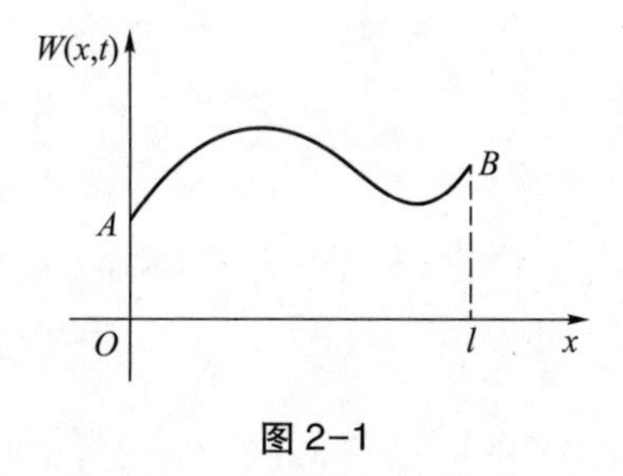

图 2-1

可以清楚地看到满足条件(2.3.14)的曲线有无数条,为了讨论上的便利,通常取过 A,B 两点的直线,即

$$W(x,t)=A(t)x+B(t),$$

由条件(2.3.14),可求出

$$A(t)=\frac{1}{l}[\mu_2(t)-\mu_1(t)],\ B(t)=\mu_1(t),$$

则有

$$W(x,t)=\frac{x}{l}[\mu_2(t)-\mu_1(t)]+\mu_1(t)=\frac{l-x}{l}\mu_1(t)+\frac{x}{l}\mu_2(t). \tag{2.3.16}$$

这样选定的辅助函数 $W(x,t)$,在理论上可以解决所有非齐次边界的定解问题,但是对不同的初值及源项,具体求解时可能导致计算上的繁琐. 因此,根据实际问题, $W(x,t)$ 也可以灵活地选择为其他类型的曲线.

在求解过程中,选取不同类型的辅助函数 $W(x,t)$,得到的关于 $V(x,t)$ 的定解问题也随之改变,因而求出的 $V(x,t)$ 也不同. 但是,由于定解问题是适定的,所以定解问题必然存在唯一的解,这就确保了我们通过不同的解题办法可以得到相同的解,虽然解的表达式可能有所不同,但它们是定解问题等价的两个解.

例 2.10

研究长为 l,初始静止不动,一端固定,一端做周期运动 $u(l,t)=\sin\omega t$ 的微小横振动问题,其中 $\omega\neq\frac{n\pi a}{l}$.

解 定解问题归纳为

$$\begin{cases}\dfrac{\partial^2 u}{\partial t^2}=a^2\dfrac{\partial^2 u}{\partial x^2}, & 0<x<l,t>0,\\ u|_{x=0}=0,u|_{x=l}=\sin\omega t\left(\omega\neq\dfrac{n\pi a}{l}\right),\\ u|_{t=0}=\left.\dfrac{\partial u}{\partial t}\right|_{t=0}=0.\end{cases}$$

由于边界条件非齐次,所以根据(2.3.16)式取

$$W(x,t) = \frac{l-x}{l}\cdot 0 + \frac{x}{l}\sin\omega t = \frac{x}{l}\sin\omega t.$$

设

$$u(x,t) = V(x,t) + \frac{x}{l}\sin\omega t,$$

这里，$V(x,t)$ 是定解问题

$$\begin{cases}\dfrac{\partial^2 V}{\partial t^2} = a^2\dfrac{\partial^2 V}{\partial x^2} + \dfrac{x}{l}\omega^2\sin\omega t, \quad 0 < x < l, t > 0,\\ V|_{x=0} = V|_{x=l} = 0,\\ V|_{t=0} = 0, \dfrac{\partial V}{\partial t}\Big|_{t=0} = -\dfrac{\omega x}{l}.\end{cases}$$

的解. 这是非齐次方程齐次边界条件的定解问题，可以采用固有函数法求解. 由(2.3.10)式及问题(2.3.11)的推导可得

$$V(x,t) = \sum_{n=0}^{\infty}\left[\left(a_n\cos\frac{n\pi a}{l}t + \frac{l}{n\pi a}b_n\sin\frac{n\pi a}{l}t\right) + \frac{l}{n\pi a}\int_0^t f_n(\tau)\sin\frac{n\pi a(t-\tau)}{l}\mathrm{d}\tau\right]\sin\frac{n\pi}{l}x.$$

计算可得

$$a_n = 0,$$

$$b_n = (-1)^n\frac{2\omega}{n\pi},$$

$$f_n(\tau) = (-1)^n\frac{\omega^2 l}{n^2\pi^2 a}\left\{\left[\frac{1}{\omega+\frac{n\pi a}{l}} - \frac{1}{\omega-\frac{n\pi a}{l}}\right]\sin\omega\tau + \left[\frac{1}{\omega+\frac{n\pi a}{l}} + \frac{1}{\omega-\frac{n\pi a}{l}}\right]\right\}\sin\frac{n\pi a}{l}\tau.$$

经过化简，得

$$u(x,t) = \frac{x}{l}\sin\omega t + \sum_{n=1}^{\infty}(-1)^n\frac{2\omega l}{n^2\pi^2 a}\sin\frac{n\pi a}{l}t\sin\frac{n\pi}{l}x +$$
$$\sum_{n=1}^{\infty}(-1)^{n+1}\frac{\omega^2 l}{n^2\pi^2 a}\left(\frac{\sin\omega t + \sin\omega_n t}{\omega+\omega_n} - \frac{\sin\omega t - \sin\omega_n t}{\omega-\omega_n}\right)\sin\frac{n\pi}{l}x.$$

式中，$\omega_n = \dfrac{n\pi a}{l}(n = 1,2,\cdots)$ 是弦的固有频率.

从上面的式子可以看出，当 ω 无限趋近某一个 ω_k 时，会有

$$\lim_{\omega\to\omega_k}\frac{\sin\omega t - \sin\omega_k t}{\omega-\omega_k} = \lim_{\omega\to\omega_k}\frac{t\cos\omega t}{1} = t\cos\omega_k t.$$

t 越大，这一项的振幅也越大，这种现象称为**共振**. 在很多工程中，如建筑、机件结构中，共振会带来极大的破坏作用，因此要避免出现共振. 而在电磁振荡理论中，人们又经常利用“共振”现象来调频，所以固有值问题无论是在建筑工程方面还是在无线电、电子工程方面都有着重要的应用价值.

2.3.3 特殊的非齐次边界条件

当边界条件不全是第一类边界条件时，这种选择辅助函数的办法仍然适用. 但两个边界条件都是第二类边界条件时，辅助函数 $W(x,t)$ 就不能选择直线，至少要选择 x 的二次式：

$$W(x,t)=A(t)x^2+B(t)x+C(t).$$

一般地,在边界条件齐次化的同时,偏微分方程将会出现一个新的非齐次项$f_1(x,t)$. 值得注意的是,当自由项f、非齐次边界条件$\mu_i(i=1,2)$都与变量t无关时(可以验证,此时的$W(x,t)$也与t无关),则可选取适当的辅助函数$W(x)$,使$V(x,t)$在边界条件齐次化的同时,关于$V(x,t)$的偏微分方程也是齐次的,具体方法请看下述题目的求解过程.

例 2.11

求解下列定解问题

$$\begin{cases}\dfrac{\partial^2 u}{\partial t^2}=\dfrac{\partial^2 u}{\partial x^2}+2, \quad 0<x<1,t>0,\\ u\big|_{x=0}=0,u\big|_{x=1}=1,\\ u\big|_{t=0}=\dfrac{\partial u}{\partial t}\Big|_{t=0}=0.\end{cases}$$

解 因为边界条件是非齐次的,所以通常利用(2.3.16)式选取$W(x,t)$来齐次化边界条件. 而本问题中,方程的自由项与边界条件均与t无关,所以我们令

$$u(x,t)=V(x,t)+W(x),$$

代入方程及边界条件,有

$$\begin{cases}\dfrac{\partial^2 V}{\partial t^2}=\dfrac{\partial^2 V}{\partial x^2}+W''(x)+2,0<x<1,t>0,\\ V\big|_{x=0}+W\big|_{x=0}=0,V\big|_{x=1}+W\big|_{x=1}=1.\end{cases}$$

所以,我们取

$$\begin{cases}W''(x)+2=0,\\ W\big|_{x=0}=0,W\big|_{x=1}=1,\end{cases}$$

则原定解问题就化为关于$V(x,t)$的齐次边界条件、齐次方程的问题了,这极大简化了计算难度.

通过求解上述常微分方程的边值问题,可得

$$W(x)=-x^2+2x,$$

则原定解问题转化为

$$\begin{cases}\dfrac{\partial^2 V}{\partial t^2}=\dfrac{\partial^2 V}{\partial x^2}, \quad 0<x<1,t>0,\\ V\big|_{x=0}=V\big|_{x=1}=0,\\ V\big|_{t=0}=-W(x),\dfrac{\partial V}{\partial t}\Big|_{t=0}=0.\end{cases}$$

运用分离变量法,可得

$$V(x,t)=\sum_{n=1}^{\infty}(C_n\cos n\pi t+D_n\sin n\pi t)\sin n\pi x.$$

由初始条件可得

$$D_n=0,$$

$$-W(x)=\sum_{n=1}^{\infty}C_n\sin n\pi x,$$

即

$$x^2-2x=\sum_{n=1}^{\infty}C_n\sin n\pi x.$$

由傅里叶级数的系数公式，解得

$$C_n=2\int_0^1(x^2-2x)\sin n\pi x\mathrm{d}x=-\frac{4}{n^3\pi^3}+\frac{2}{n\pi}\left(\frac{2}{n^2\pi^2}+1\right)\cos n\pi.$$

则原定解问题的解为

$$\begin{aligned}u(x,t)&=W(x)+V(x,t)\\&=-x^2+2x+\sum_{n=1}^{\infty}\left[-\frac{4}{n^3\pi^3}+\frac{2}{n\pi}\left(\frac{2}{n^2\pi^2}+1\right)\cos n\pi\right]\cos n\pi t\sin n\pi x.\end{aligned}$$

由前面的讨论可知，当非齐次边界条件齐次化时，相应的齐次偏微分方程一般转化为非齐次的方程. 例 2.11 给了我们一个启示，是否存在一个变换，既能使边界条件齐次化，又不改变偏微分方程的齐次性质？答案是肯定的，下面我们以弦振动方程的第一类边界条件的定解问题为例进行讨论：

$$\begin{cases}\dfrac{\partial^2u}{\partial t^2}=a^2\dfrac{\partial^2u}{\partial x^2}, & 0<x<l,t>0,\\ u\big|_{x=0}=\mu_1(t),\ u\big|_{x=l}=\mu_2(t),\\ u\big|_{t=0}=\varphi(x),\ \dfrac{\partial u}{\partial t}\bigg|_{t=0}=\psi(x).\end{cases}\tag{2.3.17}$$

令

$$u(x,t)=V(x,t)+W(x,t)=V(x,t)+\mu_1(t)+\frac{1}{l}f(x)[\mu_2(t)-\mu_1(t)],\tag{2.3.18}$$

其中，$f(x)$ 为待定函数. 将(2.3.18)式中的 $W(x,t)=\mu_1(t)+\frac{1}{l}f(x)[\mu_2(t)-\mu_1(t)]$ 与(2.3.16)式做一个对照，发现已知的函数 x 变成未知的函数 $f(x)$.

将(2.3.18)式代入定解问题(2.3.17)，有

$$\begin{cases}\dfrac{\partial^2V}{\partial t^2}+\mu_1''(t)+\dfrac{1}{l}f(x)[\mu_2''(t)-\mu_1''(t)]\\ \quad=a^2\dfrac{\partial^2V}{\partial x^2}+\dfrac{a^2}{l}f''(x)[\mu_2(t)-\mu_1(t)], \quad 0<x<l,t>0,\\ V\big|_{x=0}+\mu_1(t)+\dfrac{1}{l}f(0)[\mu_2(t)-\mu_1(t)]=\mu_1(t),\\ V\big|_{x=l}+\mu_1(t)+\dfrac{1}{l}f(l)[\mu_2(t)-\mu_1(t)]=\mu_2(t),\\ V\big|_{t=0}+\mu_1(0)+\dfrac{1}{l}f(x)[\mu_2(0)-\mu_1(0)]=\varphi(x),\\ \dfrac{\partial V}{\partial t}\bigg|_{t=0}+\mu_1'(0)+\dfrac{1}{l}f(x)[\mu_2'(0)-\mu_1'(0)]=\psi(x),\end{cases}$$

所以，只要从常微分方程

$$\begin{cases}a^2[\mu_2(t)-\mu_1(t)]f''(x)-[\mu''_2(t)-\mu''_1(t)]f(x)=l\mu''_1(t),\\ f(0)=0,f(l)=l\end{cases}$$

解得 $f(x)$，就存在辅助函数

$$W(x,t)=\mu_1(t)+\frac{1}{l}f(x)[\mu_2(t)-\mu_1(t)]$$

使得原定解问题转化为

$$\begin{cases}\dfrac{\partial^2 V}{\partial t^2}=a^2\dfrac{\partial^2 V}{\partial x^2}, \quad 0<x<l,t>0,\\ V|_{x=0}=0,V|_{x=l}=0,\\ V|_{t=0}=\varphi_1(x),\left.\dfrac{\partial V}{\partial t}\right|_{t=0}=\psi_1(x).\end{cases}$$

例 2.12

将定解问题

$$\begin{cases}\dfrac{\partial^2 u}{\partial t^2}=a^2\dfrac{\partial^2 u}{\partial x^2}, \quad 0<x<l,t>0,\\ u|_{x=0}=0,u|_{x=l}=\sin t,\\ u|_{t=0}=\varphi(x),\left.\dfrac{\partial u}{\partial t}\right|_{t=0}=\psi(x).\end{cases}$$

的边界条件齐次化，并使方程仍然保持齐次的形式.

解 由(2.3.18)式令

$$u(x,t)=V(x,t)+W(x,t)=V(x,t)+\mu_1(t)+\frac{1}{l}f(x)[\mu_2(t)-\mu_1(t)],$$

则有

$$u(x,t)=V(x,t)+\frac{1}{l}f(x)\sin t,$$

代入方程，可得

$$\frac{\partial^2 V}{\partial t^2}=a^2\frac{\partial^2 V}{\partial x^2}+\frac{a^2}{l}\left[f''(x)+\frac{1}{a^2}f(x)\right]\sin t.$$

于是取

$$\begin{cases}f''(x)+\dfrac{1}{a^2}f(x)=0,\\ f(0)=0,f(l)=l,\end{cases}$$

解得

$$f(x)=\frac{l\sin\dfrac{x}{a}}{\sin\dfrac{l}{a}}.$$

因此，在选择辅助函数 $W(x,t)=\dfrac{\sin\dfrac{x}{a}\sin t}{\sin\dfrac{l}{a}}$ 之后，可使关于 $V(x,t)$ 的定解问题既是齐次边界又是齐次方程的形式.

我们考虑如下一个特殊的非齐次边界条件，由于形式过于复杂，因此先简化边界条件的表现形式，然后再选择合适的辅助函数，使边界条件齐次化.

例 2.13

用分离变量法求解下述定解问题

$$\begin{cases} \dfrac{\partial u}{\partial t} = a^2 \dfrac{\partial^2 u}{\partial x^2} - b^2 u + \dfrac{x}{l}\mu'(t)\mathrm{e}^{-b^2 t}, \quad 0 < x < l, t > 0, \\ u\big|_{x=0} = 0, u\big|_{x=l} = \mu(t)\mathrm{e}^{-b^2 t}, \\ u\big|_{t=0} = \varphi(x), \end{cases}$$

其中 a,b 为已知常数.

解 令 $u(x,t) = \mathrm{e}^{-b^2 t}V(x,t)$，代入方程，可得

$$\frac{\partial V}{\partial t} = a^2 \frac{\partial^2 V}{\partial x^2} + \frac{x}{l}\mu'(t).$$

相应的边界条件，初始条件为

$$V\big|_{x=0} = 0,\ V\big|_{x=l} = \mu(t); \tag{2.3.19}$$

$$V\big|_{t=0} = \varphi(x).$$

选择辅助函数 $W(x,t)$，将边界条件齐次化，其中

$$V(x,t) = V^{(1)}(x,t) + W(x,t),$$

可得

$$W(x,t) = \frac{x}{l}\mu(t),$$

进而得到新的定解问题

$$\begin{cases} \dfrac{\partial V^{(1)}}{\partial t} = a^2 \dfrac{\partial^2 V^{(1)}}{\partial x^2}, \quad 0 < x < l,\ t > 0, \\ V^{(1)}\big|_{x=0} = 0, \quad V^{(1)}\big|_{x=l} = 0, \\ V^{(1)}\big|_{t=0} = \varphi(x) - \dfrac{\mu(0)}{l}x, \end{cases}$$

解得

$$V^{(1)}(x,t) = \sum_{n=1}^{\infty} C_n \mathrm{e}^{-\left(\frac{n\pi a}{l}\right)^2 t}\sin\frac{n\pi}{l}x,$$

$$C_n = \frac{2}{l}\int_0^l \left[\varphi(x) - \frac{\mu(0)}{l}x\right]\sin\frac{n\pi}{l}x\mathrm{d}x \quad (n = 1,2,\cdots), \tag{2.3.20}$$

所以

$$\begin{aligned} u(x,t) &= \mathrm{e}^{-b^2 t}V(x,t) \\ &= \mathrm{e}^{-b^2 t}[V^{(1)}(x,t) + W(x,t)] \\ &= \mathrm{e}^{-b^2 t}\left[\frac{x}{l}\mu(t) + \sum_{n=1}^{\infty} C_n \mathrm{e}^{-\left(\frac{n\pi a}{l}\right)^2 t}\sin\frac{n\pi}{l}x\right], \end{aligned}$$

式中的 C_n 由(2.3.20)式确定.

2.4 有限长杆上的热传导问题

以波动方程为背景提出的分离变量法及固有函数法,与波动现象的物理本质无关,它们对于解决相当广泛的某些数学物理定解问题也是十分有效的,本节将利用这些方法研究热传导问题的求解.

2.4.1 无源热传导问题

设有一均匀细杆,长为 l,两个端点的坐标为 $x=0$ 和 $x=l$,端点处的温度保持为零,侧面绝热. 已知杆上初始温度分布为 $\varphi(x)$,求杆上的温度 $u(x,t)$ 的变化规律,即求解下述定解问题

$$\begin{cases}\dfrac{\partial u}{\partial t}=a^2\dfrac{\partial^2 u}{\partial x^2}, \quad 0<x<l,t>0, & (2.4.1)\\ u\big|_{x=0}=0,u\big|_{x=l}=0, & (2.4.2)\\ u\big|_{t=0}=\varphi(x). & (2.4.3)\end{cases}$$

我们仍采用分离变量的方法来求解问题(2.4.1)—(2.4.3). 设

$$u(x,t)=X(x)T(t). \tag{2.4.4}$$

根据初始条件,易知细杆上任意一点(端点除外)的温度都不能恒等于零,因此 $X(x)$, $T(t)$ 不能恒等于零.将(2.4.4)式代入方程(2.4.1)整理得

$$\frac{X''(x)}{X(x)}=\frac{T'(t)}{a^2T(t)},$$

易知上式等于一个常数. 设常数为 $-\lambda$,于是得到关于 $X(x)$ 和 $T(t)$ 的两个常微分方程

$$T'(t)+\lambda a^2T(t)=0, \tag{2.4.5}$$

$$X''(x)+\lambda X(x)=0.$$

由边界条件(2.4.2),(2.4.4)式及 $T(t)\neq 0$ 可得

$$X(0)=0,X(l)=0,$$

这样就得到一个固有值问题

$$\begin{cases}X''(x)+\lambda X(x)=0, & (2.4.6)\\ X(0)=0,X(l)=0. & (2.4.7)\end{cases}$$

在 2.1 节中,我们已经解决了这个固有值问题,求得固有值及固有函数分别是

$$\lambda_n=\left(\frac{n\pi}{l}\right)^2 \quad (n=1,2,\cdots), \tag{2.4.8}$$

$$X_n(x)=\sin\frac{n\pi}{l}x \quad (n=1,2,\cdots). \tag{2.4.9}$$

将(2.4.8)式代入(2.4.5)式,有

$$T'_n(t)+\frac{n^2\pi^2a^2}{l^2}T_n(t)=0,$$

通解为

$$T_n(t)=C_n\mathrm{e}^{-\left(\frac{n\pi a}{l}\right)^2t}\quad (n=1,2,\cdots),$$

所以得到一组特解

$$u_n(x,t)=X_n(x)T_n(t)=C_n\mathrm{e}^{-\left(\frac{n\pi a}{l}\right)^2t}\sin\frac{n\pi}{l}x\quad (n=1,2,\cdots),$$

则定解问题的解为

$$u(x,t)=\sum_{n=1}^{\infty}u_n(x,t)=\sum_{n=1}^{\infty}C_n\mathrm{e}^{-\left(\frac{n\pi a}{l}\right)^2t}\sin\frac{n\pi}{l}x,\tag{2.4.10}$$

由初始条件得

$$\varphi(x)=\sum_{n=1}^{\infty}C_n\sin\frac{n\pi}{l}x,$$

则

$$C_n=\frac{2}{l}\int_0^l\varphi(x)\sin\frac{n\pi}{l}x\mathrm{d}x\quad (n=1,2,\cdots).$$

同样,当边界条件的类型改变后,定解问题的求解方法不变,但求出的固有值与固有函数发生了改变.

例 2.14

我们考虑长为 l 的均匀细杆,侧面绝热,一端 $x=0$ 是绝热的,另一端 $x=l$ 与外界按牛顿冷却定律交换热量(设外界温度为0).已知初始时刻杆上温度分布为 $\varphi(x)$,求杆上温度分布.即讨论下列定解问题:

$$\begin{cases}\dfrac{\partial u}{\partial t}=a^2\dfrac{\partial^2u}{\partial x^2},\quad 0<x<l,t>0 & (2.4.11)\\ u_x|_{x=0}=0,[u+hu_x]|_{x=l}=0, & (2.4.12)\\ u|_{t=0}=\varphi(x). & (2.4.13)\end{cases}$$

解 我们仍采用分离变量的方法来求解问题 (2.4.11)—(2.4.13) . 设

$$u(x,t)=X(x)T(t),\tag{2.4.14}$$

代入方程(2.4.11),得

$$\frac{X''(x)}{X(x)}=\frac{T'(t)}{a^2T(t)}=-\lambda ,$$

其中 λ 为待定常数,于是得到关于 $X(x)$ 和 $T(t)$ 的两个常微分方程

$$T'(t)+\lambda a^2T(t)=0,\tag{2.4.15}$$
$$X''(x)+\lambda X(x)=0.$$

由边界条件(2.4.12),(2.4.14)式及 $T(t)\neq 0$ 可得

$$X'(0)=0,X(l)+hX'(l)=0.$$

解固有值问题

$$\begin{cases}X''(x)+\lambda X(x)=0, & (2.4.16)\\ X(0)=0,X(l)+hX'(l)=0. & (2.4.17)\end{cases}$$

由 2.1 节例 2.4 知,问题的固有值与固有函数为

$$\lambda_n=\frac{\mu_n^2}{l^2},X_n(x)=\cos\frac{\mu_n}{l}x\quad(n=1,2,\cdots).$$

其中,μ_n 是超越方程

$$\cot\mu=\frac{\mu h}{l}$$

的根,且 $\sqrt{\lambda}\,l=\mu$.

将 $\lambda_n=\dfrac{\mu_n^2}{l^2}$ 代入(2.4.15)式,有

$$T_n'(t)+\frac{\mu_n^2a^2}{l^2}T_n(t)=0.$$

$$T_n(t)=A_n\mathrm{e}^{-\frac{\mu_n^2a^2}{l^2}t}\quad(n=1,2,\cdots).$$

所以

$$u_n(x,t)=A_n\mathrm{e}^{-\frac{\mu_n^2a^2}{l^2}t}\cos\frac{\mu_n}{l}x\quad(n=1,2,\cdots).$$

由叠加原理,得

$$u(x,t)=\sum_{n=1}^{\infty}A_n\mathrm{e}^{-\frac{\mu_n^2a^2}{l^2}t}\cos\frac{\mu_n}{l}x, \tag{2.4.18}$$

代入初始条件(2.4.13),得

$$\sum_{n=1}^{\infty}A_n\cos\frac{\mu_n}{l}x=\varphi(x),$$

$$A_n=\frac{\int_0^l\varphi(x)\cos\frac{\mu_n}{l}x\mathrm{d}x}{\int_0^l\cos^2\frac{\mu_n}{l}x\mathrm{d}x}. \tag{2.4.19}$$

把(2.4.19)式代入(2.4.18)式即得原定解问题的解.

2.4.2 含源热传导问题

当物理模型中含有热源的时候,方程是非齐次的,此时定解问题为

$$\begin{cases}\dfrac{\partial u}{\partial t}=a^2\dfrac{\partial^2u}{\partial x^2}+f(x,t), & 0<x<l,t>0,\\ u|_{x=0}=0,u|_{x=l}=0, \\ u|_{t=0}=\varphi(x).\end{cases} \tag{2.4.20}$$

在这种情况下,温度 $u(x,t)$ 受到 2 个因素的影响:初始状态及热源. 我们作如下分解

$$u(x,t)=V(x,t)+W(x,t), \tag{2.4.21}$$

式中，$W(x,t)$ 只受初始温度的影响，满足

$$(\mathrm{I})\begin{cases}\dfrac{\partial W}{\partial t}=a^2\dfrac{\partial^2 W}{\partial x^2}, \quad 0<x<l,t>0,\\ W|_{x=0}=0,W|_{x=l}=0,\\ W|_{t=0}=\varphi(x).\end{cases}$$

这个问题已经解决，由(2.4.10)式可求出问题的形式解：

$$W(x,t)=\sum_{n=1}^{\infty}W_n(x,t)=\sum_{n=1}^{\infty}T_n(t)\sin\frac{n\pi}{l}x=\sum_{n=1}^{\infty}C_n\mathrm{e}^{-\left(\frac{n\pi a}{l}\right)^2 t}\sin\frac{n\pi}{l}x.$$

而 $V(x,t)$ 只受源项的影响，满足

$$(\mathrm{II})\begin{cases}\dfrac{\partial V}{\partial t}=a^2\dfrac{\partial^2 V}{\partial x^2}+f(x,t),0<x<l,t>0, & (2.4.22)\\ V|_{x=0}=0,V|_{x=l}=0, & (2.4.23)\\ V|_{t=0}=0. & (2.4.24)\end{cases}$$

只要求出 $V(x,t)$，由(2.4.21)式可知原问题已解决了. 我们仍采用固有函数展开的方法来处理这个问题. 由前面的结果，相应的齐次方程的固有函数系是 $\left\{\sin\dfrac{n\pi}{l}x\right\}$. 于是，类似于波动方程的求解方法，我们设

$$V(x,t)=\sum_{n=1}^{\infty}v_n(t)\sin\frac{n\pi}{l}x,$$

同时，将源项 $f(x,t)$ 也按固有函数系展开

$$f(x,t)=\sum_{n=1}^{\infty}f_n(t)\sin\frac{n\pi}{l}x,$$

式中，

$$f_n(t)=\frac{2}{l}\int_0^l f(x,t)\sin\frac{n\pi}{l}x\mathrm{d}x. \tag{2.4.25}$$

代入(2.4.22)式，得

$$\sum_{n=1}^{\infty}\left[v_n'(t)+\left(\frac{n\pi a}{l}\right)^2 v_n(t)-f_n(t)\right]\sin\frac{n\pi}{l}x=0,$$

所以

$$v_n'(t)+\left(\frac{n\pi a}{l}\right)^2 v_n(t)=f_n(t). \tag{2.4.26}$$

由初始条件式(2.4.24)得 $v_n(0)=0$，所以我们得到了一阶常微分方程的初值问题

$$\begin{cases}v'_n(t)+\left(\dfrac{n\pi a}{l}\right)^2 v_n(t)=f_n(t),\\ v_n(0)=0(n=1,2,\cdots),\end{cases} \tag{2.4.27}$$

解得

$$v_n(t)=\int_0^t f_n(\tau)\mathrm{e}^{-\left(\frac{n\pi a}{l}\right)^2(t-\tau)}\mathrm{d}\tau, \tag{2.4.28}$$

则定解问题(2.4.22)—(2.4.24)的解为

$$V(x,t)=\sum_{n=1}^{\infty}\left[\int_0^t f_n(\tau)\mathrm{e}^{-\left(\frac{n\pi a}{l}\right)^2(t-\tau)}\mathrm{d}\tau\right]\sin\frac{n\pi}{l}x.$$

综合问题(Ⅰ)、(Ⅱ),我们完整地解决了含有源项的热传导问题,得到

$$\begin{aligned}u(x,t)&=V(x,t)+W(x,t)\\&=\sum_{n=1}^{\infty}\left[\int_0^t f_n(\tau)\mathrm{e}^{-\left(\frac{n\pi a}{l}\right)^2(t-\tau)}\mathrm{d}\tau\right]\sin\frac{n\pi}{l}x+\sum_{n=1}^{\infty}C_n\mathrm{e}^{-\left(\frac{n\pi a}{l}\right)^2t}\sin\frac{n\pi}{l}x.\end{aligned} \tag{2.4.29}$$

(2.4.29)式可以简化为

$$u(x,t)=\sum_{n=1}^{\infty}\left[\int_0^t f_n(\tau)\mathrm{e}^{-\left(\frac{n\pi a}{l}\right)^2(t-\tau)}\mathrm{d}\tau+C_n\mathrm{e}^{-\left(\frac{n\pi a}{l}\right)^2t}\right]\sin\frac{n\pi}{l}x=\sum_{n=1}^{\infty}V_n(t)\sin\frac{n\pi}{l}x.$$

因此实际求解非齐次热传导方程时,可以不用如前所述分解成两个定解问题,直接将未知函数 $u(x,t)$ 及非齐次项 $f(x,t)$ 按固有函数展开,即可解决.

例 2.15

求解定解问题

$$\begin{cases}\dfrac{\partial u}{\partial t}=a^2\dfrac{\partial^2 u}{\partial x^2}+A\sin\omega t, & 0<x<l,t>0,\\ u_x\big|_{x=0}=0,u_x\big|_{x=l}=0,\\ u\big|_{t=0}=0.\end{cases}$$

解 考虑相应的齐次定解问题,设 $u(x,t)=X(x)T(t)$,注意到边界条件类型的变化,分离变量得到新的固有值问题:

$$\begin{cases}X''(x)+\lambda X(x)=0,\\X'(0)=0,X'(l)=0.\end{cases}$$

可求得固有值及固有函数为

$$\lambda_n=\left(\frac{n\pi}{l}\right)^2\quad(n=0,1,2,\cdots),$$

$$X_n(x)=\cos\frac{n\pi}{l}x\quad(n=0,1,2,\cdots).$$

由(2.4.25)式,有

$$f(x,t)=\frac{f_0(t)}{2}+\sum_{n=1}^{\infty}f_n(t)\sin\frac{n\pi}{l}x,$$

其中

$$f_0(t)=\frac{2}{l}\int_0^l f(x,t)\mathrm{d}x=\frac{2}{l}\int_0^l A\sin\omega t\mathrm{d}x=2A\sin\omega t.$$

$$f_n(t)=\frac{2}{l}\int_0^l f(x,t)\sin\frac{n\pi}{l}x\mathrm{d}x=\frac{2}{l}\int_0^l A\sin\omega t\sin\frac{n\pi}{l}x\mathrm{d}x=0\quad(n\neq0).$$

由(2.4.26)式可知

$$\begin{cases} v'_0(t) = A\sin\omega t, \\ v'_n(t) + \left(\dfrac{n\pi a}{l}\right)^2 v_n(t) = 0, n \neq 0, \\ v_n(0) = 0, \end{cases}$$

解得

$$\begin{cases} v_0(t) = \dfrac{A}{\omega}(1 - \cos\omega t), \\ v_n(t) = 0, \quad n \neq 0, \end{cases}$$

于是原定解问题的解为

$$u(x,i) = \sum_{n=0}^{\infty} v_n(t)\cos\frac{n\pi}{l}x = \frac{A}{\omega}(1 - \cos\omega t).$$

2.4.3 非齐次边界条件的处理

在通常情况下,热传导问题的边界条件可以是非齐次的,此时我们仿照波动方程中解决此类问题的方法,对 $u(x,t)$ 作适当的分解,从而将非齐次边界条件的问题转化为齐次边界条件的问题而得以解决,下面我们用例题的推演代替公式的推导.

例 2.16

考虑定解问题

$$\begin{cases} \dfrac{\partial u}{\partial t} = a^2\dfrac{\partial^2 u}{\partial x^2}, \quad 0 < x < l, t > 0, \\ u\big|_{x=0} = t, u\big|_{x=l} = 0, \\ u\big|_{t=0} = 0. \end{cases}$$

解 设

$$u(x,t) = V(x,t) + W(x,t).$$

我们要取合适的 $W(x,t)$,使 $V(x,t)$ 满足齐次边界的定解问题,即

$$\begin{cases} \dfrac{\partial V}{\partial t} = a^2\dfrac{\partial^2 V}{\partial x^2} + a^2\dfrac{\partial^2 W}{\partial x^2} - \dfrac{\partial W}{\partial t}, \quad 0 < x < l, t > 0, \\ V\big|_{x=0} + W\big|_{x=0} = t, V\big|_{x=l} + W\big|_{x=l} = 0, \\ V\big|_{t=0} + W\big|_{t=0} = 0, \end{cases}$$

则需要 $W(x,t)$ 满足

$$\begin{cases} W\big|_{x=0} = t, \\ W\big|_{x=l} = 0. \end{cases}$$

不妨设

$$W(x,t) = A(t)x + B(t),$$

可得

$$W(x,t) = -\frac{t}{l}x + t,$$

则有齐次边界的定解问题

$$\begin{cases} \dfrac{\partial V}{\partial t} = a^2 \dfrac{\partial^2 V}{\partial x^2} + \dfrac{x}{l} - 1, & 0 < x < l, t > 0, \\ V|_{x=0} = 0, V|_{x=l} = 0, \\ V|_{t=0} = 0. \end{cases}$$

应用固有函数法,得

$$V(x,t) = \sum_{n=1}^{\infty} v_n(t) \sin \frac{n\pi}{l} x ,$$

其中

$$v_n(t) = \int_0^t f_n(\tau) e^{-\left(\frac{n\pi a}{l}\right)^2 (t-\tau)} d\tau \quad (n = 1,2,\cdots),$$

$$f_n(t) = \frac{2}{l} \int_0^l \left(\frac{x}{l} - 1\right) \sin \frac{n\pi}{l} x dx = -\frac{2}{n\pi} \quad (n = 1,2,\cdots).$$

因此

$$V(x,t) = \sum_{n=1}^{\infty} \frac{2l^2}{(n\pi)^3 a^2} [1 - e^{-\left(\frac{n\pi a}{l}\right)^2 t}] \sin \frac{n\pi}{l} x,$$

则原定解问题的解为

$$u(x,t) = V(x,t) + W(x,t) = t(1 - \frac{x}{l}) + \sum_{n=1}^{\infty} \frac{2l^2}{(n\pi)^3 a^2} [1 - e^{-\left(\frac{n\pi a}{l}\right)^2 t}] \sin \frac{n\pi}{l} x.$$

例 2.17

求解下列定解问题,其中 A,B 为常数.

$$\begin{cases} \dfrac{\partial u}{\partial t} = a^2 \dfrac{\partial^2 u}{\partial x^2} + A, & 0 < x < l, t > 0, \\ u|_{x=0} = 0, \quad u|_{x=l} = B, \\ u|_{t=0} = 0. \end{cases}$$

解 因为边界条件是非齐次的,所以通常利用选取特定的辅助函数 $W(x,t)$ 来解决. 而本问题中,方程的自由项与边界条件均与 t 无关,所以我们令

$$u(x,t) = V(x,t) + W(x),$$

代入方程及边界条件,有

$$\begin{cases} \dfrac{\partial^2 V}{\partial t^2} = a^2 \left[\dfrac{\partial^2 V}{\partial x^2} + W''(x)\right] + A, \\ V|_{x=0} + W|_{x=0} = 0, \\ V|_{x=l} + W|_{x=l} = B. \end{cases}$$

所以,我们取

$$\begin{cases}a^2W''(x)+A=0,\\ W|_{x=0}=0, W|_{x=l}=B,\end{cases}$$

则原定解问题就化为关于 $V(x,t)$ 的齐次边界条件、齐次方程的问题.

通过求解上述常微分方程的边值问题,可得

$$W(x)=-\frac{A}{2a^2}x^2+\left(\frac{Al}{2a^2}+\frac{B}{l}\right)x,$$

则原定解问题转化为

$$\begin{cases}\dfrac{\partial V}{\partial t}=a^2\dfrac{\partial^2 V}{\partial x^2}, \quad 0<x<l, t>0,\\ V|_{x=0}=V|_{x=l}=0,\\ V|_{t=0}=-W(x).\end{cases}$$

采用分离变量法,可得

$$V(x,t)=\sum_{n=1}^{\infty}C_n e^{-\left(\frac{n\pi a}{l}\right)^2 t}\sin\frac{n\pi}{l}x.$$

由初始条件可得

$$-W(x)=\sum_{n=1}^{\infty}C_n\sin\frac{n\pi}{l}x,$$

即

$$\frac{A}{2a^2}x^2-\left(\frac{Al}{2a^2}+\frac{B}{l}\right)x=\sum_{n=1}^{\infty}C_n\sin\frac{n\pi}{l}x.$$

由傅里叶级数的系数公式,解得

$$C_n=2\int_0^l\left[\frac{A}{2a^2}x^2-\left(\frac{Al}{2a^2}+\frac{B}{l}\right)x\right]\sin\frac{n\pi}{l}x\mathrm{d}x=-\frac{2Al^2}{a^2n^3\pi^3}+\frac{2}{n\pi}\left(\frac{Al^2}{a^2n^2\pi^2}+B\right)\cos n\pi,$$

则原定解问题的解为

$$\begin{aligned}u(x,t)&=W(x)+V(x,t)\\&=-\frac{A}{2a^2}x^2+\left(\frac{Al}{2a^2}+\frac{B}{l}\right)x+\sum_{n=1}^{\infty}\left[-\frac{2Al^2}{a^2n^3\pi^3}+\frac{2}{n\pi}\left(\frac{Al^2}{a^2n^2\pi^2}+B\right)\cos n\pi\right]e^{-\left(\frac{n\pi a}{l}\right)^2 t}\sin\frac{n\pi}{l}x.\end{aligned}$$

2.5 二维拉普拉斯方程

在矩形区域和圆形区域上,拉普拉斯方程边值问题也可以采用分离变量法求解. 下面我们首先考察矩形区域上的拉普拉斯方程.

2.5.1 矩形区域上拉普拉斯方程边值问题

一个长为 a,宽为 b 的矩形薄板,其上任一点的坐标 (x,y) 位于区域 $0<x<a, 0<y<b$ 内,且薄板的上、下两面绝热,已知其四周边界温度为:$x=0, x=a, y=0$ 时保持为零,$y=b$ 时温度为 $F(x)$($F(x)$ 为已知函数),求薄板内稳恒状态下的温度 $u(x,y)$ 分布规律.由第 1 章的内容知,这是矩形区域上的拉普拉斯方程的边值问题

$$\begin{cases}\dfrac{\partial^2 u}{\partial x^2}+\dfrac{\partial^2 u}{\partial y^2}=0, \quad 0<x<a, 0<y<b, & (2.5.1)\\ u\big|_{x=0}=0, u\big|_{x=a}=0, & (2.5.2)\\ u\big|_{y=0}=0, u\big|_{y=b}=F(x). & (2.5.3)\end{cases}$$

此边值问题中边界条件(2.5.2)是齐次的.因此,我们沿用前面的方法,采用分离变量法来求解.

设

$$u(x,y)=X(x)Y(y), \tag{2.5.4}$$

将(2.5.4)式代入(2.5.1)式和(2.5.2)式,有

$$\begin{cases}X''(x)Y(y)+X(x)Y''(y)=0,\\ X(0)Y(y)=0, X(a)Y(y)=0.\end{cases}$$

进行分离变量,有

$$\frac{X''}{X}=-\frac{Y''}{Y}=-\lambda,$$

这样得到两个常微分方程

$$Y''(y)-\lambda Y(y)=0, \tag{2.5.5}$$

$$\begin{cases}X''(x)+\lambda X(x)=0,\\ X(0)=X(a)=0.\end{cases} \tag{2.5.6}$$

依据前面 2.1 节的推导,我们得到固有值问题(2.5.6)的固有值及固有函数,分别为

$$\lambda_n=\left(\frac{n\pi}{a}\right)^2 \quad (n=1,2,\cdots),$$

$$X_n(x)=\sin\frac{n\pi}{a}x \quad (n=1,2,\cdots).$$

将 λ_n 代入(2.5.5)式,有

$$Y''(y)-\left(\frac{n\pi}{a}\right)^2 Y(y)=0. \tag{2.5.7}$$

(2.5.7)式的通解为

$$Y_n(y)=C_n e^{\frac{n\pi}{a}y}+D_n e^{-\frac{n\pi}{a}y} \quad (n=1,2,\cdots),$$

所以,有

$$u_n(x,y)=X_n(x)Y_n(y)=\left[C_n e^{\frac{n\pi}{a}y}+D_n e^{-\frac{n\pi}{a}y}\right]\sin\frac{n\pi}{a}x,$$

则

$$u(x,y)=\sum_{n=1}^{\infty}u_n(x,y)=\sum_{n=1}^{\infty}\left[C_n e^{\frac{n\pi}{a}y}+D_n e^{-\frac{n\pi}{a}y}\right]\sin\frac{n\pi}{a}x,$$

由边界条件(2.5.3)得

$$\begin{cases}\sum_{n=1}^{\infty}[C_n+D_n]\sin\frac{n\pi}{a}x=0,\\ \sum_{n=1}^{\infty}[C_n e^{\frac{n\pi}{a}b}+D_n e^{-\frac{n\pi}{a}b}]\sin\frac{n\pi}{a}x=F(x),\end{cases}$$

解得

$$D_n=-C_n,$$

$$C_n=\frac{1}{a\mathrm{sh}\frac{n\pi b}{a}}\int_0^a F(x)\sin\frac{n\pi}{a}x\mathrm{d}x,$$

则原定解问题的解为

$$u(x,y)=\sum_{n=1}^{\infty}\frac{2}{a\mathrm{sh}\frac{n\pi b}{a}}\left[\int_0^a F(\xi)\sin\frac{n\pi}{a}\xi\mathrm{d}\xi\right]\mathrm{sh}\frac{n\pi}{a}y\sin\frac{n\pi}{a}x.$$

其中 $\mathrm{sh}\frac{n\pi}{a}y=\frac{1}{2}[e^{\frac{n\pi}{a}y}-e^{-\frac{n\pi}{a}y}]$.

对于类似此例的稳态问题,由于不存在时间变量,只含有地位平等的两个空间变量,因此求解的基本想法是选择一个空间变量的边界条件,确定固有值和固有函数,而利用另一个空间变量的边界条件来确定无穷级数中的系数(相应于波动方程中初始条件的作用).

当矩形区域的两组对边上的边界条件都是齐次时,方程只有零解,这从物理模型上分析也是显然的. 若两组边界条件都是非齐次的,则无法直接应用分离变量的方法,此时我们仍可采用边界条件齐次化的方法,选择适当的辅助函数,使一组边界条件齐次化. 这将导致定解问题中齐次的拉普拉斯方程变为非齐次的泊松方程. 对泊松方程的求解,我们可以仿照波动方程一节中固有函数展开法求解,本书在此就不作详细讨论(具体过程可见后续内容 2.5.3).

矩形区域上的拉普拉斯方程,若其两组对边上的边界条件都是非齐次时,我们还可以利用叠加原理,将其分解为两个各含有一组对边是齐次边界条件的边值问题,再利用分离变量的方法分别求解.

例 2.18

在矩形区域 $0<x<a,0<y<b$ 上,求解拉普拉斯方程边值问题

$$\begin{cases}\frac{\partial^2 u}{\partial x^2}+\frac{\partial^2 u}{\partial y^2}=0, \quad 0<x<a,0<y<b,\\ u(0,y)=Ay(b-y),u(a,y)=0,\\ u(x,0)=B\sin\frac{\pi}{a}x,u(x,b)=0.\end{cases}$$

解 令

$$u(x,y)=V(x,y)+W(x,y),$$

其中 $V(x,y)$ 满足

$$\begin{cases}\dfrac{\partial^2 V}{\partial x^2}+\dfrac{\partial^2 V}{\partial y^2}=0, & 0<x<a,0<y<b,\\ V(0,y)=V(a,y)=0,\\ V(x,0)=B\sin\dfrac{\pi}{a}x, V(x,b)=0;\end{cases}$$

$W(x,y)$ 满足

$$\begin{cases}\dfrac{\partial^2 W}{\partial x^2}+\dfrac{\partial^2 W}{\partial y^2}=0, & 0<x<a,0<y<b,\\ W(0,y)=Ay(b-y), W(a,y)=0,\\ W(x,0)=0, W(x,b)=0.\end{cases}$$

应用与上例相同的方法,可以分别求出

$$V(x,y)=\frac{B\mathrm{sh}\left[\dfrac{\pi(b-y)}{a}\right]}{\mathrm{sh}\,\dfrac{\pi b}{a}}\sin\frac{\pi}{a}x,$$

$$W(x,y)=\frac{8Ab^2}{\pi^2}\sum_{k=0}^{\infty}\frac{1}{(2k+1)^2}\frac{\mathrm{sh}\left[\dfrac{(2k+1)\pi}{b}(a-x)\right]}{\mathrm{sh}\,\dfrac{(2k+1)}{b}\pi a}\sin\frac{(2k+1)\pi}{b}y,$$

则原问题的解为

$$u(x,y)=V(x,y)+W(x,y)=\frac{B\mathrm{sh}\left[\dfrac{\pi(b-y)}{a}\right]}{\mathrm{sh}\,\dfrac{\pi b}{a}}\sin\frac{\pi}{a}x+$$

$$\frac{8Ab^2}{\pi^2}\sum_{k=0}^{\infty}\frac{1}{(2k+1)^2}\frac{\mathrm{sh}\left[\dfrac{(2k+1)\pi}{b}(a-x)\right]}{\mathrm{sh}\,\dfrac{(2k+1)\pi a}{b}}\sin\frac{(2k+1)\pi y}{b}.$$

2.5.2 圆形区域上拉普拉斯方程边值问题

应用分离变量的方法,我们解决了矩形区域上的拉普拉斯方程边值问题;当区域是圆形的时候,如何进行变量的分离?下面我们考虑这样一个物理现象:一个半径为 a 的薄圆盘,上下两面绝热,圆盘边缘温度已知,求达到稳恒状态时圆盘内的温度分布.

由第 1 章的内容知,稳恒状态下,温度函数 $u(x,y,t)$ 与时间 t 无关,即 $u=u(x,y)$,满足方程

$$\frac{\partial^2 u}{\partial x^2}+\frac{\partial^2 u}{\partial y^2}=0.$$

因为区域的边界是圆周 $x^2+y^2=a^2$,它在极坐标系下的方程为 $\rho=a$,所以在极坐标系下,边

界条件可以表示为

$$u|_{\rho=a}=f(\theta).$$

由于这种表现形式简单,因此我们把方程用极坐标表示,这样定解问题表示为

$$\begin{cases}\dfrac{1}{\rho}\dfrac{\partial}{\partial\rho}\left(\rho\dfrac{\partial u}{\partial\rho}\right)+\dfrac{1}{\rho^2}\dfrac{\partial^2 u}{\partial\theta^2}=0, \quad 0<\rho<a, 0\leqslant\theta\leqslant 2\pi, & (2.5.8)\\ u|_{\rho=a}=f(\theta). & (2.5.9)\end{cases}$$

由于温度函数是单值的,所以 $u(\rho,\theta)$ 与 $u(\rho,\theta+2\pi)$ 表示同一点的温度,即

$$u(\rho,\theta)=u(\rho,\theta+2\pi). \tag{2.5.10}$$

由实际情况可知,圆盘内每一点的温度应当是有界的,所以有

$$|u(0,\theta)|<+\infty. \tag{2.5.11}$$

我们称(2.5.10)式为定解问题的周期性条件,(2.5.11)式为定解问题的有界性条件.

现在应用分离变量法求方程(2.5.8)满足条件(2.5.9)—(2.5.11)的解,设

$$u(\rho,\theta)=R(\rho)\Phi(\theta),$$

代入(2.5.8)式,有

$$R''(\rho)\Phi(\theta)+\frac{1}{\rho}R'(\rho)\Phi(\theta)+\frac{1}{\rho^2}R(\rho)\Phi''(\theta)=0.$$

分离变量,令其比值为常数 λ ,得

$$\frac{\rho^2R''(\rho)+\rho R'(\rho)}{R(\rho)}=-\frac{\Phi''(\theta)}{\Phi(\theta)}=\lambda,$$

这样,我们得到了两个常微分方程

$$\rho^2R''(\rho)+\rho R'(\rho)-\lambda R(\rho)=0,$$

$$\Phi''(\theta)+\lambda\Phi(\theta)=0.$$

由周期性条件(2.5.10)及有界性条件(2.5.11)可得

$$|R(0)|<+\infty,$$

$$\Phi(\theta)=\Phi(\theta+2\pi).$$

于是,我们得到了两个常微分方程的定解问题

$$\begin{cases}\rho^2R''(\rho)+\rho R'(\rho)-\lambda R(\rho)=0, & (2.5.12)\\ |R(0)|<+\infty, & (2.5.13)\end{cases}$$

$$\begin{cases}\Phi''(\theta)+\lambda\Phi(\theta)=0, & (2.5.14)\\ \Phi(\theta)=\Phi(\theta+2\pi). & (2.5.15)\end{cases}$$

由于条件(2.5.15)满足可加性,所以我们先由定解问题(2.5.14)—(2.5.15)入手,讨论 λ 的取值并求出非零解 $\Phi(\theta)$.

(1) 当 $\lambda<0$ 时,方程(2.5.14)的通解为

$$\Phi(\theta)=c_1\mathrm{e}^{-\sqrt{-\lambda}\theta}+c_2\mathrm{e}^{-\sqrt{-\lambda}\theta},$$

此时 $\Phi(\theta)$ 不满足条件(2.5.15),因此 λ 不能取负值.

(2) 当 $\lambda=0$ 时,方程的通解为

$$\Phi(\theta)=\tilde{c_1}\theta+\tilde{c_2}.$$

由条件 $\Phi(\theta)=\Phi(\theta+2\pi)$,可得

$$\tilde{c_1}=0,$$

所以

$$\Phi(\theta)=\tilde{c_2}.$$

(3) 当 $\lambda>0$ 时,令 $\lambda=\beta^2$,不妨设 $\beta>0$,则(2.5.14)式变为

$$\Phi''(\theta)+\beta^2\Phi(\theta)=0,$$

通解为

$$\Phi(\theta)=\tilde{a}\cos\beta\theta+\tilde{b}\sin\beta\theta.$$

因为(2.5.15)式, $\Phi(\theta)=\Phi(\theta+2\pi)$ 及 c_1,c_2 是相互独立的常数,所以有

$$\cos\beta\theta=\cos(\beta\theta+2\beta\pi),$$
$$\sin\beta\theta=\sin(\beta\theta+2\beta\pi),$$

则

$$\beta_n=n \quad (n=1,2,\cdots),$$

所以

$$\lambda_n=\beta_n^2=n^2 \quad (n=1,2,\cdots),$$
$$\Phi_n(\theta)=\tilde{a}\cos n\theta+\tilde{b}\sin n\theta \quad (n=1,2,\cdots).$$

我们称 λ_n 为固有值,称 $\cos n\theta$ 和 $\sin n\theta$ 为相应的固有函数.在这里,一个固有值对应 2 个线性无关的固有函数.

当 $\lambda=0$ 时,(2.5.12)式变为

$$\rho^2R''(\rho)+\rho R'(\rho)=0,$$

解得

$$R_0(\rho)=c_0+d_0\ln\rho.$$

由有界性条件(2.5.13)得 $d_0=0$,所以

$$R_0(\rho)=c_0,$$

当 $\lambda=n^2$ 时,(2.5.12)式变为

$$\rho^2R''(\rho)+\rho R'(\rho)-n^2R(\rho)=0,$$

解得

$$R_n(\rho)=c_n\rho^n+d_n\rho^{-n} \quad (n=1,2,\cdots).$$

由有界性条件 $|R(0)|<+\infty$可得 $d_n=0$,所以

$$R_n(\rho)=c_n\rho^n \quad (n=1,2,\cdots),$$

则

$$u_0(\rho,\theta)=R_0(\rho)\Phi_0(\theta)=\tilde{c_2}c_0=\frac{a_0}{2},$$
$$u_n(\rho,\theta)=R_n(\rho)\Phi_n(\theta)=(a_n\cos n\theta+b_n\sin n\theta)\rho^n \quad (n=1,2,\cdots).$$

由叠加原理,有

$$u(\rho,\theta)=\sum_{n=0}^{\infty}u_n(\rho,\theta)=\frac{a_0}{2}+\sum_{n=1}^{\infty}(a_n\cos n\theta+b_n\sin n\theta)\rho^n. \tag{2.5.16}$$

由边界条件(2.5.9),有

$$f(\theta)=\frac{a_0}{2}+\sum_{n=1}^{\infty}(a_n\cos n\theta+b_n\sin n\theta)a^n,$$

所以

$$\begin{cases}a_0=\dfrac{1}{\pi}\displaystyle\int_0^{2\pi}f(\theta)\,\mathrm{d}\theta,\\ a_n=\dfrac{1}{a^n\pi}\displaystyle\int_0^{2\pi}f(\theta)\cos n\theta\mathrm{d}\theta,\\ b_n=\dfrac{1}{a^n\pi}\displaystyle\int_0^{2\pi}f(\theta)\sin n\theta\mathrm{d}\theta.\end{cases}\tag{2.5.17}$$

这样,边值问题(2.5.8)—(2.5.9)的解由级数(2.5.16)给出,系数由(2.5.17)式确定.

2.5.3 利用固有函数法与特解法求解泊松方程

非齐次的拉普拉斯方程也称为**泊松方程**,其边值问题也常采用固有函数法展开来求解.同时还有一种"特解法",也可方便解决部分泊松问题. 下面我们用例题来说明这两种方法求解的过程.

例 2.19

考虑稳定的温度场分布问题

$$\begin{cases}\dfrac{\partial^2 u}{\partial x^2}+\dfrac{\partial^2 u}{\partial y^2}=-2x,\quad x^2+y^2<1,\\ u\big|_{x^2+y^2=1}=0.\end{cases}$$

解 由于在圆形区域上研究问题,边界条件采用极坐标表示较为方便,所以定解问题表示为

$$\begin{cases}\dfrac{\partial^2 u}{\partial \rho^2}+\dfrac{1}{\rho}\dfrac{\partial u}{\partial \rho}+\dfrac{1}{\rho^2}\dfrac{\partial^2 u}{\partial \theta^2}=-2\rho\cos\theta,\quad 0<\rho<1, & (2.5.18)\\ u\big|_{\rho=1}=0. & (2.5.19)\end{cases}$$

同时 $u(\rho,\theta)$ 的自然属性是

有界性条件:

$$|u(0,\theta)|<+\infty,\tag{2.5.20}$$

周期性条件:

$$u(\rho,\theta+2\pi)=u(\rho,\theta).$$

且对应的拉普拉斯方程的解为

$$u(\rho,\theta)=\sum_{n=0}^{\infty}(a_n\cos n\theta+b_n\sin n\theta)\rho^n.$$

依据固有函数法,可设方程(2.5.18)的解为

$$u(\rho,\theta)=\sum_{n=0}^{\infty}[a_n(\rho)\cos n\theta+b_n(\rho)\sin n\theta],$$

代入(2.5.18)式,得

$$\sum_{n=0}^{\infty}\left[\left(a''_n+\frac{1}{\rho}a'_n-\frac{n^2}{\rho^2}a_n\right)\cos n\theta+\left(b''_n+\frac{1}{\rho}b'_n-\frac{n^2}{\rho^2}b_n\right)\sin n\theta\right]=-2\rho\cos\theta,$$

比较等式两端 $\cos n\theta,\sin n\theta$ 的系数,得到 3 个方程:

$$\begin{cases} a''_1+\dfrac{1}{\rho}a'_1-\dfrac{1}{\rho^2}a_1=-2\rho, & (2.5.21)\\ a''_n+\dfrac{1}{\rho}a'_n-\dfrac{n^2}{\rho^2}a_n=0\quad(n\neq 1), & (2.5.22)\\ b''_n+\dfrac{1}{\rho}b'_n-\dfrac{n^2}{\rho^2}b_n=0. & (2.5.23)\end{cases}$$

根据边界条件(2.5.19),得

$$a_n(1)=0,b_n(1)=0. \tag{2.5.24}$$

由有界性条件 $|u(0,\theta)|<+\infty$,可得

$$|a_n(0)|<+\infty,|b_n(0)|<+\infty. \tag{2.5.25}$$

(2.5.21)式是非齐次的欧拉方程,其通解为

$$a_1(\rho)=c_1\rho+c_2\frac{1}{\rho}-\frac{1}{4}\rho^3.$$

由(2.5.25)式可知 $c_2=0$.

由(2.5.24)式可知 $c_1=\dfrac{1}{4}$.

所以方程(2.5.21)满足边界条件的解为

$$a_1(\rho)=\frac{1}{4}(\rho-\rho^3).$$

方程(2.5.22)—(2.5.23)是齐次的欧拉方程,其通解分别为

$$a_n(\rho)=A_n\rho^n+B_n\rho^{-n}\quad(n\neq 1),$$

$$b_n(\rho)=E_n\rho^n+F_n\rho^{-n}\quad(n\neq 1).$$

由条件(2.5.25)可知 $B_n=0(n\neq 1),F_n=0$.

由条件(2.5.24)可得 $A_n=0(n\neq 1),E_n=0$.

所以

$$a_n(\rho)=0(n\neq 1),b_n(\rho)=0.$$

这样,泊松方程(2.5.18)的解为

$$u(\rho,\theta)=\frac{1}{4}(\rho-\rho^3)\cos\theta,$$

即

$$u(x,y)=\frac{1}{4}[1-(x^2+y^2)]x.$$

在求解泊松方程时,还有一种常用的方法叫特解法,即找出泊松方程的一个特解 $W(x,y)$,令 $u(x,y)=V(x,y)+W(x,y)$.这样, $V(x,y)$ 就是对应的拉普拉斯方程的解,若特解选择适当,则这种方法有时相当简单.

例 2.20

在圆形区域 $x^2+y^2<a^2$ 上求解泊松问题

$$\begin{cases}\dfrac{\partial^2 u}{\partial x^2}+\dfrac{\partial^2 u}{\partial y^2}=-xy, \quad x^2+y^2<a^2, & (2.5.26)\\ u\big|_{x^2+y^2=a^2}=0. & (2.5.27)\end{cases}$$

解 取

$$W(x,y)=-\frac{1}{12}xy(x^2+y^2).$$

可以验证 $u=W(x,y)$ 是方程(2.5.26)的一个解.

令 $u(x,y)=V(x,y)+W(x,y)$,代入方程(2.5.26)及边界条件(2.5.27)中,有

$$\begin{cases}\dfrac{\partial^2 V}{\partial x^2}+\dfrac{\partial^2 V}{\partial y^2}=0, \quad x^2+y^2<a^2, & (2.5.28)\\ V\big|_{x^2+y^2=a^2}=\dfrac{1}{12}xy(x^2+y^2) & (2.5.29)\end{cases}$$

将上述问题用极坐标表示,有

$$\begin{cases}\dfrac{\partial^2 V}{\partial \rho^2}+\dfrac{1}{\rho}\dfrac{\partial V}{\partial \rho}+\dfrac{1}{\rho^2}\dfrac{\partial^2 V}{\partial \theta^2}=0, \quad \rho<a, \quad 0<\theta<2\pi, & (2.5.30)\\ V\big|_{\rho=a}=\dfrac{a^4}{24}\sin 2\theta. & (2.5.31)\end{cases}$$

由(2.5.16)式得

$$V(\rho,\theta)=\frac{a_0}{2}+\sum_{n=1}^{\infty}(a_n\cos n\theta+b_n\sin n\theta)\rho^n.$$

代入边界条件(2.5.31)中,有

$$\frac{a^4}{24}\sin 2\theta=\frac{a_0}{2}+\sum_{n=1}^{\infty}(a_n\cos n\theta+b_n\sin n\theta)a^n.$$

比较三角函数的系数,有

$$a_0=0, a_n=0(n=1,2,\cdots), b_n=0(n\neq 2),$$

$$b_2=\frac{1}{24}a^2,$$

所以

$$V(\rho,\theta)=\frac{a^2\rho^2}{24}\sin 2\theta,$$

$$V(x,y)=\frac{a^2}{12}xy,$$

即 $u(x,y)=V(x,y)+W(x,y)=\dfrac{xy}{12}[a^2-(x^2+y^2)]$.

习题 2

1. 求解定解问题

$$\begin{cases}\dfrac{\partial^2 u}{\partial t^2}=a^2\dfrac{\partial^2 u}{\partial x^2}, & 0<x<l,t>0,\\ u\big|_{x=0}=u\big|_{x=l}=0,\\ u\big|_{t=0}=\sin\dfrac{\pi}{l}x,\dfrac{\partial u}{\partial t}\bigg|_{t=0}=\dfrac{\pi a}{l}\sin\dfrac{\pi}{l}x.\end{cases}$$

2. 设弦两端固定于 $x=0$、$x=l$ 上. 弦的初始位移如图 2-2 所示,初速度为零,在无外力作用的情况下,求弦做横向振动的位移 $u(x,t)$.

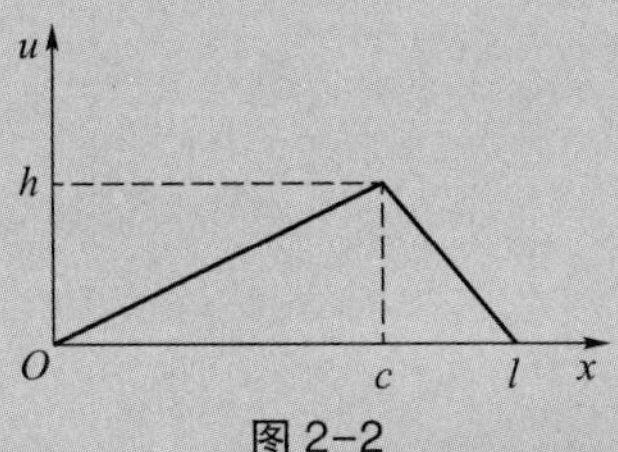

图 2-2

3. 今有一柔软的细弦,两端固定,在无外力作用下做微小横振动,弦的初始位置为

$$\varphi(x)=\begin{cases}kx, & 0<x\leqslant 1,\\ k(2-x), & 1<x\leqslant 2.\end{cases}$$

初速度为零,求其位移函数 $u(x,t)$.

4. 求下述定解问题的解:

$$\begin{cases}\dfrac{\partial^2 u}{\partial t^2}=a^2\dfrac{\partial^2 u}{\partial x^2}, & 0<x<1,t>0,\\ u\big|_{x=0}=0,u\big|_{x=1}=0,\\ u\big|_{t=0}=\begin{cases}x, & 0<x\leqslant\dfrac{1}{2},\\ 1-x, & \dfrac{1}{2}<x<1,\end{cases}\\ \dfrac{\partial u}{\partial t}\Big|_{t=0}=x(x-1).\end{cases}$$

5. 求下述定解问题的解:

$$\begin{cases}\dfrac{\partial^2 u}{\partial t^2}=a^2\dfrac{\partial^2 u}{\partial x^2}, & 0<x<l,t>0,\\ u\big|_{x=0}=0,\dfrac{\partial u}{\partial x}\bigg|_{x=l}=0,\\ u\big|_{t=0}=3\sin\dfrac{3\pi x}{2l}+6\sin\dfrac{5\pi x}{2l},\\ \dfrac{\partial u}{\partial t}\bigg|_{t=0}=0.\end{cases}$$

6. 求下列定解问题的解：

(1) $\begin{cases} \dfrac{\partial^2 u}{\partial t^2} = a^2 \dfrac{\partial^2 u}{\partial x^2} + \operatorname{sh} x, & 0 < x < l, t > 0, \\ u\big|_{x=0} = 0, u\big|_{x=l} = 0, \\ u\big|_{t=0} = 0, \dfrac{\partial u}{\partial t}\Big|_{t=0} = 0; \end{cases}$

(2) $\begin{cases} \dfrac{\partial^2 u}{\partial t^2} = a^2 \dfrac{\partial^2 u}{\partial x^2} + t\sin \dfrac{\pi}{l}x, & 0 < x < l, t > 0, \\ u\big|_{x=0} = 0, u\big|_{x=l} = 0, \\ u\big|_{t=0} = 0, \dfrac{\partial u}{\partial t}\Big|_{t=0} = 0; \end{cases}$

(3) $\begin{cases} \dfrac{\partial^2 u}{\partial t^2} = \dfrac{\partial^2 u}{\partial x^2} + 1, & 0 < x < l, t > 0, \\ u\big|_{x=0} = 0, u\big|_{x=l} = 0, \\ u\big|_{t=0} = 0, \dfrac{\partial u}{\partial t}\Big|_{t=0} = 1. \end{cases}$

7. 求无热源的一维热传导方程在满足下述初始条件及边界条件下的解：

$$\frac{\partial u}{\partial x}\Big|_{x=0} = 0, \quad \frac{\partial u}{\partial x}\Big|_{x=l} = 0, \quad t > 0,$$

$$u\big|_{t=0} = x, 0 < x < l.$$

8. 求下述定解问题的解：

$$\begin{cases} \dfrac{\partial u}{\partial t} = 4 \dfrac{\partial^2 u}{\partial x^2}, & 0 < x < l, t > 0, \\ \dfrac{\partial u}{\partial x}\Big|_{x=0} = 0, \dfrac{\partial u}{\partial x}\Big|_{x=l} = 0, \\ u\big|_{t=0} = x(l - x). \end{cases}$$

9. 试求解具有放射衰变的热传导方程：

$$\begin{cases} \dfrac{\partial^2 u}{\partial x^2} - a^2 \dfrac{\partial u}{\partial t} + A\mathrm{e}^{-ax} = 0, & 0 < x < l, t > 0, \\ u\big|_{x=0} = 0, \quad u\big|_{x=l} = 0, \\ u\big|_{t=0} = T(\text{常数}). \end{cases}$$

10.求下列问题的解：

$$\begin{cases} \dfrac{\partial u}{\partial t} = a^2 \dfrac{\partial^2 u}{\partial x^2} + A, & 0 < x < l, t > 0, \\ u\big|_{x=0} = 0, u\big|_{x=l} = 0, \\ u\big|_{t=0} = 0. \end{cases}$$

11. 求解下列非齐次边界的定解问题：

(1) $$\begin{cases}\dfrac{\partial^2 u}{\partial t^2}=a^2\dfrac{\partial^2 u}{\partial x^2}+f(x), & 0<x<l,t>0,\\ u\big|_{x=0}=A,u\big|_{x=l}=B,\\ u\big|_{t=0}=\varphi(x),\dfrac{\partial u}{\partial t}\bigg|_{t=0}=\psi(x),\end{cases}$$

其中 A,B 为已知常数，$f(x),\varphi(x),\psi(x)$ 为已知函数；

(2) $$\begin{cases}\dfrac{\partial^2 u}{\partial t^2}=a^2\dfrac{\partial^2 u}{\partial x^2}, & 0<x<l,t>0,\\ u\big|_{x=0}=0,u\big|_{x=l}=A,\\ u\big|_{t=0}=\sin\dfrac{3\pi x}{l}+\dfrac{A}{l}x,\\ \dfrac{\partial u}{\partial t}\bigg|_{t=0}=x(l-x);\end{cases}$$

(3) $$\begin{cases}\dfrac{\partial^2 u}{\partial t^2}=a^2\dfrac{\partial^2 u}{\partial x^2}+4\sin\dfrac{2\pi x}{l}\cos\dfrac{2\pi x}{l}, & 0<x<l,t>0,\\ u\big|_{x=0}=0,u\big|_{x=l}=0,\\ u\big|_{t=0}=\dfrac{B}{l}x,\dfrac{\partial u}{\partial t}\bigg|_{t=0}=x(l-x);\end{cases}$$

(4) $$\begin{cases}\dfrac{\partial u}{\partial t}=a^2\dfrac{\partial^2 u}{\partial x^2}, & 0<x<l,t>0,\\ u\big|_{x=0}=10,u\big|_{x=l}=5,\\ u\big|_{t=0}=x;\end{cases}$$

(5) $$\begin{cases}\dfrac{\partial u}{\partial t}=a^2\dfrac{\partial^2 u}{\partial x^2}, & 0<x<l,t>0,\\ \dfrac{\partial u}{\partial x}\bigg|_{x=0}=0,u\big|_{x=l}=A,\\ u\big|_{t=0}=\dfrac{A}{l}x.\end{cases}$$

12. 求稳恒状态下，由 $0\leqslant x\leqslant a,0\leqslant y\leqslant b$ 所围矩形板内各点的温度函数 u，假设边界条件为

$$u(0,y)=0,u(a,y)=0,$$
$$u(x,0)=0,u(x,b)=\varphi(x).$$

13. 在矩形区域内求解下列定解问题：

$$\begin{cases}\dfrac{\partial^2 u}{\partial x^2}+\dfrac{\partial^2 u}{\partial y^2}=0, & 0<x<a,0<y<b,\\ u(0,y)=0,u(a,y)=Ay,\\ \dfrac{\partial u}{\partial y}\bigg|_{y=0}=\dfrac{\partial u}{\partial y}\bigg|_{y=b}=0,\end{cases}$$

其中 A 为已知常数.

14. 求定解问题的解：

$$\begin{cases}\dfrac{\partial^2 u}{\partial x^2}+\dfrac{\partial^2 u}{\partial y^2}=0, & 0<x<l,0<y<+\infty,\\ u\big|_{x=0}=0,u\big|_{x=l}=0,\\ u\big|_{y=0}=A\left(1-\dfrac{x}{l}\right),\lim\limits_{y\to+\infty}u=0.\end{cases}$$

15. 求下列定解问题的解：

$$\begin{cases}\dfrac{1}{\rho}\dfrac{\partial}{\partial\rho}\left(\rho\dfrac{\partial u}{\partial\rho}\right)+\dfrac{1}{\rho^2}\dfrac{\partial^2 u}{\partial\theta^2}=0, & 0<\rho<1,-\pi<\theta<\pi,\\ u\big|_{\rho=1}=A\cos\theta+B\cos 4\theta,\end{cases}$$

其中，A,B 为已知常数.

16. 在扇形区域内求解下列定解问题：

$$\begin{cases}\dfrac{1}{\rho}\dfrac{\partial}{\partial\rho}\left(\rho\dfrac{\partial u}{\partial\rho}\right)+\dfrac{1}{\rho^2}\dfrac{\partial^2 u}{\partial\theta^2}=0, & 0<\rho<a,0<\theta<\alpha,\\ u\big|_{\rho=a}=f(\theta),\\ u\big|_{\theta=0}=0,u\big|_{\theta=\alpha}=0.\end{cases}$$

17. 一半径为 a 的半圆形薄板，其点上的极坐标为 (ρ,θ)，薄板的圆周边界上的温度保持为 $u(a,\theta)=T\theta(\pi-\theta)$，而在直径边界上温度保持为零，板的侧面绝热，试求稳恒状态下的温度分布规律 $u(\rho,\theta)$.

18. 一圆环形薄板，内半径为 ρ_1，外半径为 ρ_2，侧面绝热，内圆周温度保持为 0℃，外圆周温度保持为 1℃，求稳恒状态下，圆环内的温度分布规律 $u(\rho,\theta)$.

19. 试求泊松方程

$$\frac{\partial^2 u}{\partial x^2}+\frac{\partial^2 u}{\partial y^2}=-1,\quad x^2+y^2<a^2$$

的解，使它满足边界条件

$$u\big|_{x^2+y^2=a^2}=0.$$

20. 在圆形区域 $0\leqslant\rho<a$ 上，利用特解法求解泊松方程：

(1) $\begin{cases}\Delta u=-4\rho\sin\varphi,\\ u\big|_{\rho=a}=0;\end{cases}$

(2) $\begin{cases}\Delta u=-4\rho^2\sin 2\varphi,\\ u\big|_{\rho=a}=0.\end{cases}$

21. 用分离变量法写出定解问题

$$\begin{cases}\dfrac{\partial u}{\partial t}=a^2\dfrac{\partial^2 u}{\partial x^2}+f(x,t), & 0<x<l,t>0,\\ \left(\dfrac{\partial u}{\partial x}-\sigma u\right)\Bigg|_{x=0}=0,\dfrac{\partial u}{\partial x}\Bigg|_{x=l}=0,\\ u\big|_{t=0}=\varphi(x)\end{cases}$$

的固有值问题，并写出

(1) 当 $\sigma\to 0$ 时的固有值及相应的固有函数；

(2) 当 $\sigma\to+\infty$ 时的固有值及相应的固有函数.

22. 专题问题：高维方程的分离变量法

研究下述三维拉普拉斯方程问题

$$\begin{cases}\dfrac{\partial^2 u}{\partial x^2}+\dfrac{\partial^2 u}{\partial y^2}+\dfrac{\partial^2 u}{\partial z^2}=0, & 0<x<a,0<y<b,0<z<c,\\ u(0,y,z)=u(a,y,z)=0, \\ u(x,0,z)=u(x,b,z)=0,\\ u(x,y,0)=0,u(x,y,c)=f(x,y).\end{cases}$$

求解过程的具体推导如下：

首先，运用分离变量法，设 $u=X(x)Y(y)Z(z)$，得出

$$X''(x)+\mu^2X(x)=0,Y''(y)+\nu^2Y(y)=0,$$
$$Z''(z)-(\mu^2+\nu^2)Z(z)=0.$$

然后，分离边界条件，解固有值问题，求得

$$\mu_m=\frac{m\pi}{a}(m=1,2,\cdots),\nu_n=\frac{n\pi}{b}(n=1,2,\cdots).$$

运用叠加原理，可得

$$u(x,y,z)=\sum_{n=1}^{\infty}\sum_{m=1}^{\infty}u_{mn}(x,y,z)=\sum_{n=1}^{\infty}\sum_{m=1}^{\infty}A_{mn}\sin\frac{m\pi}{a}x\sin\frac{n\pi}{b}y\operatorname{sh}\lambda_{mn}z.$$

其中，λ_{mn} 用 μ_m，ν_n 表示. 请给出完整的推导过程.

23. 专题问题：高阶方程的分离变量法

一般会导出梁的弹性振动关于空间变量是四阶的偏微分方程，弹性均匀的梁在端点处具有不同支承时的横振动分为

(1) 简单支承：一端由销栓固定、另一端放在滚筒上的简单梁，此时梁称为静态确定的.

$$\begin{cases}\dfrac{\partial^2 u}{\partial t^2}+a^2\dfrac{\partial^4 u}{\partial x^4}=0, & 0<x<l,t>0,\\ u\big|_{x=0}=u\big|_{x=l}=\dfrac{\partial^2 u}{\partial x^2}\bigg|_{x=0}=\dfrac{\partial^2 u}{\partial x^2}\bigg|_{x=l}=0,\\ u\big|_{t=0}=\varphi(x),\dfrac{\partial u}{\partial t}\bigg|_{t=0}=\psi(x);\end{cases}$$

(2) 嵌夹情形：两端均嵌夹的梁.

$$\begin{cases}\dfrac{\partial^2 u}{\partial t^2}+a^2\dfrac{\partial^4 u}{\partial x^4}=0, & 0<x<l,t>0,\\ u\big|_{x=0}=u\big|_{x=l}=\dfrac{\partial u}{\partial x}\bigg|_{x=0}=\dfrac{\partial u}{\partial x}\bigg|_{x=l}=0,\\ u\big|_{t=0}=\varphi(x),\dfrac{\partial u}{\partial t}\bigg|_{t=0}=\psi(x);\end{cases}$$

(3)嵌夹自由情形:一端嵌夹,一端自由的悬臂梁.

$$\begin{cases}\dfrac{\partial^2 u}{\partial t^2}+a^2\dfrac{\partial^4 u}{\partial x^4}=0, & 0<x<l,t>0,\\ u\big|_{x=0}=\dfrac{\partial u}{\partial x}\Big|_{x=0}=\dfrac{\partial^2 u}{\partial x^2}\Big|_{x=l}=\dfrac{\partial^3 u}{\partial x^3}\Big|_{x=l}=0, \\ u\big|_{t=0}=\varphi(x),\dfrac{\partial u}{\partial t}\Big|_{t=0}=\psi(x).\end{cases}$$

请用数学证明的方法,判断固有值的符号,并推出各个问题的形式解.

第 3 章　贝塞尔函数

在第 2 章中,我们运用分离变量法,研究了圆盘在稳恒状态下其温度的分布问题. 本章我们考虑圆盘在非稳恒状态下的温度分布,通过分离变量法,得到一种特殊类型的常微分方程——贝塞尔(Bessel)方程. 贝塞尔方程的解不能用初等函数表示,这样就引入了“特殊函数”.

本章首先讨论贝塞尔方程的求解,解的有关性质,然后引入贝塞尔函数的概念;其次,在柱坐标系下对热传导方程进行变量分离,导出贝塞尔方程,研究贝塞尔函数在求解数学物理问题中的具体运用;最后介绍贝塞尔函数在解决有关数学物理方程定解问题中的应用.

3.1　贝塞尔方程的求解及贝塞尔函数

形如

$$x^2y'' + xy' + (x^2 - n^2)y = 0 \tag{3.1.1}$$

的方程称为 n **阶贝塞尔方程**.它是变系数的二阶线性常微分方程,这里 n 可以为任意实数或复数. 在本书中, n 只限于实数,且由于方程中只出现了 n^2 项,所以在讨论过程中,不妨先假定 $n \geqslant 0$.

由微分方程解的理论知, n 阶贝塞尔方程有如下形式的级数解

$$y = \sum_{k=0}^{\infty} a_k x^{c+k} \qquad (a_0 \neq 0), \tag{3.1.2}$$

式中 c 为常数.

为了求出 a_k 和 c ,将(3.1.2)式代入方程(3.1.1),整理后得

$$\sum_{k=0}^{\infty} \left\{ [(c+k)(c+k-1) + (c+k) + (x^2 - n^2)] a_k x^{c+k} \right\} = 0.$$

化简后,得

$$(c^2 - n^2)a_0x^c + [(c+1)^2 - n^2]a_1x^{c+1} + \sum_{k=2}^{\infty} \{[(c+k)^2 - n^2]a_k + a_{k-2}\} x^{c+k} = 0.$$

由代数上的结论可知:各个 x 幂的系数为零.于是有

(1) $(c^2 - n^2)a_0 = 0.$

(2) $[(c+1)^2 - n^2]a_1 = 0.$

(3) $[(c+k)^2 - n^2]a_k + a_{k-2} = 0 \quad (k = 1,2,\cdots).$

由(1)得 $c = \pm n$,代入(2),有

$$a_1 = 0.$$

现暂取 $c=n$，代入(3)得

(4) $a_k=-\dfrac{1}{k(2n+k)}a_{k-2}$.

由 $a_1=0$ 可得 $a_3=a_5=\cdots=0$，而 $a_2,a_4,a_6,\cdots$ 均可由 a_0 表示，即

$$\begin{aligned}a_{2m}&=\frac{(-1)^m}{2\cdot4\cdot6\cdots2m(2n+2)(2n+4)\cdots(2n+2m)}a_0\\&=\frac{(-1)^m}{2^{2m}m!\ (n+1)(n+2)\cdots(n+m)}a_0,\end{aligned}$$

所以

$$y(x)=\sum_{m=0}^{\infty}\frac{(-1)^m\cdot a_0}{2^{2m}m!\ (n+1)(n+2)\cdots(n+m)}x^{n+2m},$$

式中，a_0 为任意常数. 为了便于应用，令

$$a_0=\frac{1}{2^n\Gamma(n+1)}.$$

根据 Γ 函数的性质，可得到关于系数的一个简洁的表达式

$$a_{2m}=\frac{(-1)^m}{2^{n+2m}m!\ \Gamma(n+m+1)}.$$

这样，我们得到了方程(3.1.1)的一个特解

$$y_1(x)=\sum_{m=0}^{\infty}\frac{(-1)^m}{2^{n+2m}m!\ \Gamma(n+m+1)}x^{n+2m}\quad(n\geqslant0).$$

应用级数的比值判别法，可以得到该级数的收敛区间为 $(-\infty,+\infty)$.这个无穷级数所确定的和函数，称为 n 阶**第一类贝塞尔函数**.记作

$$\mathrm{J}_n(x)=\sum_{m=0}^{\infty}\frac{(-1)^m}{2^{n+2m}m!\ \Gamma(n+m+1)}x^{n+2m}.\tag{3.1.3}$$

当 $c=-n$ 时，同样的方法可以得到方程(3.1.1)的另一个特解

$$\mathrm{J}_{-n}(x)=\sum_{m=0}^{\infty}\frac{(-1)^m}{2^{-n+2m}m!\ \Gamma(-n+m+1)}x^{-n+2m}.\tag{3.1.4}$$

对比(3.1.3)式与(3.1.4)式可知，它们只是 n 与 $-n$ 的区别.因此 n 无论是正数还是负数，两式可以统一地表示为第一类贝塞尔函数.

当 n 不为整数时，$\mathrm{J}_n(x)$ 和 $\mathrm{J}_{-n}(x)$ 是线性无关的，则方程(3.1.1)的通解为

$$y=A\mathrm{J}_n(x)+B\mathrm{J}_{-n}(x),\tag{3.1.5}$$

式中，A,B 为两个任意常数.

若在(3.1.5)式中令 $A=\cot n\pi,B=-\csc n\pi$ ，则可得方程(3.1.1)的另一个特解，记为

$$Y_n(x)=\frac{\mathrm{J}_n(x)\cos n\pi-\mathrm{J}_{-n}(x)}{\sin n\pi}\quad(n\text{ 不为整数}).$$

可证明，$\mathrm{J}_n(x)$ 和 $Y_n(x)$ 是线性无关的，因此方程(3.1.1)的通解也可写成

$$y(x)=A\mathrm{J}_n(x)+BY_n(x),\tag{3.1.6}$$

式中, $Y_n(x)$ 称为 n 阶**第二类贝塞尔函数或诺伊曼(Neumann)函数**.

当 n 为整数时,不妨设 n 为正整数 N,有

$$J_N(x)=\sum_{m=0}^{\infty}\frac{(-1)^m}{2^{N+2m}m!\ \Gamma(N+m+1)}x^{N+2m}=\sum_{m=0}^{\infty}\frac{(-1)^m}{2^{N+2m}m!\ (N+m)!}x^{N+2m}. \quad (3.1.7)$$

当 $m=0,1,\cdots,N-1$ 时, $-n+m+1=-N+m+1$ 可以是负数或者零,对于这类数值, $\Gamma(-N+m+1)$ 的值为无穷大,所以

$$\begin{aligned}J_{-N}(x)&=\sum_{m=0}^{\infty}\frac{(-1)^m}{2^{-N+2m}m!\ \Gamma(-N+m+1)}x^{-N+2m}\overset{m-N=l}{=}\sum_{l=0}^{\infty}\frac{(-1)^{l+N}}{2^{N+2l}(l+N)!\ \Gamma(l+1)}x^{N+2l}\\&=\sum_{l=0}^{\infty}\frac{(-1)^l(-1)^N}{2^{N+2l}(l+N)!\ l!}x^{N+2l}=(-1)^N\sum_{l=0}^{\infty}\frac{(-1)^l}{2^{N+2l}(l+N)!\ l!}x^{N+2l}\\&=(-1)^N J_N(x).\end{aligned} \quad (3.1.8)$$

这样 $J_N(x)$ 和 $J_{-N}(x)$ 线性相关.为了给出方程(3.1.1)的通解,必须要找出一个与 $J_n(x)$ 线性无关的特解.因此,我们修改第二类贝塞尔函数的定义,规定

$$Y_n(x)=\lim_{a\to n}\frac{J_a(x)\cos a\pi-J_{-a}(x)}{\sin a\pi}. \quad (3.1.9)$$

当 n 为整数时,显然

$$J_{-n}(x)=(-1)^n J_n(x)=J_n(x)\cos n\pi.$$

即

$$\lim_{a\to n}[J_a(x)\cos a\pi-J_{-a}(x)]=0.$$

所以(3.1.9)式是“$\frac{0}{0}$”型的未定式.应用洛必达法则,可得

$$Y_0(x)=\frac{2}{\pi}J_0(x)\left(\ln\frac{x}{2}+c\right)-\frac{2}{\pi}\sum_{m=0}^{\infty}\frac{(-1)^m\left(\frac{x}{2}\right)^{2m}}{m!}\sum_{k=0}^{m-1}\frac{1}{k+1},$$

$$Y_n(x)=\frac{2}{\pi}J_n(x)\left(\ln\frac{x}{2}+c\right)-\frac{1}{\pi}\sum_{m=0}^{n-1}\frac{(n-m-1)!}{m!}\left(\frac{x}{2}\right)^{-n+2m}-$$

$$\frac{1}{\pi}\sum_{m=0}^{\infty}\frac{(-1)^m\left(\frac{x}{2}\right)^{n+2m}}{m!\ (n+m)!}\left(\sum_{k=0}^{n+m-1}\frac{1}{k+1}+\sum_{k=0}^{m-1}\frac{1}{k+1}\right)$$

$$(n=1,2,\cdots),$$

式中

$$c=\lim_{n\to\infty}\left(1+\frac{1}{2}+\frac{1}{3}+\cdots+\frac{1}{n}-\ln n\right)=0.5772\cdots,$$

称为**欧拉常数**.显然, $Y_n(x)$ 与 $J_n(x)$ 是线性无关的,且是 n 阶贝塞尔方程的解.

综上所述,无论 n 是否为整数,方程(3.1.1)的通解都可以表示为

$$y=AJ_n(x)+BY_n(x),$$

式中, A,B 为任意常数, n 为任意实数.

为了讨论上的方便,在本章的后续内容中, n 只表示自然数.由 $J_n(x)$,$Y_n(x)$ 的表达式,我们还可以得出下述结论:

$$J_0(0)=1, J_n(0)=0, n\geqslant 1,$$
$$\lim_{x\to 0} Y_n(x)=-\infty.$$

作为贝塞尔方程的解,贝塞尔函数在描述柱形区域(或圆形区域)中发生的各种物理现象时,起着重要的作用,因此也称之为柱函数. 下面我们简单地介绍贝塞尔函数的性质.

3.2 贝塞尔函数的递推公式及其振荡特性

3.2.1 递推关系

不同阶的贝塞尔函数之间有一定的联系,本节我们建立反映这种联系的递推公式.

$J_n(x)$ 的幂级数表达式为

$$J_n(x)=\sum_{m=0}^{\infty}\frac{(-1)^m}{2^{n+2m}m!\ \Gamma(n+m+1)}x^{n+2m},$$

两边同乘上 x^n ,对 x 求导数,得

$$\frac{d}{dx}[x^n J_n(x)]=\frac{d}{dx}\left[\sum_{m=0}^{\infty}\frac{(-1)^m}{2^{n+2m}m!\ \Gamma(n+m+1)}x^{2n+2m}\right]=\sum_{m=0}^{\infty}\frac{(-1)^m 2(n+m)}{2^{n+2m}m!\ \Gamma(n+m+1)}x^{2n+2m-1}$$
$$=x^n\sum_{m=0}^{\infty}\frac{(-1)^m}{2^{(n-1)+2m}m!\ \Gamma(n+m)}x^{(n-1)+2m}=x^n J_{n-1}(x),$$

即

$$\frac{d}{dx}[x^n J_n(x)]=x^n J_{n-1}(x). \tag{3.2.1}$$

类似地可证明

$$\frac{d}{dx}[x^{-n} J_n(x)]=-x^{-n} J_{n+1}(x). \tag{3.2.2}$$

将(3.2.1)式和(3.2.2)式左端的导数求出,整理得

$$xJ'_n(x)+nJ_n(x)=xJ_{n-1}(x),$$
$$xJ'_n(x)-nJ_n(x)=-xJ_{n+1}(x).$$

可求出

$$J_{n-1}(x)+J_{n+1}(x)=\frac{2n}{x}J_n(x), \tag{3.2.3}$$

$$J_{n-1}(x)-J_{n+1}(x)=2J'_n(x). \tag{3.2.4}$$

上式称为贝塞尔函数的递推公式,它们在有关贝塞尔函数的分析运算中起着重要的作用.利用(3.2.3)式,我们可以用低阶的贝塞尔函数来表示高阶的贝塞尔函数.在实际工作中,我们都是根据零阶与一阶贝塞尔函数表来计算任意正整数阶的贝塞尔函数值.

例 3.1

计算积分 $\int xJ_2(x)\,dx$.

解 应用(3.2.2)式,有

$$\begin{aligned}\int xJ_2(x)\,dx &= \int(-x^2)(-x^{-1}J_{1+1}(x))\,dx = -\int x^2(x^{-1}J_1(x))'dx \\ &= -xJ_1(x) + 2\int J_1(x)\,dx = -xJ_1(x) - 2\int(-x^0J_{0+1}(x))\,dx \\ &= -xJ_1(x) - 2J_0(x) + C.\end{aligned}$$

例 3.2

计算积分 $\int x^4J_1(x)\,dx$.

解 应用(3.2.1)式可得

$$\int x^4J_1(x)\,dx = \int x^2(x^2J_{2-1}(x))\,dx = \int x^2 d(x^2J_2(x)) = x^4J_2(x) - 2\int x^3J_2(x)\,dx = x^4J_2(x) - 2x^3J_3(x) + C.$$

第二类贝塞尔函数具有第一类贝塞尔函数同样的递推公式,即

$$\frac{d}{dx}[x^nY_n(x)] = x^nY_{n-1}(x),$$

$$\frac{d}{dx}[x^{-n}Y_n(x)] = -x^{-n}Y_{n+1}(x),$$

$$Y_{n-1}(x) + Y_{n+1}(x) = \frac{2n}{x}Y_n(x),$$

$$Y_{n-1}(x) - Y_{n+1}(x) = 2Y_n'(x).$$

3.2.2 半奇数阶贝塞尔函数

当 n 为半奇数时,贝塞尔函数的一个重要特点是可以用初等函数表示.由(3.1.3)式,有

$$J_{\frac{1}{2}}(x) = \sum_{m=0}^{\infty}\frac{(-1)^m}{m!\,\Gamma\left(\frac{3}{2}+m\right)}\left(\frac{x}{2}\right)^{\frac{1}{2}+2m}.$$

根据 Γ 函数的性质

$$\Gamma\left(\frac{3}{2}+m\right) = \frac{1\cdot3\cdot5\cdot\cdots\cdot(2m+1)}{2^{m+1}}\Gamma\left(\frac{1}{2}\right) = \frac{1\cdot3\cdot5\cdot\cdots\cdot(2m+1)}{2^{m+1}}\sqrt{\pi},$$

所以

$$\mathrm{J}_{\frac{1}{2}}(x)=\sqrt{\frac{2}{\pi x}}\sum_{m=0}^{\infty}\frac{(-1)^m}{(2m+1)!}x^{2m+1}=\sqrt{\frac{2}{\pi x}}\sin x.$$

同理,可求得

$$\mathrm{J}_{-\frac{1}{2}}(x)=\sqrt{\frac{2}{\pi x}}\cos x.$$

利用(3.2.3)式,可得

$$\begin{aligned}\mathrm{J}_{\frac{3}{2}}(x)&=\frac{1}{x}\mathrm{J}_{\frac{1}{2}}(x)-\mathrm{J}_{-\frac{1}{2}}(x)=\sqrt{\frac{2}{\pi x}}\left(-\cos x+\frac{1}{x}\sin x\right)\\&=-\sqrt{\frac{2}{\pi}}x^{\frac{3}{2}}\frac{1}{x}\frac{\mathrm{d}}{\mathrm{d}x}\left(\frac{\sin x}{x}\right)=-\sqrt{\frac{2}{\pi}}x^{\frac{3}{2}}\left(\frac{1}{x}\frac{\mathrm{d}}{\mathrm{d}x}\right)\left(\frac{\sin x}{x}\right).\end{aligned}$$

同理,可求得

$$\mathrm{J}_{-\frac{3}{2}}(x)=\sqrt{\frac{2}{\pi}}x^{\frac{3}{2}}\left(\frac{1}{x}\frac{\mathrm{d}}{\mathrm{d}x}\right)\left(\frac{\cos x}{x}\right).$$

一般地,我们有公式

$$\mathrm{J}_{n+\frac{1}{2}}(x)=(-1)^n\sqrt{\frac{2}{\pi}}x^{n+\frac{1}{2}}\left(\frac{1}{x}\frac{\mathrm{d}}{\mathrm{d}x}\right)^n\left(\frac{\sin x}{x}\right),$$

$$\mathrm{J}_{-n-\frac{1}{2}}(x)=\sqrt{\frac{2}{\pi}}x^{n+\frac{1}{2}}\left(\frac{1}{x}\frac{\mathrm{d}}{\mathrm{d}x}\right)^n\left(\frac{\cos x}{x}\right).$$

这里,为了表达形式上的简洁,我们采用了微分算子$\left(\frac{1}{x}\frac{\mathrm{d}}{\mathrm{d}x}\right)^n$,它是算子$\frac{1}{x}\frac{\mathrm{d}}{\mathrm{d}x}$连续作用$n$次的缩写.例如

$$\left(\frac{1}{x}\frac{\mathrm{d}}{\mathrm{d}x}\right)^2\left(\frac{\cos x}{x}\right)=\frac{1}{x}\frac{\mathrm{d}}{\mathrm{d}x}\left[\frac{1}{x}\frac{\mathrm{d}}{\mathrm{d}x}\left(\frac{\cos x}{x}\right)\right].$$

3.2.3 振荡特性

$\mathrm{J}_n(x)$ 是一个衰减振荡函数,图 3-1 中画出了 $\mathrm{J}_0(x)$ 和 $\mathrm{J}_1(x)$ 在 $x>0$ 时的图像;$x<0$ 时的图像可以分别根据 $\mathrm{J}_0(x)$ 和 $\mathrm{J}_1(x)$ 的对称性得到.由(3.1.8)式可知,$\mathrm{J}_0(x)$ 是偶函数,$\mathrm{J}_1(x)$ 是奇函数.从图 3-1 中可以看出,$\mathrm{J}_0(x)$ 和 $\mathrm{J}_1(x)$ 都有无穷多个实数零点,两者的零点彼此相间分布.

可以证明:

(1) $\mathrm{J}_n(x)$ 有无穷多个单重实零点,且这无穷多个零点在 x 轴上关于原点是对称分布的,因而 $\mathrm{J}_n(x)$ 必有无穷多个正的零点.

(2) $\mathrm{J}_n(x)$ 的零点与 $\mathrm{J}_{n+1}(x)$ 的零点是彼此相间分布的,即 $\mathrm{J}_n(x)$ 的任意两个相邻零点之间必存在一个且仅存在一个 $\mathrm{J}_{n+1}(x)$ 的零点.

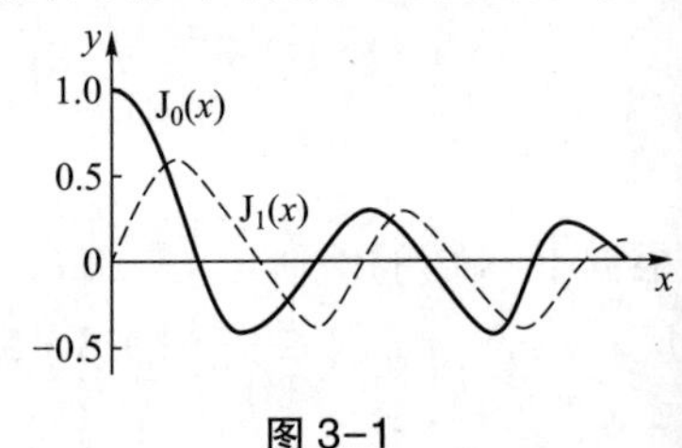

图 3-1

(3) 以 $\mu_m^{(n)}$ 表示 $J_n(x)$ 的正零点 $(m=1,2,\cdots)$，当 $m\to\infty$ 时，$\mu_{m+1}^{(n)}-\mu_m^{(n)}$ 无限趋近于 π，即 $J_n(x)$ 是近似以 2π 为周期的函数.

为了便于工程技术上的应用,贝塞尔函数正零点的数值已被详细计算出来,并制成表格以供查阅.表 3-1 给出了 $J_n(x)(n=0,1,\cdots,5)$ 的前 9 个正零点 $\mu_m^{(n)}(m=1,2,\cdots,9)$ 的近似值.

表 3-1 $J_n(x)$ 的前 9 个正零点 $\mu_m^{(n)}$

$\mu_m^{(n)}$		n					
		0	1	2	3	4	5
m	1	2.405	3.832	5.136	6.380	7.588	8.771
	2	5.520	7.016	8.417	9.761	11.065	12.339
	3	8.654	10.173	11.620	13.015	14.373	15.700
	4	11.792	13.324	14.796	16.223	17.616	18.980
	5	14.931	16.471	17.960	19.409	20.827	22.218
	6	18.071	19.616	21.117	22.583	24.019	25.430
	7	21.212	22.760	24.270	23.748	27.199	28.627
	8	24.352	25.904	27.421	28.908	30.371	31.812
	9	27.493	29.047	30.569	32.065	33.537	34.989

3.3 贝塞尔方程的导出

对于圆柱形区域内的定解问题,通常在柱坐标系下给出偏微分方程的表达式,这时区域边界的数学描述非常简洁,有利于问题的解决.

考虑圆柱体的冷却问题:设有一个两端无限长的圆柱体,横截面的半径为 R，已知初始温度为 $\varphi(x,y)$，表面温度为零,求圆柱体内部温度的变化规律.

以 u 表示圆柱体内部的温度,由于初始温度不依赖于 z，因此在 z 轴方向没有热量的流动,则温度函数 u 与 z 无关,问题可归结为二维定解问题

$$\begin{cases}\dfrac{\partial u}{\partial t}=a^2\left(\dfrac{\partial^2 u}{\partial x^2}+\dfrac{\partial^2 u}{\partial y^2}\right),\ x^2+y^2<R^2,t>0, & (3.3.1)\\ u\big|_{x^2+y^2=R^2}=0, & (3.3.2)\\ u\big|_{t=0}=\varphi(x,y). & (3.3.3)\end{cases}$$

应用分离变量的方法,首先令

$$u(x,y,t)=V(x,y)T(t), \tag{3.3.4}$$

代入方程(3.3.1)得

$$V(x,y)T'(t)=a^2\left(\frac{\partial^2 V}{\partial x^2}+\frac{\partial^2 V}{\partial y^2}\right)T(t),$$

则有

$$\frac{T'(t)}{a^2T}=\frac{\dfrac{\partial^2 V}{\partial x^2}+\dfrac{\partial^2 V}{\partial y^2}}{V}=-\lambda\quad(\lambda>0,\text{待定常数}).$$

于是我们得到

$$T'(t)+\lambda a^2T(t)=0,\tag{3.3.5}$$

$$\frac{\partial^2 V}{\partial x^2}+\frac{\partial^2 V}{\partial y^2}+\lambda V=0.\tag{3.3.6}$$

方程(3.3.5)是一阶线性常微分方程,其解为

$$T(t)=Ae^{-\lambda a^2 t}.$$

方程(3.3.6)称为**亥姆霍兹**(Helmholtz)**方程**.

由边界条件(3.3.2),可知

$$V(x,y)\big|_{x^2+y^2=R^2}\cdot T(t)=0,$$

所以

$$V\big|_{x^2+y^2=R^2}=0.\tag{3.3.7}$$

由于 $(x,y)\in D,D=\{(x,y)\,|\,x^2+y^2<R^2\}$,则在极坐标系下,方程(3.3.6)及边界条件(3.3.7)化为

$$\begin{cases}\dfrac{\partial^2 V}{\partial\rho^2}+\dfrac{1}{\rho}\dfrac{\partial V}{\partial\rho}+\dfrac{1}{\rho^2}\dfrac{\partial^2 V}{\partial\theta^2}+\lambda V=0, & (3.3.8)\\ V\big|_{\rho=R}=0. & (3.3.9)\end{cases}$$

令 $V(\rho,\theta)=F(\rho)\Phi(\theta)$,代入方程(3.3.8),有

$$F''(\rho)\Phi(\theta)+\frac{1}{\rho}F'(\rho)\Phi(\theta)+\frac{1}{\rho^2}F(\rho)\Phi''(\theta)+\lambda F(\rho)\Phi(\theta)=0,$$

分离变量,有

$$\frac{\Phi''(\theta)}{\Phi(\theta)}=-\frac{\rho^2F''(\rho)+\rho F'(\rho)+\lambda\rho^2F(\rho)}{F(\rho)}=-\mu,$$

于是我们得到了两个常微分方程

$$\Phi''(\theta)+\mu\Phi(\theta)=0,$$

$$\rho^2F''(\rho)+\rho F'(\rho)+(\lambda\rho^2-\mu)F(\rho)=0.\tag{3.3.10}$$

由于 $u(x,y,t)$ 是单值函数, $V(x,y)$ 必也是单值函数,因此 $\Phi(\theta)$ 应该是以 2π 为周期的周期函数.在第2章,我们已经讨论了固有值问题

$$\begin{cases}\Phi''(\theta)+\mu\Phi(\theta)=0,\\ \Phi(\theta+2\pi)=\Phi(\theta),\end{cases}\tag{3.3.11}$$

并求得其固有值为

$$\mu_n=n^2\quad(n=0,1,\cdots).$$

则方程(3.3.11)的解为

$$\Phi_0(\theta)=\frac{1}{2}a_0,$$

$$\Phi_n(\theta)=a_n\cos n\theta+b_n\sin n\theta,n=1,2,\cdots.$$

将$\mu_n=n^2$代入方程(3.3.10),则有

$$\rho^2F''(\rho)+\rho F'(\rho)+(\lambda\rho^2-n^2)F(\rho)=0,\tag{3.3.12}$$

称方程(3.3.12)为**n阶贝塞尔方程**.

由实际问题可知,温度$u(x,y,t)$是有限的,又由边界条件(3.3.9),可得

$$\begin{cases}F(R)=0,\\|F(0)|<+\infty.\end{cases}\tag{3.3.13}$$

因此,原定解问题的求解就归结为求贝塞尔方程(3.3.12)在条件(3.3.13)下的固有值及固有函数.

为了形式上的简洁,作变换$x=\sqrt{\lambda}\rho$,并记

$$y(x)=F\left(\frac{\rho}{\sqrt{\lambda}}\right),$$

则有

$$y'(x)=F'(\rho)\frac{1}{\sqrt{\lambda}}\Rightarrow xy'=\rho F',$$

$$y''(x)=F''(\rho)\left(\frac{1}{\sqrt{\lambda}}\right)^2\Rightarrow x^2y''=\rho^2F''.$$

则方程(3.3.12)变为

$$x^2y''+xy'+(x^2-n^2)y=0.\tag{3.3.14}$$

这是n阶贝塞尔方程的标准形.

由3.1节的内容可知其通解为

$$y=A\mathrm{J}_n(x)+BY_n(x),$$

则由变换$x=\sqrt{\lambda}\rho$可得方程(3.3.12)的通解为

$$F(\rho)=A\mathrm{J}_n(\sqrt{\lambda}\rho)+BY_n(\sqrt{\lambda}\rho).$$

3.4 函数按贝塞尔函数系展开

应用贝塞尔函数求解数学物理方程的定解问题,最终都要把已知的函数按贝塞尔方程的固有函数系展开为级数.本节对一般意义下的问题作一个简单的推演,说明贝塞尔方程固有函数系的特点,并介绍一些具体问题的求解方法.

3.4.1 贝塞尔函数系的正交性

考虑固有值问题

$$\begin{cases} \rho^2 F''(\rho)+\rho F'(\rho)+(\lambda\rho^2-n^2)F(\rho)=0, & (3.4.1)\\ |F(0)|<+\infty, & (3.4.2)\\ \left[\alpha\dfrac{\mathrm{d}F}{\mathrm{d}\rho}+\beta F\right]\Bigg|_{\rho=R}=0, & (3.4.3)\end{cases}$$

式中, λ 是待定参数, n 是固定的非负整数, α,β 是不同时为零的非负实数.

方程(3.4.1)的通解为

$$F(\rho)=A\mathrm{J}_n(\sqrt{\lambda}\rho)+BY_n(\sqrt{\lambda}\rho).$$

由 3.1 节知 $\lim\limits_{\rho\to 0}Y_n(\sqrt{\lambda}\rho)=-\infty$,再由有界性条件(3.4.2),易得$B=0$.

这样,方程(3.4.1)在有界性条件(3.4.2)下的通解为

$$F(\rho)=A\mathrm{J}_n(\sqrt{\lambda}\rho), \tag{3.4.4}$$

式中 λ 由条件(3.4.3)所确定,即 λ 是方程

$$\alpha\sqrt{\lambda}\,\mathrm{J}_n'(\sqrt{\lambda}R)+\beta\mathrm{J}_n(\sqrt{\lambda}R)=0 \tag{3.4.5}$$

的根.可证明这样的根有无穷多个,且全是单根.用 $k_i(i=1,2,\cdots)$ 表示正根的开方 $\sqrt{\lambda}$,由小到大排列成

$$0<k_1<k_2<\cdots,$$

则固有值为

$$\lambda_i=k_i^2\quad(i=1,2,\cdots),$$

相应的固有函数为 $\mathrm{J}_n(k_i\rho)(i=1,2,\cdots)$.

下面,我们讨论固有函数系 $\{\mathrm{J}_n(k_i\rho)\}$ 在区间 $0\leqslant\rho\leqslant R$ 上的正交性.

为了形式上的简明,我们将方程(3.4.1)化为

$$\frac{1}{\rho}\frac{\mathrm{d}}{\mathrm{d}\rho}\left(\rho\frac{\mathrm{d}F}{\mathrm{d}\rho}\right)+\left(\lambda-\frac{n^2}{\rho^2}\right)F=0, \tag{3.4.6}$$

则 $F_i=\mathrm{J}_n(k_i\rho),F_j=\mathrm{J}_n(k_j\rho)$ 是方程(3.4.6)的两个解.分别以 $\rho F_j,\rho F_i$ 乘 F_i 和 F_j 所满足的方程(3.4.6),有

$$F_j\frac{\mathrm{d}}{\mathrm{d}\rho}(\rho F_i')+\left(k_i^2-\frac{n^2}{\rho^2}\right)\rho F_iF_j=0,$$

$$F_i\frac{\mathrm{d}}{\mathrm{d}\rho}(\rho F_j')+\left(k_j^2-\frac{n^2}{\rho^2}\right)\rho F_jF_i=0,$$

两式相减,在 $[0,R]$ 上作定积分,得

$$\begin{aligned}(k_i^2-k_j^2)\int_0^R\rho F_iF_j\mathrm{d}\rho&=\int_0^R\left[F_i\frac{\mathrm{d}}{\mathrm{d}\rho}(\rho F_j')-F_j\frac{\mathrm{d}}{\mathrm{d}\rho}(\rho F_i')\right]\mathrm{d}\rho\\&=\rho(F_iF_j'-F_jF_i')\Big|_0^R.\end{aligned}$$

由实际问题可知, F 及 F' 在$\rho=0$ 上有界,则

$$(k_i^2-k_j^2)\int_0^R \rho F_iF_j\mathrm{d}\rho = R[F_i(R)F_j'(R)-F_j(R)F_i'(R)].$$

由边界条件(3.4.3)可得

$$\begin{cases}\alpha F_i'(R)+\beta F_i(R)=0,\\ \alpha F_j'(R)+\beta F_j(R)=0.\end{cases} \tag{3.4.7}$$

因为 α,β 不同时为零,即关于 α,β 的方程组(3.4.7)有非零解,所以方程组(3.4.7)的系数矩阵的行列式为零,即

$$\begin{vmatrix} F_i'(R) & F_i(R) \\ F_j'(R) & F_j(R)\end{vmatrix} = F_j(R)F_i'(R)-F_i(R)F_j'(R)=0,$$

所以

$$(k_i^2-k_j^2)\int_0^R \rho F_iF_j\mathrm{d}\rho = 0.$$

因为 $i\neq j$ 时, $k_i\neq k_j$,所以有

$$\int_0^R \rho F_iF_j\mathrm{d}\rho = 0,$$

即

$$\int_0^R \rho \mathrm{J}_n(k_i\rho)\mathrm{J}_n(k_j\rho)\mathrm{d}\rho = 0(i\neq j).$$

这表明,固有函数系 $\{\mathrm{J}_n(k_i\rho)\}$ 在区间 $0\leqslant\rho\leqslant R$ 上加权 ρ 正交.

当 $i=j$ 时,我们需要计算积分 $\int_0^R \rho F_i^2\mathrm{d}\rho$ 的值.以 ρ^2F_i' 乘 F_i 满足的方程(3.4.6),有

$$\rho F_i'\frac{\mathrm{d}}{\mathrm{d}\rho}(\rho F_i')+(k_i^2\rho^2-n^2)F_iF_i'=0,$$

在区间 $[0,R]$ 上积分,有

$$\frac{1}{2}(\rho F_i')^2\Big|_0^R+\int_0^R(k_i^2\rho^2-n^2)F_iF_i'\mathrm{d}\rho=0,$$

分部积分得

$$\frac{R^2}{2}[F_i'(R)]^2+\frac{1}{2}(k_i^2\rho^2-n^2)F_i^2\Big|_0^R-\int_0^R k_i^2\rho F_i^2\mathrm{d}\rho=0.$$

令

$$N_i=\int_0^R\rho F_i^2\mathrm{d}\rho=\int_0^R\rho\mathrm{J}_n^2(k_i\rho)\mathrm{d}\rho,$$

有

$$\begin{aligned}N_i&=\frac{1}{2k_i^2}\left\{R^2[F_i'(R)]^2+(k_i^2R^2-n^2)[F_i(R)]^2\right\}\\&=\frac{R^2}{2}\left\{[\mathrm{J}_n'(k_iR)]^2+\left(1-\frac{n^2}{R^2k_i^2}\right)\mathrm{J}_n^2(k_iR)\right\}.\end{aligned} \tag{3.4.8}$$

于是我们得到如下结论.

定理 3.1 固有函数系 $\{\mathrm{J}_n(k_i\rho)\}$ 在区间 $0\leqslant\rho\leqslant R$ 上加权 ρ 正交,即

$$\int_0^R \rho J_n(k_i\rho) J_n(k_j\rho)\,d\rho = \begin{cases} 0, & i \neq j, \\ N_i, & i = j, \end{cases}$$

式中，N_i 称为 $J_n(k_i\rho)$ 的**模的平方**(简称**模方**).

为了应用上的方便,针对不同类型的边界条件,我们给出模方 N_i 的具体形式:

(1) 第一类边界条件

对于条件(3.4.3),此时 $\alpha = 0,\beta \neq 0$,所以 k_i 是方程

$$J_n(k_iR) = 0$$

的第 i 个零点,由递推公式

$$J_n' = \frac{n}{x}J_n - J_{n+1},$$

$$J_{n-1}(x) + J_{n+1}(x) = \frac{2n}{x}J_n(x),$$

可得

$$N_i = \frac{R^2}{2}J_{n-1}^2(k_iR) = \frac{R^2}{2}J_{n+1}^2(k_iR)(i = 1,2,\cdots). \tag{3.4.9}$$

(2)第二类边界条件

对于条件(3.4.3),此时 $\alpha \neq 0,\beta = 0$,所以 k_i 是方程

$$J_n'(k_iR) = 0$$

的第 i 个零点,这样有

$$N_i = \frac{R^2}{2}\left(1 - \frac{n^2}{k_i^2R^2}\right)J_n^2(k_iR)(i = 1,2,\cdots). \tag{3.4.10}$$

(3)第三类边界条件

对于条件(3.4.3),此时 $\alpha\beta \neq 0$,k_i 是方程

$$\alpha k_iJ_n'(k_iR) + \beta J_n(k_iR) = 0$$

的第 i 个零点,所以有

$$J_n'(k_iR) = -\frac{\beta}{\alpha k_i}J_n(k_iR),$$

即得

$$N_i = \frac{R^2}{2}\left(\frac{\beta^2}{\alpha^2k_i^2} + 1 - \frac{n^2}{k_i^2R^2}\right)J_n^2(k_iR)(i = 1,2,\cdots). \tag{3.4.11}$$

3.4.2 函数按贝塞尔函数系展开

应用贝塞尔函数求解数学物理方程的定解问题时,往往需要把已知函数按贝塞尔函数系展开成级数.可以证明:在 $[0,R]$ 上具有一阶连续导数及分段连续的二阶导数的任意函数 $f(\rho)$,只要满足 $|f(0)| < +\infty$,$f(R) = 0$,则 $f(\rho)$ 必可展开成如下形式的级数

$$f(\rho)=\sum_{m=1}^{\infty}C_m\mathrm{J}_n\left(\frac{\mu_m^{(n)}}{R}\rho\right),\tag{3.4.12}$$

式中

$$C_m=\frac{\int_0^R\rho f(\rho)\mathrm{J}_n\left(\frac{\mu_m^{(n)}}{R}\rho\right)\mathrm{d}\rho}{\frac{R^2}{2}\mathrm{J}_{n+1}^2(\mu_m^{(n)})}.\tag{3.4.13}$$

例 3.3

设$\mu_m^{(0)}(m=1,2,\cdots)$ 是函数 $\mathrm{J}_0(x)$ 的正零点,试将函数$f(x)=1-x^2$ 在 $[0,1]$ 上按贝塞尔函数系 $\{\mathrm{J}_0(\mu_m^{(0)}x)\}$ 展开.

解 显然,$f(x)=1-x^2$ 满足前述条件,所以

$$1-x^2=\sum_{m=1}^{\infty}C_m\mathrm{J}_0(\mu_m^{(0)}x),$$

式中

$$C_m=\frac{2}{\mathrm{J}_1^2(\mu_m^{(0)})}\int_0^1x(1-x^2)\mathrm{J}_0(\mu_m^{(0)}x)\mathrm{d}x=\frac{2}{\mathrm{J}_1^2(\mu_m^{(0)})}\left[\int_0^1x\mathrm{J}_0(\mu_m^{(0)}x)\mathrm{d}x-\int_0^1x^3\mathrm{J}_0(\mu_m^{(0)}x)\mathrm{d}x\right].$$

因为

$$\mathrm{d}[(\mu_m^{(0)}x)\mathrm{J}_1(\mu_m^{(0)}x)]=\mu_m^{(0)}x[\mathrm{J}_0(\mu_m^{(0)}x)\mathrm{d}(\mu_m^{(0)}x)],$$

所以有

$$x\mathrm{J}_0(\mu_m^{(0)}x)\mathrm{d}x=\mathrm{d}\left[\frac{x\mathrm{J}_1(\mu_m^{(0)}x)}{\mu_m^{(0)}}\right],$$

故

$$\int_0^1x\mathrm{J}_0(\mu_m^{(0)}x)\mathrm{d}x=\frac{x\mathrm{J}_1(\mu_m^{(0)}x)}{\mu_m^{(0)}}\bigg|_0^1=\frac{\mathrm{J}_1(\mu_m^{(0)})}{\mu_m^{(0)}}.$$

同时

$$\begin{aligned}\int_0^1x^3\mathrm{J}_0(\mu_m^{(0)}x)\mathrm{d}x&=\int_0^1x^2\mathrm{d}\left[\frac{x\mathrm{J}_1(\mu_m^{(0)}x)}{\mu_m^{(0)}}\right]=\frac{x^3\mathrm{J}_1(\mu_m^{(0)}x)}{\mu_m^{(0)}}\bigg|_0^1-\frac{2}{\mu_m^{(0)}}\int_0^1x^2\mathrm{J}_1(\mu_m^{(0)}x)\mathrm{d}x\\&=\frac{\mathrm{J}_1(\mu_m^{(0)})}{\mu_m^{(0)}}-\frac{2}{(\mu_m^{(0)})^2}x^2\mathrm{J}_2(\mu_m^{(0)}x)\big|_0^1=\frac{\mathrm{J}_1(\mu_m^{(0)})}{\mu_m^{(0)}}-\frac{2\mathrm{J}_2(\mu_m^{(0)})}{(\mu_m^{(0)})^2},\end{aligned}$$

从而

$$C_m=\frac{4\mathrm{J}_2(\mu_m^{(0)})}{(\mu_m^{(0)})^2\mathrm{J}_1^2(\mu_m^{(0)})},$$

则

$$1-x^2=\sum_{m=1}^{\infty}\frac{4\mathrm{J}_2(\mu_m^{(0)})}{(\mu_m^{(0)})^2\mathrm{J}_1^2(\mu_m^{(0)})}\mathrm{J}_0(\mu_m^{(0)}x).$$

3.5 贝塞尔函数的应用

贝塞尔函数的应用极为广泛,本节我们通过一些简单的实际问题,说明利用贝塞尔函数求解数学物理问题的要点与步骤.

例 3.4

设有半径为 1 的均匀薄圆盘,圆盘边缘上的温度保持为 0,初始时刻圆盘内温度分布为 $1-\rho^2$,其中 ρ 是圆盘内任一点的极径,求圆盘内的温度分布规律.

解 所求温度 u 满足二维齐次热传导方程.由于是圆域上的问题,利用极坐标系能简明地表示边界条件,并且定解条件与 θ 无关,因此温度 u 只能是 ρ , t 的函数.于是物理现象归结为下述定解问题

$$\begin{cases} \dfrac{\partial u}{\partial t}=a^2\left(\dfrac{\partial^2 u}{\partial \rho^2}+\dfrac{1}{\rho}\dfrac{\partial u}{\partial \rho}\right), 0\leqslant \rho<1, & (3.5.1)\\ u\big|_{\rho=1}=0, & (3.5.2)\\ u\big|_{t=0}=1-\rho^2. & (3.5.3)\end{cases}$$

由实际的物理现象可知,温度 u 应满足

$$|u|<+\infty, \tag{3.5.4}$$

$$\lim_{t\to\infty} u=0. \tag{3.5.5}$$

应用分离变量法,令 $u(\rho,t)=F(\rho)T(t)$, 代入方程(3.5.1),得

$$F(\rho)T'(t)=a^2\left[F''(\rho)T(t)+\frac{1}{\rho}F'(\rho)T(t)\right],$$

则有

$$\frac{T'(t)}{a^2T(t)}=\frac{F''(\rho)+\dfrac{1}{\rho}F'(\rho)}{F(\rho)}=-\lambda.$$

于是得到两个常微分方程

$$T'(t)+\lambda a^2T(t)=0, \tag{3.5.6}$$

$$F''(\rho)+\frac{1}{\rho}F'(\rho)+\lambda F(\rho)=0. \tag{3.5.7}$$

方程(3.5.6)的解为

$$T(t)=Ce^{-\lambda a^2 t}.$$

对于边界保持零度的无源热传导问题,当 $t\to\infty$时,可知 $u\to 0$,故可得当 $t\to\infty$时, $T(t)\to 0$,则必有 $\lambda>0$. 令 $\lambda=\beta^2$,则

$$T(t)=Ce^{-a^2\beta^2 t}.$$

由条件(3.5.2)和(3.5.4)可得

$$F(1)=0 \text{ 及 } |F(0)|<+\infty.$$

对方程(3.5.7)稍作变形,有

$$\begin{cases}\rho^2F''(\rho)+\rho F'(\rho)+\lambda\rho^2F(\rho)=0, & (3.5.8)\\ F(1)=0, & (3.5.9)\\ |F(0)|<+\infty. & (3.5.10)\end{cases}$$

而方程(3.5.8)是零阶贝塞尔方程,通解为

$$F(\rho)=C_1\mathrm{J}_0(\beta\rho)+C_2Y_0(\beta\rho).$$

由有界性条件(3.5.10)可知 $C_2\equiv0$,则

$$F(\rho)=C_1\mathrm{J}_0(\beta\rho),$$

由边界条件(3.5.9)可得

$$\mathrm{J}_0(\beta)=0,$$

即 β 是 $\mathrm{J}_0(x)$ 的零点.以 $\mu_n^{(0)}$ 表示 $\mathrm{J}_0(x)$ 的第 n 个正零点,则有

$$\beta_n=\mu_n^{(0)}(n=1,2,\cdots).$$

所以问题(3.5.8)-(3.5.10)的固有值及固有函数为

$$\lambda_n=(\mu_n^{(0)})^2,$$

$$F_n(\rho)=C_1\mathrm{J}_0(\mu_n^{(0)}\rho)(n=1,2,\cdots),$$

则方程(3.5.6)的解可以表示为

$$T_n(t)=C\mathrm{e}^{-a^2(\mu_n^{(0)})^2t},$$

这样

$$u_n(\rho,t)=F_n(\rho)T_n(t)=C_n\mathrm{e}^{-a^2(\mu_n^{(0)})^2t}\mathrm{J}_0(\mu_n^{(0)}\rho).$$

根据叠加原理,原问题的通解为

$$u(\rho,t)=\sum_{n=1}^{\infty}C_n\mathrm{e}^{-a^2(\mu_n^{(0)})^2t}\mathrm{J}_0(\mu_n^{(0)}\rho),$$

由初始条件可得

$$u(\rho,0)=\sum_{n=1}^{\infty}C_n\mathrm{J}_0(\mu_n^{(0)}\rho)=1-\rho^2,$$

由例 3.3 的求解可知

$$C_n=\frac{4\mathrm{J}_2(\mu_n^{(0)})}{(\mu_n^{(0)})^2\mathrm{J}_1^2(\mu_n^{(0)})},$$

因此,所求定解问题的解为

$$u(\rho,t)=\sum_{n=1}^{\infty}\frac{4\mathrm{J}_2(\mu_n^{(0)})}{(\mu_n^{(0)})^2\mathrm{J}_1^2(\mu_n^{(0)})}\mathrm{J}_0(\mu_n^{(0)}\rho)\mathrm{e}^{-a^2(\mu_n^{(0)})^2t}.$$

例 3.5

由导体壁构成的空圆柱的高为 h ,半径为 R ,设圆柱顶的电势为 V ,侧面和下底的电势为 0,试求圆柱体内部电势的分布.

解 所求电势 u 满足三维拉普拉斯方程.由于考虑的区域是圆柱形,所以采用柱坐标系.注意到定解条件与角度 θ 无关,因此所求电势 u 只能是 ρ , z 两个变量的函数,于是本题归结为解下列定解问题

$$\begin{cases} \dfrac{\partial^2 u}{\partial \rho^2}+\dfrac{1}{\rho}\dfrac{\partial u}{\partial \rho}+\dfrac{\partial^2 u}{\partial z^2}=0,0<\rho<R,0<z<h, & (3.5.11)\\ u\big|_{z=0}=0,u\big|_{z=h}=V, & (3.5.12)\\ u\big|_{\rho=R}=0. & (3.5.13)\end{cases}$$

由物理意义可知 u 是有界的,即 $|u|<+\infty$.

应用变量分离法,令 $u(\rho,z)=F(\rho)Z(z)$,代入方程(3.5.11),得

$$F''(\rho)Z(z)+\frac{1}{\rho}F'(\rho)Z(z)+F(\rho)Z''(z)=0,$$

则有

$$\frac{F''(\rho)+\dfrac{1}{\rho}F'(\rho)}{F(\rho)}=-\frac{Z''(z)}{Z(z)}=-\lambda,$$

即

$$Z''(z)-\lambda Z(z)=0, \tag{3.5.14}$$

$$\rho^2F''(\rho)+\rho F'(\rho)+\lambda\rho^2F(\rho)=0. \tag{3.5.15}$$

由边界条件(3.5.13)及有界性条件可得

$$F(R)=0\text{ 及 }|F(0)|<+\infty.$$

方程(3.5.15)是零阶贝塞尔方程,其通解为

$$F(\rho)=A\mathrm{J}_0(\beta\rho)+BY_0(\beta\rho),$$

式中,

$$\lambda=\beta^2.$$

由有界性条件 $|F(0)|<+\infty$,可推得 $B\equiv 0$.由 $F(R)=0$,可得

$$\mathrm{J}_0(\beta R)=0.$$

于是,我们得到了方程(3.5.15)满足有界性条件及边界条件的固有值与固有函数,为

$$\lambda_n=\left(\frac{\mu_n^{(0)}}{R}\right)^2,$$

$$F_n(\rho)=\mathrm{J}_0\left(\frac{\mu_n^{(0)}}{R}\rho\right),(n=1,2,\cdots)$$

式中,$\mu_n^{(0)}$ 为 $\mathrm{J}_0(x)$ 的正零点.将 λ_n 代入方程(3.5.14),

$$Z''_n(z)-\left(\frac{\mu_n^{(0)}}{R}\right)^2Z_n(z)=0,$$

可求出解为

$$Z_n(z)=C_n\mathrm{e}^{\frac{\mu_n^{(0)}}{R}z}+D_n\mathrm{e}^{-\frac{\mu_n^{(0)}}{R}z},$$

从而

$$u_n(\rho,z)=\left(C_n\mathrm{e}^{\frac{\mu_n^{(0)}}{R}z}+D_n\mathrm{e}^{-\frac{\mu_n^{(0)}}{R}z}\right)\mathrm{J}_0\left(\frac{\mu_n^{(0)}}{R}\rho\right),$$

由叠加原理,可得

$$u(\rho,z)=\sum_{n=1}^{\infty}u_n(\rho,z)=\sum_{n=1}^{\infty}\left(C_n\mathrm{e}^{\frac{\mu_n^{(0)}}{R}z}+D_n\mathrm{e}^{-\frac{\mu_n^{(0)}}{R}z}\right)\mathrm{J}_0\left(\frac{\mu_n^{(0)}}{R}\rho\right).$$

由条件(3.5.12)可得

$$u(\rho,0)=\sum_{n=1}^{\infty}(C_n+D_n)\mathrm{J}_0\left(\frac{\mu_n^{(0)}}{R}\rho\right)=0,$$

$$u(\rho,h)=\sum_{n=1}^{\infty}\left(C_n\mathrm{e}^{\frac{\mu_n^{(0)}}{R}h}+D_n\mathrm{e}^{-\frac{\mu_n^{(0)}}{R}h}\right)\mathrm{J}_0\left(\frac{\mu_n^{(0)}}{R}\rho\right)=V,$$

即

$$C_n+D_n=0,$$

$$C_n\mathrm{e}^{\frac{\mu_n^{(0)}}{R}h}+D_n\mathrm{e}^{-\frac{\mu_n^{(0)}}{R}h}=\frac{\int_0^R\rho V\mathrm{J}_0\left(\frac{\mu_n^{(0)}}{R}\rho\right)\mathrm{d}\rho}{\frac{R^2}{2}\mathrm{J}_1^2(\mu_n^{(0)})}=\frac{2V}{\mu_n^{(0)}\mathrm{J}_1(\mu_n^{(0)})},$$

最终求得

$$C_n=\frac{V}{\mu_n^{(0)}\operatorname{sh}\frac{\mu_n^{(0)}h}{R}\mathrm{J}_1(\mu_n^{(0)})},$$

$$D_n=-\frac{V}{\mu_n^{(0)}\operatorname{sh}\frac{\mu_n^{(0)}h}{R}\mathrm{J}_1(\mu_n^{(0)})},$$

这样,我们得到了定解问题的解

$$u(\rho,z)=\sum_{n=1}^{\infty}\frac{2V}{\mu_n^{(0)}\operatorname{sh}\frac{\mu_n^{(0)}h}{R}\mathrm{J}_1(\mu_n^{(0)})}\operatorname{sh}\frac{\mu_n^{(0)}}{R}\mathrm{J}_0\left(\frac{\mu_n^{(0)}}{R}\rho\right).$$

例 3.6

求解边界自由的圆形薄膜振动问题:

$$\begin{cases}\dfrac{\partial^2u}{\partial t^2}=a^2\left(\dfrac{\partial^2u}{\partial\rho^2}+\dfrac{1}{\rho}\dfrac{\partial u}{\partial\rho}\right),\quad 0<\rho<R,t>0, & (3.5.16)\\ |u(0,t)|<+\infty,\left.\dfrac{\partial u}{\partial\rho}\right|_{\rho=R}=0, & (3.5.17)\\ u|_{t=0}=0,\left.\dfrac{\partial u}{\partial t}\right|_{t=0}=1-\dfrac{\rho^2}{R^2}. & (3.5.18)\end{cases}$$

解 应用分离变量法,令 $u(\rho,t)=F(\rho)T(t)$,代入方程(3.5.16),得

$$F(\rho)T''(t)=a^2\left[F''(\rho)T(t)+\frac{1}{\rho}F'(\rho)T(t)\right],$$

分离变量,得到两个常微分方程

$$\rho^2F''(\rho)+\rho F'(\rho)+\lambda\rho^2F(\rho)=0,$$

$$T''(t)+\lambda a^2T(t)=0. \tag{3.5.19}$$

由边界条件(3.5.17)可得固有值问题

$$\begin{cases} \rho^2 F''(\rho)+\rho F'(\rho)+\lambda\rho^2 F(\rho)=0, & (3.5.20)\\ F'(R)=0, & (3.5.21)\\ |F(0)|<+\infty. & (3.5.22)\end{cases}$$

(1) 当 $\lambda=0$ 时, $F(\rho)=c_0+d\ln\rho$.

由有界性条件(3.5.22)可得 $d\equiv 0$,则固有值问题的解为

$$F_0(\rho)=c_0.$$

此时,方程(3.5.19)变为

$$T''(t)=0,$$

相应的解为

$$T_0(t)=C_0+D_0 t.$$

(2) 当 $\lambda>0$ 时,令 $\lambda=\beta^2$,不妨设 $\beta>0$,则零阶贝塞尔方程(3.5.20)的解为

$$F(\rho)=C_1\mathrm{J}_0(\beta\rho)+C_2 Y_0(\beta\rho),$$

由有界性条件(3.5.22)可知 $C_2\equiv 0$,则

$$F(\rho)=C_1\mathrm{J}_0(\beta\rho).$$

由边界条件(3.5.21)可得

$$\mathrm{J}'_0(\beta R)=0.$$

又由贝塞尔函数的递推公式可知

$$\mathrm{J}'_0(x)=-\mathrm{J}_1(x),$$

即 βR 是 $\mathrm{J}_1(x)$ 的零点.以 $\mu_n^{(1)}$ 表示 $\mathrm{J}_1(x)$ 的第 n 个正零点,则有

$$\beta_n=\frac{\mu_n^{(1)}}{R}\quad(n=1,2,\cdots),$$

所以固有值问题(3.5.20)—(3.5.22)的固有值与固有函数为

$$\lambda_n=\left(\frac{\mu_n^{(1)}}{R}\right)^2,$$

$$F_n(\rho)=C_1\mathrm{J}_0\left(\frac{\mu_n^{(1)}}{R}\rho\right)\ (n=1,2,\cdots).$$

将 $\lambda_n=\left(\frac{\mu_n^{(1)}}{R}\right)^2$ 代入方程(3.5.19),得

$$T''_n(t)+\left(\frac{\mu_n^{(1)}}{R}\right)^2 a^2 T_n(t)=0$$

解得

$$T_n(t)=C_n\cos\frac{\mu_n^{(1)}at}{R}+D_n\sin\frac{\mu_n^{(1)}at}{R}.$$

根据叠加原理,有

$$u(\rho,t)=\sum_{n=0}^{\infty}F_n(\rho)T_n(t)=A_0+B_0 t+\sum_{n=1}^{\infty}\left(A_n\cos\frac{\mu_n^{(1)}at}{R}+B_n\sin\frac{\mu_n^{(1)}at}{R}\right)\mathrm{J}_0\left(\frac{\mu_n^{(1)}}{R}\rho\right).$$

根据初始条件(3.5.18),有

$$A_0+\sum_{n=1}^{\infty}A_n\mathrm{J}_0\left(\frac{\mu_n^{(1)}}{R}\rho\right)=0,$$

$$B_0+\sum_{n=1}^{\infty}\frac{\mu_n^{(1)}a}{R}B_n\mathrm{J}_0\left(\frac{\mu_n^{(1)}}{R}\rho\right)=1-\frac{\rho^2}{R^2}.$$

利用贝塞尔函数系的正交性可求得

$$A_n = 0 \quad (n = 0,1,2,\cdots),$$

$$B_0 = \frac{1}{2},$$

$$B_n = -\frac{4R}{a(\mu_n^{(1)})^3 J_0(\mu_n^{(1)})} \quad (n = 1,2,\cdots),$$

则定解问题(3.5.16)—(3.5.18)的解为

$$u(\rho,t) = \frac{t}{2} - \frac{4R}{a}\sum_{n=1}^{\infty}\frac{1}{(\mu_n^{(1)})^3 J_0(\mu_n^{(1)})}\sin\frac{\mu_n^{(1)}at}{R}J_0\left(\frac{\mu_n^{(1)}}{R}\rho\right).$$

一般说来,函数按贝塞尔函数系展开后,其表现形式十分复杂.但由于它在实际应用中的重要地位,因此我们经常利用贝塞尔函数值表来进行近似计算,以满足实际工作的需要.

在解决某些工程问题时,我们还会遇上其他类型的贝塞尔函数,如汉克尔(Hankel)函数、虚变量的贝塞尔函数、开尔文(Kelvin)函数等,有兴趣的读者可查阅相关书籍,了解它们的相关知识.

*3.6 圆柱冷却问题

下面,我们解决本章3.3节提出的圆柱冷却问题,这将涉及二重广义傅里叶级数的问题,所以本书在此仅作简单的形式推导.

$$\begin{cases} \dfrac{\partial u}{\partial t} = a^2\left(\dfrac{\partial^2 u}{\partial x^2} + \dfrac{\partial^2 u}{\partial y^2}\right), \quad x^2 + y^2 < R^2, t > 0, \\ u\big|_{x^2+y^2=R^2} = 0, \\ u\big|_{t=0} = \varphi(x,y). \end{cases}$$

将定解问题化为极坐标下的表示形式

$$\begin{cases} \dfrac{\partial u}{\partial t} = a^2\left(\dfrac{\partial^2 u}{\partial \rho^2} + \dfrac{1}{\rho}\dfrac{\partial u}{\partial \rho} + \dfrac{1}{\rho^2}\dfrac{\partial^2 u}{\partial \theta^2}\right), 0 < \rho < R, t > 0, & (3.6.1) \\ u\big|_{\rho=R} = 0, & (3.6.2) \\ u\big|_{t=0} = \varphi(\theta). & (3.6.3) \end{cases}$$

应用分离变量的方法,首先令

$$u(\rho,\theta,t) = V(\rho,\theta)T(t) = F(\rho)\Phi(\theta)T(t), \tag{3.6.4}$$

代入方程(3.6.1)及边界条件(3.6.2)中,可得

$$T'(t) + \lambda a^2 T(t) = 0, \tag{3.6.5}$$

$$\begin{cases} \Phi''(\theta) + \mu\Phi(\theta) = 0, \\ \Phi(\theta + 2\pi) = \Phi(\theta), \end{cases} \tag{3.6.6}$$

$$\begin{cases} \rho^2 F''(\rho) + \rho F'(\rho) + (\lambda\rho^2 - \mu)F(\rho) = 0, \\ F(R) = 0, \\ |F(0)| < +\infty. \end{cases} \tag{3.6.7}$$

问题(3.6.6)的固有值为

$$\mu_n = n^2 \quad (n = 0,1,2,\cdots),$$

固有函数为

$$\Phi_0(\theta) = \frac{1}{2}a_0,$$

$$\Phi_n(\theta) = a_n \cos n\theta + b_n \sin n\theta \quad (n = 1,2,\cdots). \tag{3.6.8}$$

由方程(3.6.5)可得

$$T(t) = Ce^{-\lambda a^2 t}. \tag{3.6.9}$$

根据物理现象,边界保持温度为零的无源热传导问题,当 $t \to \infty$ 时,可知 $u \to 0$,故可得当 $t \to \infty$ 时, $T(t) \to 0$,则必有 $\lambda > 0$.

令 $\lambda = \beta^2$,则问题(3.6.7)变为

$$\begin{cases} \rho^2 F''_n(\rho) + \rho F'_n(\rho) + (\beta^2\rho^2 - n^2)F_n(\rho) = 0, & (3.6.10) \\ F_n(R) = 0, & (3.6.11) \\ |F_n(0)| < +\infty. & (3.6.12) \end{cases}$$

而方程(3.6.10)是 n 阶贝塞尔方程,通解为

$$F_n(\rho) = C_1 J_n(\beta\rho) + C_2 Y_n(\beta\rho).$$

由有界性条件(3.6.12)可知 $C_2 \equiv 0$,则

$$F_n(\rho) = C_1 J_n(\beta\rho).$$

由边界条件(3.6.11)可得

$$J_n(\beta R) = 0,$$

即 βR 是 $J_n(x)$ 的零点.以 $\mu_m^{(n)}$ 表示 $J_n(x)$ 的第 m 个正零点,则有

$$\beta_m = \frac{\mu_m^{(n)}}{R} (m = 1,2,\cdots),$$

所以问题(3.6.7)的固有值及固有函数为

$$\lambda_m = \left(\frac{\mu_m^{(n)}}{R}\right)^2 (m = 1,2,\cdots),$$

$$F_{mn}(\rho) = C_1 J_n\left(\frac{\mu_m^{(n)}}{R}\rho\right) \quad (m = 1,2,\cdots).$$

将 $\lambda_m = \left(\frac{\mu_m^{(n)}}{R}\right)^2 (m = 1,2,\cdots)$ 代入(3.6.9)式得

$$T_m(t) = Ce^{-\left(\frac{\mu_m^{(n)}a}{R}\right)^2 t},$$

因此,由(3.6.4)式得

$$u_{mn}(\rho,\theta,t) = F_{mn}(\rho)\Phi_n(\theta)T_m(t) = (A_{mn}\cos n\theta + B_{mn}\sin n\theta)e^{-\left(\frac{\mu_m^{(n)}a}{R}\right)^2 t} J_n\left(\frac{\mu_m^{(n)}}{R}\rho\right)$$

$$(m=1,2,\cdots;n=0,1,2\cdots),$$

$$u(\rho,\theta,t)=\sum_{n=0}^{\infty}\sum_{m=1}^{\infty}(A_{mn}\cos n\theta+B_{mn}\sin n\theta)\mathrm{e}^{-\left(\frac{\mu_m^{(n)}a}{R}\right)^2 t}\mathrm{J}_n\left(\frac{\mu_m^{(n)}}{R}\rho\right).$$

由初始条件,可得

$$\varphi(\theta)=\sum_{n=0}^{\infty}\sum_{m=1}^{\infty}(A_{mn}\cos n\theta+B_{mn}\sin n\theta)\mathrm{J}_n(\mu_m^{(n)}\rho).$$

利用三角函数系及贝塞尔函数系的正交性,可以求得系数 A_{mn}, B_{mn}. 具体的计算,有兴趣的读者可以查阅参考书.

习题 3

1. 证明 $\mathrm{J}_{2n-1}(0)=0$,其中 $n=1,2,\cdots$.

2. 已知 $\mathrm{J}_n(\mu_i)=0$, $\mu_i>0$, 证明

$$\int_0^1 x\mathrm{J}_n(\mu_i x)\mathrm{J}_n(\alpha x)\,\mathrm{d}x=\frac{\mu_i\mathrm{J}_n(\alpha)\mathrm{J}_n'(\mu_i)}{\alpha^2-\mu_i^2}.$$

3. 已知 $\mathrm{J}_n'(\mu_i)=0$, $\mu_i>0$,计算 $\int_0^1 x\mathrm{J}_n^2(\mu_i x)\,\mathrm{d}x$.

4. 求 $\frac{\mathrm{d}}{\mathrm{d}x}\mathrm{J}_0(\alpha x)$.

5. 求 $\frac{\mathrm{d}}{\mathrm{d}x}[x\mathrm{J}_1(\alpha x)]$.

6. 证明 $y=\mathrm{J}_n(ax)$ 为方程 $x^2y''+xy'+(a^2x^2-n^2)y=0$ 的解.

7. 证明

$$\mathrm{J}_{\frac{3}{2}}(x)=\sqrt{\frac{2}{\pi x}}\left[\frac{1}{x}\cos\left(x-\frac{\pi}{2}\right)+\sin\left(x-\frac{\pi}{2}\right)\right].$$

8. 试证 $y=x^{\frac{1}{2}}\mathrm{J}_{\frac{3}{2}}(x)$ 是方程 $x^2y''+(x^2-2)y=0$ 的一个解.

9. 试证 $y=x\mathrm{J}_n(x)$ 是方程 $x^2y''-xy'+(1+x^2-n^2)y=0$ 的一个解.

10. 设 $\lambda_i(i=1,2,\cdots)$ 是方程 $\mathrm{J}_1(x)=0$ 的正根,将函数 $f(x)=x(0<x<1)$ 展开成贝塞尔函数系 $\{\mathrm{J}_1(\lambda_i x)\}$ 的级数.

11. 设 $\alpha_i(i=1,2,\cdots)$ 是 $\mathrm{J}_0(x)=0$ 的正根,将函数 $f(x)=x^2(0<x<1)$ 展开成贝塞尔函数系 $\{\mathrm{J}_0(\alpha_i x)\}$ 的级数.

12. 设 $\alpha_i(i=1,2,\cdots)$ 是方程 $\mathrm{J}_0(2x)=0$ 的正根,将函数

$$f(x)=\begin{cases}1, & 0<x<1,\\ \dfrac{1}{2}, & x=1,\\ 0, & 1<x<2\end{cases}$$

展开成贝塞尔函数系 $\{\mathrm{J}_0(\alpha_i x)\}$ 的级数.

13. 把定义在 $[0,a]$ 上的函数展开成贝塞尔函数系 $\left\{\mathrm{J}_0\left(\dfrac{\alpha_i x}{a}\right)\right\}$ 的级数,其中 α_i 是 $\mathrm{J}_0(x)$ 正零点.

14. 若 $\lambda_i(i=1,2,\cdots)$ 是 $\mathrm{J}_1(x)$ 的正零点,证明

$$\int_0^R x\mathrm{J}_0\left(\frac{\lambda_i}{R}x\right)\mathrm{J}_0\left(\frac{\lambda_j}{R}x\right)\mathrm{d}x=\begin{cases}0, & i\neq j,\\ \dfrac{R^2}{2}\mathrm{J}_0(\lambda_i), & i=j.\end{cases}$$

15. 利用递推公式证明

(1) $\mathrm{J}_2(x)=\mathrm{J}''_0(x)-\dfrac{1}{x}\mathrm{J}'_0(x)$;

(2) $\mathrm{J}_2(x)+3\mathrm{J}'_0(x)+4\mathrm{J}'''_0(x)=0.$

16. 试证

$$\int x^n\mathrm{J}_0(x)\mathrm{d}x=x^n\mathrm{J}_1(x)+(n-1)x^{n-1}\mathrm{J}_0(x)-(n-1)^2\int x^{n-2}\mathrm{J}_0(x)\mathrm{d}x.$$

17. 试求解下列圆柱区域的边值问题:在圆柱内 $\Delta u=0$,在圆柱侧面 $u|_{\rho=a}=0$,在圆柱的下底面上 $u|_{z=0}=0$,在圆柱的上底面上 $u|_{z=h}=A$.

18. 求解下列定解问题

$$\begin{cases}\dfrac{\partial^2 u}{\partial t^2}=a^2\dfrac{1}{\rho}\dfrac{\partial}{\partial\rho}\left(\rho\dfrac{\partial u}{\partial\rho}\right), & 0<\rho<R,t>0,\\ |u||_{\rho=0}<+\infty,\quad u|_{\rho=R}=0,\\ u|_{t=0}=1-\dfrac{\rho^2}{R^2},\dfrac{\partial u}{\partial t}|_{t=0}=0.\end{cases}$$

19. 求下列积分的值:

(1) $\int x^4\mathrm{J}_1(x)\mathrm{d}x$; (2) $\int\mathrm{J}_3(x)\mathrm{d}x$;

(3) $\int_0^a x^3 J_0(x)\,dx$；　(4) $\int_0^x x^{-n} J_{n+1}(x)\,dx$.

20.计算下列积分的值：

(1) $\int_0^{+\infty} e^{-ax} J_0(bx)\,dx\,(a > 0)$；

(2) $\int_0^{+\infty} e^{-ax} J_0(\sqrt{bx})\,dx\,(a > 0, b > 0)$；

(3) $\int_0^t J_0 \sqrt{x(t-x)}\,dx$.

21. **专题问题**：衰减弦振动问题

研究如下常微分方程的求解：

$$y''(t) + e^{-at+b} y(t) = 0, a > 0, t > 0.$$

(1) 证明：变量代换 $u = \frac{2}{a} e^{-\frac{1}{2}(at-b)}$ 可以把上述方程转换为零阶贝塞尔方程.

(2) 常数微分方程的解为 $y(t) = c_1 J_0\left(\frac{2}{a} e^{-\frac{1}{2}(at-b)}\right) + c_2 Y_0\left(\frac{2}{a} e^{-\frac{1}{2}(at-b)}\right)$

(3) 针对 c_1、c_2 是否为零的不同情况，分别讨论 $t \to \infty$ 时方程解的性质，进而分析其无界解是否有意义？(提示：$t \to \infty$ 时微分方程有什么变化？)

第4章　勒让德多项式

本章我们研究运用勒让德(Legendre)多项式求解数学物理方程定解问题. 首先采用分离变量法,在球坐标系中对拉普拉斯方程进行分离变量,导出勒让德方程;讨论勒让德方程的解法及解的有关性质;指出勒让德方程在区间[-1,1]上的有界解构成了一类正交函数系,进而得到勒让德多项式.

4.1　勒让德方程的导出

拉普拉斯方程

$$\frac{\partial^2 u}{\partial x^2}+\frac{\partial^2 u}{\partial y^2}+\frac{\partial^2 u}{\partial z^2}=0$$

在球坐标系中的表达式为

$$\frac{1}{r^2}\frac{\partial}{\partial r}\left(r^2\frac{\partial u}{\partial r}\right)+\frac{1}{r^2\sin\varphi}\frac{\partial}{\partial\varphi}\left(\sin\varphi\frac{\partial u}{\partial\varphi}\right)+\frac{1}{r^2\sin^2\varphi}\frac{\partial^2 u}{\partial\theta^2}=0,\tag{4.1.1}$$

式中,$0\leqslant\varphi\leqslant\pi$,$0\leqslant\theta<2\pi$.

令方程(4.1.1)的解为 $u(r,\theta,\varphi)=R(r)\,Y(\theta,\varphi)$,代入方程(4.1.1)中,整理得

$$\frac{1}{r^2}\frac{\mathrm{d}}{\mathrm{d}r}\left(r^2\frac{\mathrm{d}R}{\mathrm{d}r}\right)Y+\left[\frac{1}{r^2\sin\varphi}\frac{\partial}{\partial\varphi}\left(\sin\varphi\frac{\partial Y}{\partial\varphi}\right)+\frac{1}{r^2\sin^2\varphi}\frac{\partial^2 Y}{\partial\theta^2}\right]R=0.$$

将变量 $R(r)$,$Y(\theta,\varphi)$ 分离,得

$$\frac{1}{R}\frac{\mathrm{d}}{\mathrm{d}r}\left(r^2\frac{\mathrm{d}R}{\mathrm{d}r}\right)=-\frac{1}{Y}\left[\frac{1}{\sin\varphi}\frac{\partial}{\partial\varphi}\left(\sin\varphi\frac{\partial Y}{\partial\varphi}\right)+\frac{1}{\sin^2\varphi}\frac{\partial^2 Y}{\partial\theta^2}\right].$$

上式左端只与 r 有关,右端只与 θ,φ 有关,所以二者都是常数时才能恒等. 为了方便后续的讨论,我们把这个常数写成 $l(l+1)$ 的形式(这里的 l 可以是实数,也可以是复数),于是有

$$r^2\frac{\mathrm{d}^2 R}{\mathrm{d}r^2}+2r\frac{\mathrm{d}R}{\mathrm{d}r}-l(l+1)R=0,\tag{4.1.2}$$

$$\frac{1}{\sin\varphi}\frac{\partial}{\partial\varphi}\left(\sin\varphi\frac{\partial Y}{\partial\varphi}\right)+\frac{1}{\sin^2\varphi}\frac{\partial^2 Y}{\partial\theta^2}+l(l+1)Y=0.\tag{4.1.3}$$

方程(4.1.3)的解 $Y(\theta,\varphi)$ 与半径 r 无关,通常称之为**球面函数**,或简称为**球函数**.

方程(4.1.2)是欧拉方程,其通解为

$$R(r)=Ar^l+Br^{-(l+1)},$$

式中，A,B 为任意常数.

方程(4.1.3)中含有两个自变量 θ,φ，再次应用分离变量的方法，令 $Y(\theta,\varphi)=\Theta(\theta)\Phi(\varphi)$，代入方程(4.1.3)中，整理得

$$\frac{1}{\sin\varphi}\frac{\mathrm{d}}{\mathrm{d}\varphi}\left(\sin\varphi\frac{\mathrm{d}\Phi}{\mathrm{d}\varphi}\right)\Theta+\frac{1}{\sin^2\varphi}\frac{\mathrm{d}^2\Theta}{\mathrm{d}\theta^2}\Phi+l(l+1)\Theta\Phi=0,$$

分离变量 θ,φ，则有

$$-\frac{1}{\Theta}\frac{\mathrm{d}^2\Theta}{\mathrm{d}\theta^2}=\frac{1}{\Phi}\sin\varphi\frac{\mathrm{d}}{\mathrm{d}\varphi}\left(\sin\varphi\frac{\mathrm{d}\Phi}{\mathrm{d}\varphi}\right)+l(l+1)\sin^2\varphi,$$

此式的左端只与 θ 有关，右端只与 φ 有关，因此在二者均为常数时才能相等. 由于方程(4.1.1)在球坐标系下的一切(单值)解都应是关于变量 θ 的周期函数，周期为 2π，因而 Θ 也是以 2π 为周期的周期函数. 与我们在第 3 章讨论的一样，这个常数必须等于 $m^2(m=0,1,2,\cdots)$，从而有

$$\frac{\mathrm{d}^2\Theta}{\mathrm{d}\theta^2}+m^2\Theta=0, \tag{4.1.4}$$

$$\frac{1}{\sin\varphi}\frac{\mathrm{d}}{\mathrm{d}\varphi}\left(\sin\varphi\frac{\mathrm{d}\Phi}{\mathrm{d}\varphi}\right)+\left[l(l+1)-\frac{m^2}{\sin^2\varphi}\right]\Phi=0. \tag{4.1.5}$$

方程(4.1.4)的通解为

$$\Theta(\theta)=C_1\cos m\theta+C_2\sin m\theta,$$

式中，C_1, C_2 为任意常数.

对方程(4.1.5)进行整理，有

$$\frac{\mathrm{d}^2\Phi}{\mathrm{d}\varphi^2}+\cot\varphi\frac{\mathrm{d}\Phi}{\mathrm{d}\varphi}+\left[l(l+1)-\frac{m^2}{\sin^2\varphi}\right]\Phi=0. \tag{4.1.6}$$

这个方程称为**连带的勒让德方程**.

为了表达上的方便，我们引入新的变量 $x=\cos\varphi$. 由于 $0\leqslant\varphi\leqslant\pi$，所以 $-1\leqslant x\leqslant 1$，并记 $y=\Phi(\varphi)$，于是有

$$\frac{\mathrm{d}\Phi}{\mathrm{d}\varphi}=\frac{\mathrm{d}y}{\mathrm{d}x}\frac{\mathrm{d}x}{\mathrm{d}\varphi}=-\sin\varphi\frac{\mathrm{d}y}{\mathrm{d}x}=-\sqrt{1-x^2}\frac{\mathrm{d}y}{\mathrm{d}x},$$

$$\frac{\mathrm{d}^2\Phi}{\mathrm{d}\varphi^2}=\frac{\mathrm{d}}{\mathrm{d}x}\left(-\sqrt{1-x^2}\frac{\mathrm{d}y}{\mathrm{d}x}\right)\frac{\mathrm{d}x}{\mathrm{d}\varphi}=-x\frac{\mathrm{d}y}{\mathrm{d}x}+(1-x^2)\frac{\mathrm{d}^2y}{\mathrm{d}x^2}.$$

将上面两式代入方程(4.1.6)，整理得

$$(1-x^2)\frac{\mathrm{d}^2y}{\mathrm{d}x^2}-2x\frac{\mathrm{d}y}{\mathrm{d}x}+\left[l(l+1)-\frac{m^2}{1-x^2}\right]y=0. \tag{4.1.7}$$

若 $u(r,\theta,\varphi)$ 与 θ 无关，则由方程(4.1.4)可知，$\Theta(\theta)$ 是常数，则 $m\equiv 0$. 这时，方程(4.1.7)简化为

$$(1-x^2)\frac{\mathrm{d}^2y}{\mathrm{d}x^2}-2x\frac{\mathrm{d}y}{\mathrm{d}x}+l(l+1)y=0. \tag{4.1.8}$$

方程(4.1.8)称为**勒让德方程**. 工程实际中的许多定解问题的求解，最后都归结为勒让德方程的求解.

4.2 勒让德方程的求解

和求贝塞尔方程一样,我们设勒让德方程

$$(1-x^2)\frac{\mathrm{d}^2y}{\mathrm{d}x^2}-2x\frac{\mathrm{d}y}{\mathrm{d}x}+l(l+1)y=0 \tag{4.2.1}$$

的级数解为

$$y=\sum_{k=0}^{\infty}a_kx^k. \tag{4.2.2}$$

对上式求导,得出 y',y'' 的级数表达式,连同(4.2.2)式一起代入方程(4.2.1),整理得

$$\sum_{k=0}^{\infty}\{(k+1)(k+2)a_{k+2}+[l(l+1)-k(k+1)]a_k\}x^k=0.$$

由于上式为恒等式,所以 x 的各次幂的系数必须都是零,所以

$$(k+1)(k+2)a_{k+2}+[l(l+1)-k(k+1)]a_k=0,$$

得

$$a_{k+2}=-\frac{(l-k)(l+k+1)}{(k+1)(k+2)}a_k \quad (k=0,1,2,\cdots). \tag{4.2.3}$$

在(4.2.3)式中令 $k=0,2,4,\cdots$, 得

$$a_2=-\frac{l(l+1)}{2!}a_0,$$

$$a_4=(-1)^2\frac{l(l-2)(l+1)(l+3)}{4!}a_0,$$

$$a_6=(-1)^3\frac{l(l-2)(l-4)(l+1)(l+3)(l+5)}{6!}a_0,$$

$$\cdots\cdots$$

$$a_{2i}=(-1)^i\frac{l(l-2)(l-4)\cdots(l-2i+2)(l+1)(l+3)(l+5)\cdots(l+2i-1)}{(2i)!}a_0.$$

在(4.2.3)式中再令 $k=1,3,5,\cdots$, 得

$$a_3=-\frac{(l-1)(l+2)}{3!}a_1,$$

$$a_5=(-1)^2\frac{(l-1)(l-3)(l+2)(l+4)}{5!}a_1,$$

$$a_7=(-1)^3\frac{(l-1)(l-3)(l-5)(l+2)(l+4)(l+6)}{7!}a_1,$$

$$\cdots\cdots$$

$$a_{2i+1}=(-1)^i\frac{(l-1)(l-3)\cdots(l-2i+1)(l+2)(l+4)\cdots(l+2i)}{(2i+1)!}a_1.$$

将其代入(4.2.2)式,则得到了勒让德方程(4.2.1)的解

$$y=a_0\left[1-\frac{l(l+1)}{2!}x^2+\frac{l(l-2)(l+1)(l+3)}{4!}x^4-\cdots\right]+$$
$$a_1\left[x-\frac{(l-1)(l+2)}{3!}x^3+\frac{(l-1)(l-3)(l+2)(l+4)}{5!}x^5-\cdots\right], \tag{4.2.4}$$

式中, a_0,a_1 为任意常数. 若用 y_1,y_2 分别表示(4.2.4)式中的两个级数,即

$$y_1=1-\frac{l(l+1)}{2!}x^2+\frac{l(l-2)(l+1)(l+3)}{4!}x^4-\cdots, \tag{4.2.5}$$

$$y_2=x-\frac{(l-1)(l+2)}{3!}x^3+\frac{(l-1)(l-3)(l+2)(l+4)}{5!}x^5-\cdots. \tag{4.2.6}$$

显然,级数 y_1,y_2 都是勒让德方程(4.2.1)的解,且 y_1 与 y_2 是线性无关的. 由达朗贝尔(d'Alembert)(比值)判别法可知,无穷级数(4.2.5)、(4.2.6)的收敛区间为(-1,1),因此在(-1,1)内,勒让德方程(4.2.1)的通解为

$$y=C_1y_1+C_2y_2,$$

式中, y_1,y_2 分别为级数(4.2.5)、(4.2.6), C_1 与 C_2 为任意常数.

4.3 勒让德多项式

在上一节,我们求出了勒让德方程(4.2.1)的解,由级数(4.2.5)、(4.2.6)可知,当 l 不是整数时, y_1 与 y_2 都是无穷级数,它们在(-1,1)内绝对收敛,在 $x=\pm1$ 时趋于无穷.

在实际工作中,经常遇上 l 是非负数的情况,因此我们只在 l 是非负数这个前提下展开讨论. 当 l 是整数 n 时,由(4.2.5)式、(4.2.6)式可知, y_1 与 y_2 中必有一个是多项式,另一个是无穷级数.

为了便于给出这个多项式的表达式,我们令非负整数 $l=n$,将(4.2.3)式改写为

$$a_k=-\frac{(k+2)(k+1)}{(n-k)(k+n+1)}a_{k+2}\quad(k\leqslant n-2).$$

这样,系数 $a_{n-2},a_{n-4},\cdots$ 都可以通过最高次项的系数 a_n 来表示,即

$$a_{n-2}=-\frac{n(n-1)}{2(2n-1)}a_n,$$

$$a_{n-4}=(-1)^2\frac{n(n-1)(n-2)(n-3)}{2\cdot4(2n-1)(2n-3)}a_n,$$

$$a_{n-6}=(-1)^3\frac{n(n-1)(n-2)(n-3)(n-4)(n-5)}{2\cdot4\cdot6(2n-1)(2n-3)(2n-5)}a_n,$$

$$\cdots\cdots$$

为了形式上好看,并使所得的多项式在 $x=1$ 处值为1,我们将任意常数 a_n 的值定为

$$a_n=\frac{(2n)!}{2^n(n!)^2}=\frac{1\cdot3\cdot5\cdot\cdots\cdot(2n-1)}{n!}\quad(n=1,2,\cdots),$$

从而有

$$a_{n-2}=-\frac{n(n-1)}{2(2n-1)}\frac{(2n)!}{2^n(n!)^2}=-\frac{(2n-2)!}{2^n(n-1)!(n-2)!},$$

$$a_{n-4}=(-1)^2\frac{(2n-4)!}{2^n2!(n-2)!(n-4)!},$$

$$a_{n-6}=(-1)^3\frac{(2n-6)!}{2^n3!(n-3)!(n-6)!},$$

$$\cdots\cdots\cdots\cdots$$

一般说来,当 $n-2m\geqslant 0$ 时,有

$$a_{n-2m}=(-1)^m\frac{(2n-2m)!}{2^nm!(n-m)!(n-2m)!}.$$

若 n 是正偶数,由(4.2.5)式可得

$$y_1=\sum_{m=0}^{\frac{n}{2}}(-1)^m\frac{(2n-2m)!}{2^nm!(n-m)!(n-2m)!}x^{n-2m}.$$

若 n 是正奇数,由(4.2.6)式可得

$$y_2=\sum_{m=0}^{\frac{n-1}{2}}(-1)^m\frac{(2n-2m)!}{2^nm!(n-m)!(n-2m)!}x^{n-2m}.$$

把这两个多项式统一写成

$$P_n(x)=\sum_{m=0}^{\left[\frac{n}{2}\right]}(-1)^m\frac{(2n-2m)!}{2^nm!(n-m)!(n-2m)!}x^{n-2m}. \tag{4.3.1}$$

式中,$\left[\dfrac{n}{2}\right]$ 表示不大于 $\dfrac{n}{2}$ 的最大整数.(4.3.1)式被称为 n 次**勒让德多项式**(亦称为**第一类勒让德函数**).

特别地,当 $n=0,1,2,3,4,5$ 时分别有

$$P_0(x)=1,$$

$$P_1(x)=x,$$

$$P_2(x)=\frac{1}{2}(3x^2-1),$$

$$P_3(x)=\frac{1}{2}(5x^3-3x),$$

$$P_4(x)=\frac{1}{8}(35x^4-30x^2+3),$$

$$P_5(x)=\frac{1}{8}(63x^5-70x^3+15x).$$

其中 P_0,P_1,P_2,P_3,P_4 的图形如图4-1所示.

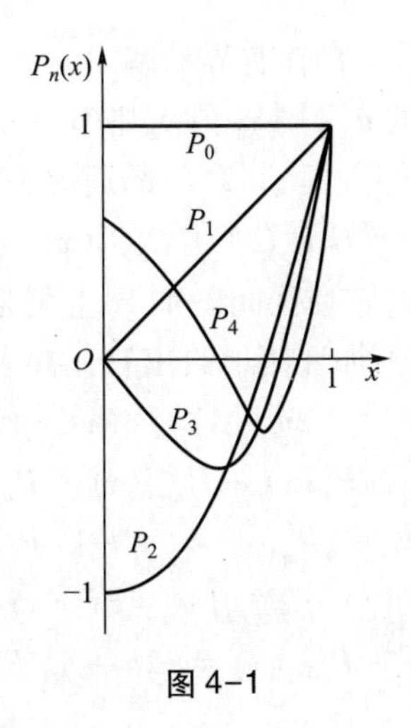

图 4–1

为了应用上的方便,我们将 $P_n(x)$ 表示为

$$P_n(x)=\frac{1}{2^n n!}\frac{\mathrm{d}^n}{\mathrm{d}x^n}(x^2-1)^n \tag{4.3.2}$$

的形式. 称(4.3.2)式为勒让德多项式的**罗德里格斯(Rodrigues)表达式**. 该公式的证明如下:

证明 用二项式定理把 $(x^2-1)^n$ 展开,有

$$\frac{1}{2^n n!}(x^2-1)^n=\frac{1}{2^n n!}\sum_{m=0}^{n}\frac{n!}{(n-m)!\,m!}(x^2)^{n-m}(-1)^m$$

$$=\sum_{m=0}^{n}(-1)^m\frac{1}{2^n(n-m)!\,m!}x^{2n-2m}.$$

上述等式关于 x 求导 n 次. 凡是指数 $2n-2m$ 低于 n 的项经过求 n 次导后均为零,所以只剩下指数 $2n-2m\geqslant n$ 的项,即 $m\leqslant\frac{n}{2}$,有

$$\frac{1}{2^n n!}\frac{\mathrm{d}^n}{\mathrm{d}x^n}(x^2-1)^n=\sum_{m=0}^{\left[\frac{n}{2}\right]}(-1)^m\frac{(2n-2m)(2n-2m-1)\cdots(n-2m+1)}{2^n m!\,(n-m)!}x^{n-2m}$$

$$=\sum_{m=0}^{\left[\frac{n}{2}\right]}(-1)^m\frac{(2n-2m)!}{2^n m!\,(n-m)!\,(n-2m)!}x^{n-2m}=P_n(x).$$

依据罗德里格斯表达式,显然有如下结论:

若 n 是偶数,则 x 偶次方函数求偶次导数之后仍为 x 的偶次方或者是常数,因此勒让德多项式 $P_{2k}(x)$ 是偶函数;若 n 是奇数,则 x 偶次方函数求奇次导数之后却为 x 的奇次方,因此勒让德多项式 $P_{2k+1}(x)$ 是奇函数.

综上所述,可得

当 l 不是整数时,方程(4.2.1)的通解为

$$y=C_1y_1+C_2y_2,$$

式中,y_1,y_2 分别由级数(4.2.5)与级数(4.2.6)所确定,而且它们在区间[−1,1]上无界,所以此

时勒让德方程(4.2.1)在区间[-1,1]不存在有界的解.

当l是整数n时,选择一个适当的a_n,则y_1与y_2中有一个是勒让德多项式$P_n(x)$,另一个仍是无穷级数,记作$Q_n(x)$.此时勒让德方程(4.2.1)的通解为

$$y = C_1 P_n(x) + C_2 Q_n(x),$$

式中,$Q_n(x)$称为第二类勒让德函数,它在区间[-1,1]上仍是无界的.

为了以后运算的需要,下面我们不加证明地给出勒让德多项式的递推公式

$$(n+1)P_{n+1}(x) - (2n+1)xP_n(x) + nP_{n-1}(x) = 0, \tag{4.3.3}$$

$$P'_{n+1}(x) - 2xP'_n(x) + P'_{n-1}(x) - P_n(x) = 0, \tag{4.3.4}$$

$$P'_{n+1}(x) - xP'_n(x) = (n+1)P_n(x), \tag{4.3.5}$$

$$xP'_n(x) - P'_{n-1}(x) = nP_n(x), \tag{4.3.6}$$

$$P'_{n+1}(x) - P'_{n-1}(x) = (2n+1)P_n(x), \tag{4.3.7}$$

式中$n = 1,2,3,\cdots$.

4.4 函数展开成勒让德多项式的级数

运用勒让德多项式求解数学物理方程的定解问题时,需要将给定的函数在区间(-1,1)上展开为勒让德多项式的级数.为此,我们首先证明不同阶的勒让德多项式全体构成一个正交函数系,然后介绍在区间(-1,1)上如何将给定的函数展开为勒让德多项式的级数.

我们首先讨论勒让德多项式在区间(-1,1)上的正交性,即要证明下述结论

定理 4.1 $$\int_{-1}^{1} P_m(x)P_n(x)\,\mathrm{d}x = \begin{cases} 0, & m \neq n, \\ \dfrac{2}{2n+1}, & m = n. \end{cases} \tag{4.4.1}$$

为了证明这个定理,首先我们利用罗德里格斯公式证明一个引理.

引理 4.1 $$\int_{-1}^{1} x^m P_n(x)\,\mathrm{d}x = \begin{cases} 0, & m < n, \\ \dfrac{2^{n+1}(n!)^2}{(2n+1)!}, & m = n. \end{cases}$$

证明

$$\begin{aligned}\int_{-1}^{1} x^m P_n(x)\,\mathrm{d}x &= \int_{-1}^{1} x^m \frac{1}{2^n n!}\frac{\mathrm{d}^n}{\mathrm{d}x^n}(x^2-1)^n\mathrm{d}x \\ &= \frac{1}{2^n n!}\int_{-1}^{1} x^m \mathrm{d}\left[\frac{\mathrm{d}^{n-1}}{\mathrm{d}x^{n-1}}(x^2-1)^n\right] \\ &= \frac{1}{2^n n!}\left\{x^m \frac{\mathrm{d}^{n-1}}{\mathrm{d}x^{n-1}}(x^2-1)^n \Big|_{-1}^{1} - \int_{-1}^{1}\frac{\mathrm{d}^{n-1}}{\mathrm{d}x^{n-1}}(x^2-1)^n \mathrm{d}(x^m)\right\} \\ &= \frac{(-1)m}{2^n n!}\int_{-1}^{1} x^{m-1}\frac{\mathrm{d}^{n-1}}{\mathrm{d}x^{n-1}}(x^2-1)^n\mathrm{d}x.\end{aligned}$$

显然,这是一个递推关系式,因此有

当 $m < n$ 时,

$$\int_{-1}^{1} x^m P_n(x)\,\mathrm{d}x = \frac{(-1)^m m!}{2^n n!}\int_{-1}^{1} x^{m-m}\frac{\mathrm{d}^{n-m}}{\mathrm{d}x^{n-m}}(x^2-1)^n\mathrm{d}x$$

$$= \frac{(-1)^m m!}{2^n n!}\frac{\mathrm{d}^{n-m-1}}{\mathrm{d}x^{n-m-1}}(x^2-1)^n\Big|_{-1}^{1} = 0;$$

当 $m = n$ 时,

$$\begin{aligned}
\int_{-1}^{1} x^m P_n(x)\,\mathrm{d}x &= \int_{-1}^{1} x^n P_n(x)\,\mathrm{d}x \\
&= \frac{(-1)^n n!}{2^n n!}\int_{-1}^{1} x^{n-n}\frac{\mathrm{d}^{n-n}}{\mathrm{d}x^{n-n}}(x^2-1)^n\mathrm{d}x \\
&= \frac{(-1)^n}{2^n}\int_{-1}^{1}(x^2-1)^n\mathrm{d}x \\
&= \frac{(-1)^n}{2^n}\int_{-1}^{1}(x-1)^n(x+1)^n\mathrm{d}x \\
&= \frac{(-1)^n}{2^n}\int_{-1}^{1}\frac{1}{n+1}(x-1)^n\mathrm{d}(x+1)^{n+1} \\
&= \frac{(-1)^n}{2^n}\frac{1}{n+1}\left[(x-1)^n(x+1)^{n+1}\Big|_{-1}^{1} - \int_{-1}^{1}(x+1)^{n+1}\mathrm{d}(x-1)^n\right] \\
&= \frac{(-1)^n}{2^n}\frac{(-1)n}{n+1}\int_{-1}^{1}(x-1)^{n-1}(x+1)^{n+1}\mathrm{d}x \\
&= \frac{(-1)^n}{2^n}\frac{(-1)^2 n(n-1)}{(n+1)(n+2)}\int_{-1}^{1}(x-1)^{n-2}(x+1)^{n+2}\mathrm{d}x \\
&= \cdots \\
&= \frac{(-1)^n}{2^n}\frac{(-1)^n n(n-1)\cdots 2\cdot 1}{(n+1)(n+2)\cdots(n+n)}\int_{-1}^{1}(x-1)^{n-n}(x+1)^{n+n}\mathrm{d}x \\
&= \frac{(-1)^n}{2^n}\frac{(-1)^n n(n-1)\cdots 2\cdot 1}{(n+1)(n+2)\cdots(2n)(2n+1)}(x+1)^{2n+1}\Big|_{-1}^{1} \\
&= \frac{2^{n+1}(n!)^2}{(2n+1)!}.
\end{aligned}$$

定理 4.1 的证明如下:

证明 当 $m \neq n$ 时,不妨设 $m < n$,则根据引理 4.1 的结论,有

$$\int_{-1}^{1} P_m(x)\,P_n(x)\,\mathrm{d}x = 0.$$

当 $m = n$ 时,则根据引理 4.1 的结论,有

$$\int_{-1}^{1} P_m(x)\,P_n(x)\,\mathrm{d}x = \int_{-1}^{1} P_n(x)\,P_n(x)\,\mathrm{d}x = \int_{-1}^{1} a_n x^n P_n(x)\,\mathrm{d}x.$$

$$= \frac{(2n)!}{2^n(n!)^2}\frac{2^{n+1}(n!)^2}{(2n+1)!} = \frac{2}{2n+1}.$$

有了(4.4.1)式,我们便可以讨论函数利用勒让德多项式展开的问题了. 可以证明,若函数 $f(x)$ 是定义在区间$(-1,1)$内的分段光滑的实值函数,且积分 $\int_{-1}^{1} f^2(x)\,\mathrm{d}x$ 的值有限,则函数 $f(x)$ 在连续点 x 处可以展开成勒让德多项式的级数

$$f(x) = \sum_{n=0}^{\infty} C_n P_n(x)\ ,\ -1 < x < 1, \tag{4.4.2}$$

式中

$$C_n = \frac{2n+1}{2}\int_{-1}^{1} f(x)\,P_n(x)\,\mathrm{d}x \quad (n = 0,1,2,\cdots). \tag{4.4.3}$$

在间断点 x_0 处,(4.4.2)式右端的级数收敛于

$$\frac{1}{2}[f(x_0 - 0) + f(x_0 + 0)].$$

(4.4.2)式称为函数 $f(x)$ 的**傅里叶—勒让德级数**.

若在(4.4.2)式和(4.4.3)式中,令 $x = \cos\theta$,则可变成

$$f(\cos\theta) = \sum_{n=0}^{\infty} C_n P_n(\cos\theta)\ (0 < \theta < \pi)\ , \tag{4.4.4}$$

$$C_n = \frac{2n+1}{2}\int_{0}^{\pi} f(\cos\theta)\,P_n(\cos\theta)\sin\theta\mathrm{d}\theta. \tag{4.4.5}$$

例 4.1

试将函数 $f(x) = 2x^3 + 3x + 4$ 展开为傅里叶—勒让德级数,其中 $x \in (-1,1)$.

解 由于 $f(x)$ 的最高次幂是 3,所以有展开式为

$$f(x) = C_0P_0(x) + C_1P_1(x) + C_2P_2(x) + C_3P_3(x).$$

我们不采用正交的方法求解系数,只需将 $P_n(x)$ 的多项式代入,比较 x 的同次幂的系数即可

$$\begin{aligned}2x^3 + 3x + 4 &= C_0P_0(x) + C_1P_1(x) + C_2P_2(x) + C_3P_3(x)\\ &= C_0 + C_1x + C_2\frac{1}{2}(3x^2 - 1) + C_3\frac{1}{2}(5x^3 - 3x)\\ &= \left(C_0 - \frac{1}{2}C_2\right) + \left(C_1 - \frac{3}{2}C_3\right)x + \frac{3}{2}C_2x^2 + \frac{5}{2}C_3x^3,\end{aligned}$$

由此可得出

$$C_0 = 4, C_1 = \frac{21}{5}, C_2 = 0, C_3 = \frac{4}{5},$$

所以

$$2x^3 + 3x + 4 = 4P_0(x) + \frac{21}{5}P_1(x) + \frac{4}{5}P_3(x).$$

例 4.2

将$f(x)=|x|$在$(-1,1)$内展开为傅里叶—勒让德级数.

解 因为$f(x)=|x|$在$(-1,1)$内是偶函数,而$P_{2n+1}(x)$ 只含有x的奇次方项,因此

$$C_{2n+1}=0\ (n=0,1,2,\cdots),$$

于是

$$C_0=\frac{1}{2}\int_{-1}^{1}f(x)\,\mathrm{d}x=\int_0^1 x\mathrm{d}x=\frac{1}{2},$$

$$\begin{aligned}
C_{2n}&=\frac{4n+1}{2}\int_{-1}^{1}f(x)\,P_{2n}(x)\,\mathrm{d}x=(4n+1)\int_0^1 x\frac{1}{2^{2n}(2n)!}\frac{\mathrm{d}^{2n}}{\mathrm{d}x^{2n}}(x^2-1)^{2n}\mathrm{d}x\\
&=\frac{4n+1}{2^{2n}(2n)!}\int_0^1 x\mathrm{d}\frac{\mathrm{d}^{2n-1}}{\mathrm{d}x^{2n-1}}(x^2-1)^{2n}\\
&=\frac{(4n+1)x}{2^{2n}(2n)!}\frac{\mathrm{d}^{2n-1}}{\mathrm{d}x^{2n-1}}(x^2-1)^{2n}\Big|_0^1-\frac{(4n+1)}{2^{2n}(2n)!}\int_0^1\frac{\mathrm{d}^{2n-1}}{\mathrm{d}x^{2n-1}}(x^2-1)^{2n}\mathrm{d}x\\
&=-\frac{(4n+1)}{2^{2n}(2n)!}\int_0^1\frac{\mathrm{d}^{2n-1}}{\mathrm{d}x^{2n-1}}(x^2-1)^{2n}\mathrm{d}x=-\frac{(4n+1)}{2^{2n}(2n)!}\frac{\mathrm{d}^{2n-2}}{\mathrm{d}x^{2n-2}}(x^2-1)^{2n}\Big|_0^1\\
&=\frac{(4n+1)}{2^{2n}(2n)!}\frac{\mathrm{d}^{2n-2}}{\mathrm{d}x^{2n-2}}(x^2-1)^{2n}\Big|_{x=0}=\frac{(4n+1)}{2^{2n}(2n)!}\frac{\mathrm{d}^{2n-2}}{\mathrm{d}x^{2n-2}}\Big[\sum_{k=0}^{2n}\mathrm{C}_{2n}^k x^{2k}(-1)^{2n-k}\Big]\Big|_{x=0}\\
&=\frac{(4n+1)}{2^{2n}(2n)!}(-1)^{n+1}\mathrm{C}_{2n}^{n-1}(2n-2)!\\
&=\frac{(4n+1)}{2^{2n}(2n)!}(-1)^{n+1}\cdot\frac{2n(2n-1)(2n-2)\cdots(n+2)}{(n-1)!}(2n-2)!\\
&=(-1)^{n+1}\frac{(4n+1)(2n-2)!}{2^{2n}(n-1)!(n+1)!},
\end{aligned}$$

从而

$$|x|=\frac{1}{2}+\sum_{n=1}^{\infty}(-1)^{n+1}\frac{(4n+1)(2n-2)!}{2^{2n}(n-1)!(n+1)!}P_{2n}(x).$$

例 4.3

在半径为 1 的球面上,电势u的分布满足

$$u\big|_{r=1}=6\cos2\varphi+2\ (0\leqslant\varphi\leqslant\pi).$$

试求球内的电势分布.

解 所求电势u满足三维拉普拉斯方程.根据方程和边界条件的形式可知,所求的调和函数u只与r,φ有关.因此,由(4.1.1)式可知,所提的定解问题为

$$\begin{cases}\dfrac{1}{r^2}\dfrac{\partial}{\partial r}\Big(r^2\dfrac{\partial u}{\partial r}\Big)+\dfrac{1}{r^2\sin^2\varphi}\dfrac{\partial}{\partial\varphi}\Big(\sin\varphi\dfrac{\partial u}{\partial\varphi}\Big)=0,\\ \qquad 0<r<1,0<\varphi<\pi,\\ u\big|_{r=1}=6\cos2\varphi+2.\end{cases}\tag{4.4.6}$$

应用变量分离法,设

$$u(r,\varphi) = R(r)\,\Phi(\varphi).$$

代入方程,经分离变量得

$$\frac{r^2R''+2rR'}{R} = -\frac{\Phi''+\Phi'\cot\varphi}{\Phi} = \lambda.$$

将常数 λ 写成 $l(l+1)$,则可得到两个常微分方程

$$r^2R''+2rR'-l(l+1)\,R = 0, \tag{4.4.7}$$

$$\Phi''+\Phi'\cot\varphi+l(l+1)\,\Phi = 0. \tag{4.4.8}$$

(4.4.8)式是勒让德方程. 由问题的物理意义可知,函数 $u(r,\varphi)$ 是有界的,从而 $\Phi(\varphi)$ 也应当是有界函数. 由4.3节结论可知,只有当 l 为整数 n 时,(4.4.8)式在 $0\leqslant\varphi\leqslant\pi$ 内的有界解是

$$\Phi_n(\varphi) = P_n(\cos\varphi).$$

(4.4.7)式是欧拉方程,通解为

$$R_n(r) = C_nr^n + D_nr^{-(n+1)}.$$

因为 $u(r,\varphi)$ 是有界的,所以 $R_n(r)$ 也有界,故 $D_n = 0$,从而有

$$R_n(r) = C_nr^n,$$

所以

$$\begin{aligned} u_n(r,\varphi) &= R_n(r)\,\Phi_n(\varphi) \\ &= C_nr^nP_n(\cos\varphi) \quad (n = 0,1,2,\cdots). \end{aligned}$$

由叠加原理得问题(4.4.6)的解为

$$u(r,\varphi) = \sum_{n=0}^{\infty}u_n(r,\varphi) = \sum_{n=0}^{\infty}C_nr^nP_n(\cos\varphi).$$

由边界条件可得

$$6\cos 2\varphi + 2 = \sum_{n=0}^{\infty}C_nP_n(\cos\varphi),$$

以 x 代替 $\cos\varphi$,有

$$\sum_{n=0}^{\infty}C_nP_n(x) = 12x^2 - 4. \tag{4.4.9}$$

由于

$$P_0(x) = 1, P_1(x) = x, x^2 = \frac{1}{3}P_0(x) + \frac{2}{3}P_2(x)$$

代入(4.4.9)式,并比较 x 的系数,可得

$$C_2 = 8, C_n = 0\ (n\neq 2).$$

因此,所求定解问题的解为

$$u(r,\varphi) = 8r^2P_2(\cos\varphi) = 4r^2(3\cos^2\varphi - 1).$$

当然,对(4.4.9)式中的系数也可以用(4.4.3)式来计算,读者可以自行验证.

4.5 连带的勒让德多项式

由 4.1 节的推导过程可知,若调和函数 u 与 θ 有关,在球坐标系内对拉普拉斯方程进行变量分离时,将得到连带的勒让德方程

$$\frac{\mathrm{d}^2\Phi}{\mathrm{d}\varphi^2}+\cot\varphi\frac{\mathrm{d}\Phi}{\mathrm{d}\varphi}+\left[l(l+1)-\frac{m^2}{\sin^2\varphi}\right]\Phi=0.$$

令 $x=\cos\varphi, y(x)=\Phi(\varphi)$,则有

$$(1-x^2)\frac{\mathrm{d}^2y}{\mathrm{d}x^2}-2x\frac{\mathrm{d}y}{\mathrm{d}x}+\left[l(l+1)-\frac{m^2}{1-x^2}\right]y=0, \tag{4.5.1}$$

式中, m 是正整数, $-1\leqslant x\leqslant 1$. 现在我们来寻求方程(4.5.1)的解. 下面我们不加证明地给出相关的结论.

定理 4.2 若 v 是勒让德方程

$$(1-x^2)\frac{\mathrm{d}^2y}{\mathrm{d}x^2}-2x\frac{\mathrm{d}y}{\mathrm{d}x}+l(l+1)y=0$$

的解,则

$$w=(1-x^2)^{\frac{m}{2}}\frac{\mathrm{d}^m v}{\mathrm{d}x^m}$$

必是连带的勒让德方程(4.5.1)的解.

我们知道,当 l 为正整数 n 时,勒让德方程在[-1,1]上存在有界解 $P_n(x)$. 从而,当 l 为正整数 n 时,函数

$$w=(1-x^2)^{\frac{m}{2}}\frac{\mathrm{d}^m P_n(x)}{\mathrm{d}x^m}$$

是连带的勒让德方程(4.5.1) 在[-1,1]上的有界解, 这个解记为 $P_n^m(x)$,即

$$P_n^m(x)=(1-x^2)^{\frac{m}{2}}\frac{\mathrm{d}^m P_n(x)}{\mathrm{d}x^m}\ (m\leqslant n, |x|\leqslant 1). \tag{4.5.2}$$

我们称它为 n 次 m 阶连带的勒让德多项式.

定理 4.3 连带的勒让德多项式 $P_n^m(x)$ $(n=0,1,2,\cdots)$ 在区间[-1,1]上构成正交完备系,即

$$\int_{-1}^{1}P_n^m(x)P_k^m(x)\,\mathrm{d}x=\begin{cases}0, & n\neq k,\\ \dfrac{2(n+m)!}{(2n+1)(n-m)!}, & n=k.\end{cases} \tag{4.5.3}$$

这样,一个定义在[-1,1]上,并且满足按固有函数系展开条件的函数 $f(x)$ 就可以展开成如下形式的级数

$$f(x)=\sum_{n=0}^{\infty}C_nP_n^m(x), \tag{4.5.4}$$

式中

$$C_n=\frac{(2n+1)(n-m)!}{2(n+m)!}\int_{-1}^{1}f(x)P_n^m(x)\,\mathrm{d}x. \tag{4.5.5}$$

若令 $x=\cos\varphi$，则上面两式可表示为

$$f(\cos\varphi)=\sum_{n=0}^{\infty}C_nP_n^m(\cos\varphi),$$

$$C_n=\frac{(2n+1)(n-m)!}{2(n+m)!}\int_0^{\pi}f(\cos\varphi)P_n^m(\cos\varphi)\sin\varphi\mathrm{d}\varphi.$$

同样，连带的勒让德多项式也有递推关系，我们只给出四个基本的递推公式：

$$(2n+1)xP_n^m(x)=(n+m)P_{n-1}^m(x)+(n-m+1)P_{n+1}^m(x),$$

$$(2n+1)(1-x^2)^{\frac{1}{2}}P_n^m(x)=P_{n+1}^{m+1}(x)-P_{n-1}^{m+1}(x),$$

$$(2n+1)(1-x^2)^{\frac{1}{2}}P_n^m(x),=(n+m)(n+m-1)P_{n-1}^{m-1}(x)-(n-m+2)(n-m+1)P_{n+1}^{m-1}(x),$$

$$(2n+1)(1-x^2)\frac{\mathrm{d}P_n^m(x)}{\mathrm{d}x}=(n+1)(n+m)P_{n-1}^m(x)-n(n-m+1)P_{n+1}^m(x).$$

其余的许多递推关系都可以由这四个公式导出.

经过上述的准备工作，在球坐标系下，我们可以求解不具有轴对称（即与 θ 有关）的边值问题，只要把已知的边界函数 $f(\theta,\varphi)$ 按照函数系

$$\{P_n^m(\cos\varphi)\cos m\theta,\quad P_n^m(\cos\varphi)\sin m\theta\}$$
$$(n=0,1,2,\cdots;m=0,1,2,\cdots)$$

进行展开，即

$$f(\theta,\varphi)=\sum_{n=0}^{\infty}\sum_{m=0}^{\infty}(A_n^m\cos m\theta+B_n^m\sin m\theta)P_n^m(\cos\varphi), \tag{4.5.6}$$

这是一个二维傅里叶级数，利用正交关系

$$\int_0^{\pi}\int_0^{2\pi}P_n^m(\cos\varphi)P_k^l(\cos\varphi)\sin\varphi\begin{Bmatrix}\cos m\theta\\ \sin m\theta\end{Bmatrix}\begin{Bmatrix}\cos l\theta\\ \sin l\theta\end{Bmatrix}\mathrm{d}\theta\mathrm{d}\varphi$$
$$=\begin{cases}0, & m\neq l\text{ 或 }n\neq k,\\ \dfrac{2\pi\delta_m(n+m)!}{(2n+1)(n-m)!}, & m=l,n=k,\end{cases} \tag{4.5.7}$$

式中 $\begin{Bmatrix}\cos m\theta\\ \sin m\theta\end{Bmatrix}\begin{Bmatrix}\cos l\theta\\ \sin l\theta\end{Bmatrix}$ 表示分别在两个{ }中任取一个函数相乘，即它表示 4 个独立的函数.又

$$\delta_m=\begin{cases}2, & m=0,\\ 1, & m\neq 0.\end{cases}$$

这样，可以采用与上节一样的方法，求出

$$A_n^m=\frac{(2n+1)(n-m)!}{2\pi\delta_m(n+m)!}\int_0^{\pi}\int_0^{2\pi}f(\theta,\varphi)P_n^m(\cos\varphi)\cos m\theta\sin\varphi\mathrm{d}\theta\mathrm{d}\varphi,$$

$$B_n^m=\frac{(2n+1)(n-m)!}{2\pi\delta_m(n+m)!}\int_0^{\pi}\int_0^{2\pi}f(\theta,\varphi)P_n^m(\cos\varphi)\sin m\theta\sin\varphi\mathrm{d}\theta\mathrm{d}\varphi.$$

习题 4

1. 证明 $P_{2n-1}(0)=0$,

$$P_{2n}(0)=\frac{(-1)^n(2n)!}{2^{2n}(n!)^2}.$$

2. 证明

(1) $x^2=\frac{2}{3}P_2(x)+\frac{1}{3}P_0(x)$;

(2) $x^3=\frac{2}{5}P_3(x)+\frac{3}{5}P_1(x)$.

3. 若 $f(x)=\begin{cases}0, & -1<x\leqslant 0,\\ x, & 0<x<1,\end{cases}$ 证明

$$f(x)=\frac{1}{4}P_0(x)+\frac{1}{2}P_1(x)+\frac{5}{16}P_2(x)-\frac{3}{32}P_4(x)+\cdots.$$

4. 证明

$$P_n(x)=\frac{1}{2n-1}[P'_{n+1}(x)-P'_{n-1}(x)].$$

5. 证明

$$\begin{aligned}P'_n(x)=&(2n-1)P_{n-1}(x)+\\&(2n-5)P_{n-3}(x)+\\&(2n-9)P_{n-5}(x)+\cdots.\end{aligned}$$

6. 验证 $P_n(x)=\frac{1}{2^n n!}\frac{\mathrm{d}^n}{\mathrm{d}x^n}(x^2-1)^n$ 满足勒让德方程.

7. 在半径为 1 的球内,求调和函数 u,使

$$u\big|_{r=1}=3\cos 2\varphi+1,$$

其中,φ 为向径与 z 轴正向的夹角.

8. 在半径为 1 的球内,求调和函数 u,使其在球面上满足

$$u\big|_{r=1}=\begin{cases}A, & 0\leqslant\varphi\leqslant\alpha,\\ 0, & \alpha<\varphi\leqslant\pi,\end{cases}$$

其中,φ 为向径与 z 轴正向的夹角.

9. 在半径为 1 的球的外部求调和函数 u,使

$$u\big|_{r=1}=\cos^2\varphi,$$

其中,φ 为向径与 z 轴正向的夹角.

10. 证明

$$P'_{2k}(0)=0,$$

$$P'_{2k+1}(0)=(-1)^k\frac{(2k+1)!}{2^{2k}(k!)^2}.$$

11. 证明

$$P'_k(1)=\frac{1}{2}k(k+1),$$

$$P'_k(-1)=\frac{(-1)^{k-1}}{2}k(k+1),$$

$$P''_k(1)=\frac{1}{8}(k-1)k(k+1)(k+2).$$

12. 利用罗德里格斯公式证明

$$\int_{-1}^{1}(1+x)^kP_n(x)\,\mathrm{d}x=\frac{2^{k+1}(k!)^2}{(k-n)!(k+n+1)!}\quad(k\geqslant n).$$

13. **专题问题**:埃尔米特(Hermite)多项式

对 $n=0,1,2,\cdots$,称方程

$$y''-2xy'+2ny=0$$

是 n 阶埃尔米特方程. 运用幂级数解法,可求得

$$H_n(x)=n!\sum_{m=0}^{\left[\frac{n}{2}\right]}\frac{(-1)^m}{m!(n-2m)!}(2x)^{n-2m},$$

称之为埃尔米特多项式.

试将埃尔米特方程转化为施图姆—刘维尔(Sturm-Liouville)形式,找出权函数,证明埃尔米特多项式在 $\mathbf{R}$ 上加权正交.

第 5 章　行波法与积分变换法

本章将介绍无界域上定解问题的求解方法,首先用特征线法求解一阶线性偏微分方程的初值问题,然后讨论特征线理论在波动方程求解中的应用——行波法.行波法的基本思想是:先求出偏微分方程的通解,再用定解条件确定所求问题的特解.最后阐述积分变换法.积分变换法不受方程类型的限制,一般应用于无界区域上的定解问题,有时也应用于有界域上的定解问题.

5.1　一阶线性偏微分方程的特征线法

众所周知,对一阶线性偏微分方程

$$\frac{\partial u}{\partial x}+p(x,y)\frac{\partial u}{\partial y}=0 \tag{5.1.1}$$

的求解,由于未知函数含有两个自变量,直接积分的方法显然不适用,因此我们要从所学的数学知识中,寻找表现形式相似的概念及理论,重新研究它们的特点,巧妙地用于求解偏微分方程.

5.1.1 方向导数与偏微分方程

我们回顾一下方向导数的概念,$\boldsymbol{l}^0=(\cos\alpha,\sin\alpha)$ 是一个单位向量,二元函数 $u(x,y)$ 在点 (x,y) 处关于方向 $\boldsymbol{l}^0$的方向导数

$$\frac{\partial u}{\partial \boldsymbol{l}^0}=\frac{\partial u}{\partial x}\cos\alpha+\frac{\partial u}{\partial y}\sin\alpha.$$

方向导数刻画了函数 $u(x,y)$ 沿方向 $\boldsymbol{l}^0$ 运动时的变化率,从而,对任一个非零的向量 $\boldsymbol{l}=(a,b)$,则关系式

$$\frac{\partial u}{\partial \boldsymbol{l}}=\frac{a}{\sqrt{a^2+b^2}}\frac{\partial u}{\partial x}+\frac{b}{\sqrt{a^2+b^2}}\frac{\partial u}{\partial y}=0,$$

即方程

$$a\frac{\partial u}{\partial x}+b\frac{\partial u}{\partial y}=0$$

表明函数 $u(x,y)$ 沿方向 $\boldsymbol{l}$ 的取值不变.更进一步,一阶偏微分方程

$$\frac{\partial u}{\partial x}+p(x,y)\frac{\partial u}{\partial y}=0$$

表明了函数 $u(x,y)$ 沿方向 $\boldsymbol{A}=(1,p(x,y))$ 的取值不变.若我们能根据向量 $\boldsymbol{A}=(1,p(x,y))$ 构造一条曲线 $y=f(x)$, 则在这条曲线上,函数 $u(x,y)$ 的取值是常数.

我们将向量 $\boldsymbol{A}=(1,p(x,y))$ 变形为

$$\boldsymbol{A}=|\boldsymbol{A}|\boldsymbol{A}^0=|\boldsymbol{A}|(\cos\alpha,\sin\alpha)=|\boldsymbol{A}|\left(\frac{1}{\sqrt{1+p^2(x,y)}},\frac{p(x,y)}{\sqrt{1+p^2(x,y)}}\right),$$

则得到向量 $\boldsymbol{A}$ 与 x 轴夹角的正切 $\tan\alpha=p(x,y)$. 这表明向量 $\boldsymbol{A}$ 是某一条曲线的切向量.于是,我们构造曲线 $y=f(x)$, 要求这条曲线上任一点处切线的斜率 k 满足

$$k=\tan\alpha=p(x,y),$$

即要求这条曲线上任一点的切向量是 $\boldsymbol{A}=(1,p(x,y))$, 则成立

$$\frac{\mathrm{d}y}{\mathrm{d}x}=p(x,y).$$

我们记方程的解是

$$\phi(x,y)=C,$$

则一阶偏微分方程(5.1.1)的解 $u(x,y)$ 在曲线 $\phi(x,y)=C$ 上 的取值是常数.这个常数只依赖于 C, 我们记 $u(x,y)=f(C)$, 其中 f 为任意函数,则求得偏微分方程的解为

$$u(x,y)=f(\phi(x,y)).$$

这样的求解方法称为**特征线法**.下面我们将具体介绍这种求解偏微分方程的思想.

5.1.2 特征线法求解偏微分方程

考虑关于二元函数 $u(x,t)$ 的一阶线性偏微分方程初值问题:

$$\begin{cases} u_t+a(x,t)u_x+b(x,t)u=f(x,t),\ -\infty<x<+\infty,t>0, & (5.1.2)\\ u|_{t=0}=\varphi(x). & (5.1.3)\end{cases}$$

由于 x,t 是独立变量,为解此问题,按照前述的想法将自变量的取值区域分割成一条一条的曲线,让 x,t 在一条曲线上变化,即设 x 是 t 的函数 $x=x(t)$, 于是方程(5.1.2)被限制在曲线 $x=x(t)$ 上,这样就可将问题(5.1.2)、(5.1.3)化为一个常微分方程定解问题求解.

设
$$x=x(t,c) \tag{5.1.4}$$
是常微分方程初值问题

$$\begin{cases}\dfrac{\mathrm{d}x}{\mathrm{d}t}=a(x,t),\\ x(0)=c\end{cases} \tag{5.1.5}$$

的解,则称曲线(5.1.4)为一阶偏微分方程(5.1.2)过点$(0,c)$的**特征线**,称常微分方程(5.1.5)为一阶偏微分方程(5.1.2)的**特征方程**.

下面将沿着特征线把方程(5.1.2)转化为常微分方程.由于 x 是 t 的函数,记 $U(t)=u(x,t)=u(x(t),t)$, 其关于时间的导数为

$$\frac{\mathrm{d}U}{\mathrm{d}t}=\frac{\partial u}{\partial x}\frac{\mathrm{d}x}{\mathrm{d}t}+\frac{\partial u}{\partial t}=u_t+a(x,t)u_x,$$

代入(5.1.2)式、(5.1.3)式得常微分方程的定解问题：

$$\begin{cases}\dfrac{\mathrm{d}U}{\mathrm{d}t}+b(x,t)U(t)=f(x(t),t),\\ U(0)=u(x(0),0)=u(c,0)=\varphi(c).\end{cases}$$

这是一个含参变量 c 的常微分方程初值问题，故 $U(t)=U(t,c)$. 现令 c 取遍所有可能值(即特征线扫遍定解区域)，并从特征方程 $x=x(t,c)$ 反解出参数 $c=c(x,t)$，代入到 $U(t)=U(t,c(x,t))$，就得到定解问题 $u(x,t)=U(t,c(x,t))$.

例 5.1

求解下列柯西问题：

$$\begin{cases}u_t+(x+t)u_x+u=x, & -\infty<x<+\infty,t>0,\\ u|_{t=0}=x.\end{cases}\tag{5.1.6}$$

解 求特征线.写出特征线方程

$$\begin{cases}\dfrac{\mathrm{d}x}{\mathrm{d}t}=x+t,\\ x(0)=c.\end{cases}$$

其解为

$$x(t)=\mathrm{e}^t-t-1+c\mathrm{e}^t.\tag{5.1.7}$$

将问题(5.1.6)化为常微分方程问题并求解.令 $U(t)=u(x(t),c)$，由问题(5.1.6)—(5.1.7)式，得

$$\begin{cases}\dfrac{\mathrm{d}U}{\mathrm{d}t}+U(t)=\mathrm{e}^t-t-1+c\mathrm{e}^t,\\ U(0)=u(x(0),0)=u(c,0)=c.\end{cases}$$

这个常微分方程初值问题的解为

$$U(t)=-t+\frac{1}{2}(\mathrm{e}^t-\mathrm{e}^{-t})+\frac{c}{2}(\mathrm{e}^t-\mathrm{e}^{-t})\tag{5.1.8}$$

反解参数 c. 由(5.1.7)式，得

$$c=(x+t+1)\mathrm{e}^{-t}-1,$$

代入(5.1.8)式，得到定解问题(5.1.6)的解为

$$u(x,t)=\frac{1}{2}(x-t+1)-\mathrm{e}^{-t}+\frac{1}{2}(x+t+1)\mathrm{e}^{-2t}.$$

注意：二元函数的一阶偏微分方程的初值问题特征线法可推广到含多个变量的一阶偏微分方程初值问题的求解.对于多变量函数 $u(\boldsymbol{x},t)$（其中 $(\boldsymbol{x},t)\in\mathbf{R}^n\times\mathbf{R}$）的一阶偏微分方程初值问题：

$$\begin{cases}u_t+\displaystyle\sum_{i=1}^{n}a_i(\boldsymbol{x},t)u_{x_i}+b(\boldsymbol{x},t)u=f(\boldsymbol{x},t), & \boldsymbol{x}\in\mathbf{R}^n,t>0,\\ u|_{t=0}=\varphi(\boldsymbol{x}).\end{cases}\tag{5.1.9}$$

与两个自变量的情形相似，称

$$\begin{cases}\dfrac{\mathrm{d}x_i}{\mathrm{d}t}=a(\boldsymbol{x},t),\\ x_i(0)=c_i\end{cases}\quad (i=1,2,\cdots,n)$$

为问题(5.1.9)的特征线方程组.沿着特征线方程组的解可将问题(5.1.9)化为常微分方程定解问题:

$$\begin{cases}\dfrac{\mathrm{d}U}{\mathrm{d}t}+b(\boldsymbol{x}(t),t)U(t)=f(\boldsymbol{x}(t),t),\\ U(0)=u(\boldsymbol{x}(0),0)=\varphi(c).\end{cases}$$

例 5.2

求解下列柯西问题:

$$\begin{cases}u_t+xu_x+yu_y+u=0, & x,y\in\mathbf{R},t>0,\\ u(x,y,0)=\varphi(x,y).\end{cases}\tag{5.1.10}$$

解 为方便起见,记 $x=x_1,y=x_2$. 特征线方程组

$$\begin{cases}\dfrac{\mathrm{d}x_i}{\mathrm{d}t}=x_i,\\ x_i(0)=c_i\end{cases}\quad (i=1,2)$$

的解为

$$x_i(t)=c_i\mathrm{e}^t\quad (i=1,2).\tag{5.1.11}$$

化问题(5.1.10)为常微分方程问题并求解.令 $U(t)=u(x_1(t),x_2(t),t)$,则

$$\begin{cases}\dfrac{\mathrm{d}U}{\mathrm{d}t}+U(t)=0,\\ U(0)=\varphi(c_1,c_2),\end{cases}$$

其解为

$$U(t)=\varphi(c_1,c_2)\mathrm{e}^{-t}.\tag{5.1.12}$$

反解出定解参数.由(5.1.11)式,得

$$c_i=x_i\mathrm{e}^{-t}\quad (i=1,2),$$

代入(5.1.12)式,即得定解问题(5.1.10)的解为

$$u(x,y,t)=\varphi(x\mathrm{e}^{-t},y\mathrm{e}^{-t})\mathrm{e}^{-t}.$$

5.2 一维波动方程的初值问题

在解决常微分方程所描述的工程实际问题时,一般先求出常微分方程的通解,然后再利用所给的定解条件去求通解中含有的任意常数,最终得到满足所给条件的特解.这种求解方法能否推广到偏微分方程中去呢?一般情况下,随着自变量个数的增加,偏微分方程的通解更加难以求

出,且偏微分方程的通解都含有任意函数,这种任意函数很难由定解条件确定为具体的函数.所以在求解数学物理方程时,主要采取通过分析各类具体的定解问题,直接求出符合定解条件的特解的方法.但事情没有绝对的,对某些特定的偏微分方程,我们可以先求出含有任意函数的通解,然后根据定解条件确定出符合要求的特解.本节将运用此种方式,研究一维波动方程初值问题的求解.

5.2.1 齐次方程与达朗贝尔公式

如果我们所考察的弦无限长,或者我们只研究弦振动刚一开始的较短时间段,且距弦的边界较远的一段弦的振动情况,此时可以认为弦的边界对这一段正在振动的弦不产生影响.这样,定解问题就归结为如下形式:

$$\begin{cases} \dfrac{\partial^2 u}{\partial t^2} = a^2 \dfrac{\partial^2 u}{\partial x^2}, -\infty < x < +\infty, t > 0, & (5.2.1) \\ u\big|_{t=0} = \varphi(x), \dfrac{\partial u}{\partial t}\bigg|_{t=0} = \psi(x). & (5.2.2) \end{cases}$$

由第 1 章的内容可知,一维波动方程是双曲型方程,我们可找出两族实特征线,因此我们作出如下代换,令

$$\begin{cases} \xi = x + at, \\ \eta = x - at. \end{cases} \tag{5.2.3}$$

利用复合函数求导的规则,有

$$\frac{\partial u}{\partial x} = \frac{\partial u}{\partial \xi}\frac{\partial \xi}{\partial x} + \frac{\partial u}{\partial \eta}\frac{\partial \eta}{\partial x} = \frac{\partial u}{\partial \xi} + \frac{\partial u}{\partial \eta},$$

$$\frac{\partial^2 u}{\partial x^2} = \frac{\partial}{\partial \xi}\left(\frac{\partial u}{\partial x}\right)\frac{\partial \xi}{\partial x} + \frac{\partial}{\partial \eta}\left(\frac{\partial u}{\partial x}\right)\frac{\partial \eta}{\partial x} = \frac{\partial^2 u}{\partial \xi^2} + 2\frac{\partial^2 u}{\partial \xi \partial \eta} + \frac{\partial^2 u}{\partial \eta^2}.$$

同理可得

$$\frac{\partial^2 u}{\partial t^2} = a^2\left[\frac{\partial^2 u}{\partial \xi^2} - 2\frac{\partial^2 u}{\partial \xi \partial \eta} + \frac{\partial^2 u}{\partial \eta^2}\right],$$

将其代入方程(5.2.1),得

$$\frac{\partial^2 u}{\partial \xi \partial \eta} = 0,$$

对上式关于 ξ 积分,得

$$\frac{\partial u}{\partial \eta} = f(\eta). \tag{5.2.4}$$

对(5.2.4)式再关于 η 积分,得

$$u = \int f(\eta)\,\mathrm{d}\eta + f_1(\xi) = f_1(\xi) + f_2(\eta),$$

即

$$u(x,t) = f_1(x + at) + f_2(x - at), \tag{5.2.5}$$

其中 f_1, f_2 是二阶连续可微的任意函数,这样,(5.2.5)式可以被认为是方程(5.2.1)的通解.

将(5.2.5)式代入初始条件(5.2.2)中,有

$$\begin{cases} f_1(x)+f_2(x)=\varphi(x), & (5.2.6)\\ af_1'(x)-af_2'(x)=\psi(x). & (5.2.7)\end{cases}$$

将(5.2.7)式的两侧同时在区间 $[0,x]$ 上积分,得

$$f_1(x)-f_2(x)=\frac{1}{a}\int_0^x\psi(\xi)\,\mathrm{d}\xi+C, \tag{5.2.8}$$

联立(5.2.6)式,(5.2.8)式,解关于 $f_1(x)$,$f_2(x)$ 的方程,有

$$f_1(x)=\frac{1}{2}\varphi(x)+\frac{1}{2a}\int_0^x\psi(\xi)\,\mathrm{d}\xi+\frac{C}{2},$$

$$f_2(x)=\frac{1}{2}\varphi(x)-\frac{1}{2a}\int_0^x\psi(\xi)\,\mathrm{d}\xi-\frac{C}{2}.$$

将 $f_1(x)$,$f_2(x)$ 代入(5.2.5)式中,即得到定解问题的解为

$$u(x,t)=\frac{1}{2}[\varphi(x+at)+\varphi(x-at)]+\frac{1}{2a}\int_{x-at}^{x+at}\psi(\xi)\,\mathrm{d}\xi. \tag{5.2.9}$$

(5.2.9)式称为无限长弦自由振动的**达朗贝尔公式**,由(5.2.5)式知,描述弦的自由振动的方程,其解可以表示成 $f_1(x+at)$,$f_2(x-at)$ 之和,通过对它们进一步的分析,我们可以更清楚地看出振动波传播的特点.

首先设 $u_1=f_1(x+at)$,显然,它是方程(5.2.1)的解,当 t 取不同的值时就可以得到弦在各个时刻的振动状态. $t=0$ 时, $u_1(x,0)=f_1(x)$,它对应的初始时刻的状态,如图5-1虚线所示.经过 t_0 这段时间后, $u_1(x,t_0)=f_1(x+at_0)$ 相当于原来的虚线图形向左平移了 at_0 这段距离(如图5-1中实线所示).随着时间 t 的推移,这个图形将继续向左平移,移动距离为 at. 这说明当方程(5.2.1)的解表示为 $u_1(x,t)=f_1(x+at)$ 时,振动形成的波是以速度 a 向左传播的.因此,函数 $f(x+at)$ 所描述的振动现象称为**左传播波**. 同样形如 $u_2(x,t)=f_2(x-at)$ 的函数所描述的振动现象称为**右传播波**.由此可见,达朗贝尔公式表明:弦上的任意扰动,总是以行波的形式分别向两侧传播的,其传播的速度恰是弦振动方程中的常数 a. 基于这种原因,本节所用的方法又称**行波法**.

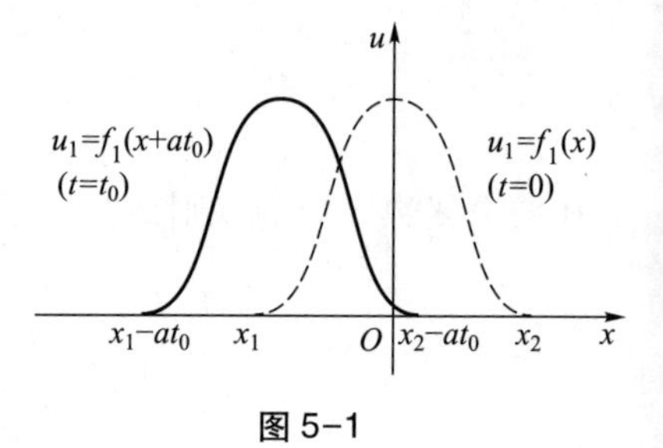

图 5-1

由达朗贝尔公式(5.2.9)可见,对于上半平面内任意一固定点 (x,t) ,解在该处的数值仅依赖于初始条件在 x 轴的区间 $[x-at,x+at]$ 上的值,而与其他点上的初始条件无关,因此我们将这个区间称为点 (x,t) 的**依赖区间**,它是过 (x,t) 点分别作斜率为 $\pm\dfrac{1}{a}$ 的直线与 x 轴相交所截得的区间,如图5-2所示.

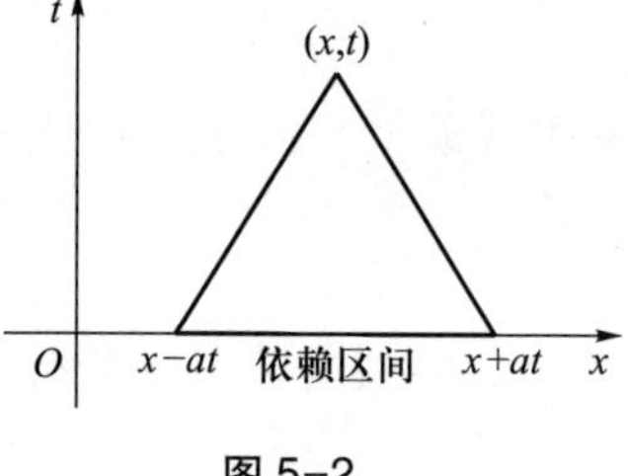

图 5-2

初始时刻 $t=0$ 时,取 x 轴上的一个区间 $[x_1,x_2]$,过点 x_1 作斜率为 $\dfrac{1}{a}$ 的直线 $x=x_1+at$, 过点 x_2 作一个斜率为 $-\dfrac{1}{a}$ 的直线 $x=x_2-at$, 构成一个三角形区域,

如图 5-3 所示.此三角形域中任意一点 (x,t) 的依赖区间都落在 $[x_1,x_2]$ 的内部,因此,解在此三间形区域中的值完全由区间 $[x_1,x_2]$ 上的初始条件所决定,而与此区间外的初始条件无关,于是图 5-3 中的三角形区域就称为 $[x_1,x_2]$ 的**决定区域**.给定区间 $[x_1,x_2]$ 上的初始条件,就可以在其决定区域内确定初值问题的解.

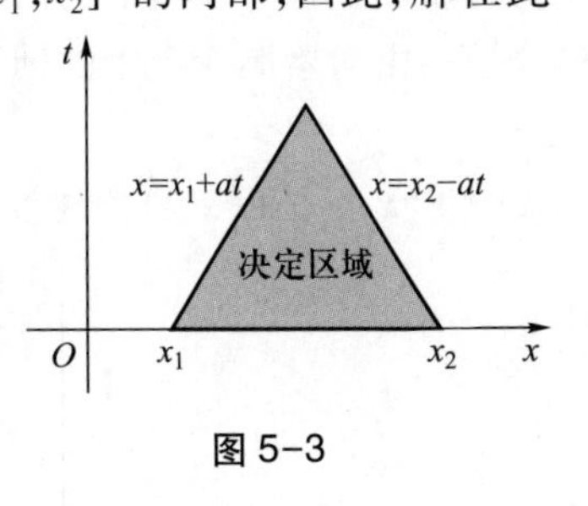

图 5-3

若过点 x_1,x_2 分别作直线 $x=x_1-at$, $x=x_2+at$, 得到平面区域

$$\{(x,t)\mid x_1-at\leqslant x\leqslant x_2+at\},$$

而该区域内任意一点(x,t)的依赖区间与区间 $[x_1,x_2]$ 都有非空交集,即 $u(x,t)$ 的数值受到区间 $[x_1,x_2]$ 的影响,因此称区域 $\{(x,t)|x_1-at\leqslant x\leqslant x_2+at\}$ 为区间 $[x_1,x_2]$ 的**影响区域**,如图 5-4.

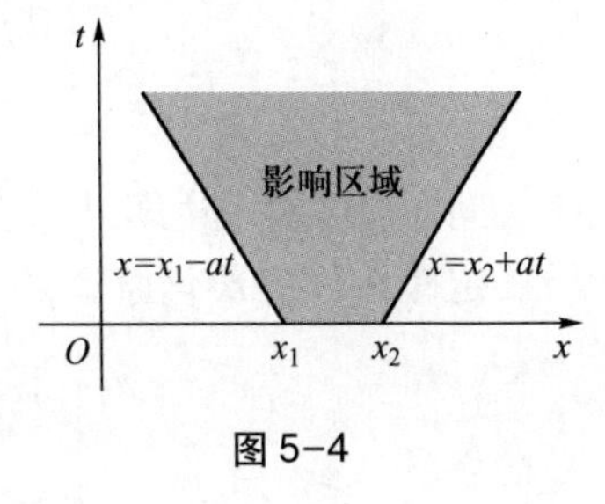

图 5-4

由上述内容可见,在 xOt 平面上,斜率为 $\pm\dfrac{1}{a}$ 的两族直线 $x\pm at=C$ (常数)在研究一维波动方程时起着重要的作用,这两族直线称为一维波动方程(5.2.1)的**特征线**.在特征线 $x+at=C_2$ 上,左行波 $u_2(x,t)=f_2(x+at)$ 的振幅取常数值 $f_2(C_2)$;在特征线 $x-at=C_1$ 上,右行波 $u_1(x,t)=f_1(x-at)$ 的振幅取常数值 $f_1(C_1)$. 因此波动实际上是沿着特征线传播的,所以行波法又称为**特征线法**.

若初始条件中 $\psi(x)=0$, 则有

$$u(x,t)=\frac{1}{2}[\varphi(x+at)+\varphi(x-at)],$$

则点 (x,t) 处的状态只是由初始数据 φ 在区间 $[x-at,x+at]$ 上的两个端点的值唯一确定,它表示初始数据 $\varphi(x)$ 以 $\dfrac{1}{2}\varphi(x)$ 的波形,以速度 a 分别向左、右传播,这是一种无累积效应(即无后效)的传播.

若 $\varphi(x)=0$, 则

$$u(x,t)=\frac{1}{2a}\int_{x-at}^{x+at}\psi(\xi)\mathrm{d}\xi,$$

点 (x,t) 的状态依赖于初始数据 ψ 在整个区间 $[x-at,x+at]$ 上的值,这是一种有累积的效应(即有后效)的传播.

5.2.2 非齐次方程与齐次化原理

当弦的振动受到外力干扰时,定解问题归结为

$$\begin{cases}\dfrac{\partial^2 u}{\partial t^2}=a^2\dfrac{\partial^2 u}{\partial x^2}+f(x,t), \quad -\infty<x<+\infty,t>0, & (5.2.10)\\ u|_{t=0}=\varphi(x),\dfrac{\partial u}{\partial t}|_{t=0}=\psi(x). & (5.2.11)\end{cases}$$

此时振动位移可以分解为两部分:一部分是仅由外力引起的纯强迫振动位移 $V(x,t)$;另外一部分是仅由初始形变产生的回复力使弦产生的位移 $W(x,t)$. 即

$$u(x,t)=V(x,t)+W(x,t),$$

式中 $V(x,t)$, $W(x,t)$ 分别满足下述定解问题:

$$(\mathrm{I})\begin{cases}\dfrac{\partial^2 V}{\partial t^2}=a^2\dfrac{\partial^2 V}{\partial x^2}+f(x,t), & -\infty<x<+\infty,t>0,\\ V\big|_{t=0}=0,\dfrac{\partial V}{\partial t}\Big|_{t=0}=0,\end{cases}$$

$$(\mathrm{II})\begin{cases}\dfrac{\partial^2 W}{\partial t^2}=a^2\dfrac{\partial^2 W}{\partial x^2}, & -\infty<x<+\infty,t>0,\\ W\big|_{t=0}=\varphi(x),\dfrac{\partial W}{\partial t}\Big|_{t=0}=\psi(x).\end{cases}$$

问题(II)应用达朗贝尔公式即可解出,而问题(I)则要应用下面的齐次化原理求解.

定理 5.1(齐次化原理) 若 $W(x,t,\tau)$ 是定解问题

$$\begin{cases}\dfrac{\partial^2 W}{\partial t^2}=a^2\dfrac{\partial^2 W}{\partial x^2}, \quad -\infty<x<+\infty,t>\tau, & (5.2.12)\\ W\big|_{t=\tau}=0, & (5.2.13)\\ \dfrac{\partial W}{\partial t}\Big|_{t=\tau}=f(x,\tau) & (5.2.14)\end{cases}$$

的解,则初值问题

$$\begin{cases}\dfrac{\partial^2 u}{\partial t^2}=a^2\dfrac{\partial^2 u}{\partial x^2}+f(x,t), & -\infty<x<+\infty,t>0,\\ u\big|_{t=0}=0,\dfrac{\partial u}{\partial t}\Big|_{t=0}=0\end{cases}$$

的解为

$$u(x,t)=\int_0^t W(x,t,\tau)\mathrm{d}\tau. \tag{5.2.15}$$

由齐次化原理可得定解问题(I)的解为

$$V(x,t)=\frac{1}{2a}\int_0^t\int_{x-a(t-\tau)}^{x+a(t-\tau)}f(\xi,\tau)\mathrm{d}\xi\mathrm{d}\tau,$$

因此非齐次方程(5.2.10)的解为

$$u(x,t)=\frac{1}{2}[\varphi(x+at)+\varphi(x-at)]+\frac{1}{2a}\int_{x-at}^{x+at}\psi(\xi)\mathrm{d}\xi+\frac{1}{2a}\int_0^t\int_{x-a(t-\tau)}^{x+a(t-\tau)}f(\xi,\tau)\mathrm{d}\xi\mathrm{d}\tau. \tag{5.2.16}$$

齐次化原理巧妙地解决了两端无限长的弦的纯强迫振动的初值问题,下面我们补上它的数学证明,首先研究一个对含参数积分求导的问题.

引理 5.1 令

$$U(x)=\int_a^x f(x,s)\,\mathrm{d}s,$$

a 是固定常数,则

$$\frac{\mathrm{d}}{\mathrm{d}x}U(x)=f(x,x)+\int_a^x\frac{\partial}{\partial x}f(x,s)\,\mathrm{d}s.$$

证明 定义二元函数

$$\boldsymbol{\Phi}(x,y)=\int_a^y f(x,s)\,\mathrm{d}s.$$

由微积分基本定理,有

$$\frac{\partial}{\partial y}\boldsymbol{\Phi}(x,y)=\frac{\partial}{\partial y}\int_a^y f(x,s)\,\mathrm{d}s=f(x,y).$$

同样,在积分号下求导得到

$$\frac{\partial}{\partial x}\boldsymbol{\Phi}(x,y)=\frac{\partial}{\partial x}\int_a^y f(x,s)\,\mathrm{d}s=\int_a^y\frac{\partial}{\partial x}f(x,s)\,\mathrm{d}s.$$

现假设 y 是 x 的函数,记为 $y=f(x)$,则由多元函数的链式求导法则得到

$$\begin{aligned}\frac{\mathrm{d}}{\mathrm{d}x}\boldsymbol{\Phi}(x,y(x))&=\frac{\partial}{\partial x}\boldsymbol{\Phi}(x,y(x))+\frac{\partial}{\partial y}\boldsymbol{\Phi}(x,y(x))\frac{\mathrm{d}y}{\mathrm{d}x}\\&=\int_a^y\frac{\partial}{\partial x}f(x,s)\,\mathrm{d}s+f(x,y(x))\frac{\mathrm{d}y}{\mathrm{d}x}.\end{aligned}$$

令 $U(x)=\boldsymbol{\Phi}(x,y(x))$,取 $y(x)=x$,则命题得证.

对于齐次化原理的证明,我们只需证明(5.2.15)式定义的函数 $u(x,t)$ 满足定解问题(I)即可.具体证明过程如下.

证明 由引理 5.1 可知

$$\frac{\partial u(x,t)}{\partial t}=\frac{\partial}{\partial t}\int_0^t W(x,t,\tau)\,\mathrm{d}\tau=W(x,t,t)+\int_0^t\frac{\partial W(x,t,\tau)}{\partial t}\mathrm{d}\tau.$$

根据 $W(x,t,\tau)$ 满足的初始条件(5.2.13),有 $W(x,t,t)=0$,则有

$$\frac{\partial u(x,t)}{\partial t}=\int_0^t\frac{\partial W(x,t,\tau)}{\partial t}\mathrm{d}\tau,$$

$$u(x,t)\big|_{t=0}=\int_0^t W(x,t,\tau)\,\mathrm{d}\tau\big|_{t=0}=\int_0^0 W(x,t,\tau)\,\mathrm{d}\tau=0,$$

$$\left.\frac{\partial u(x,t)}{\partial t}\right|_{t=0}=\frac{\partial}{\partial t}\int_0^t W(x,t,\tau)\,\mathrm{d}\tau\big|_{t=0}=\int_0^t\frac{\partial W(x,t,\tau)}{\partial t}\mathrm{d}\tau\big|_{t=0}=0,$$

所以 $u(x,t)$ 满足定解问题的初始条件.

将 $u(x,t)=\int_0^t W(x,t,\tau)\,\mathrm{d}\tau$ 代入数学物理方程,有

$$\begin{aligned}\frac{\partial^2 u(x,t)}{\partial t^2}&=\frac{\partial}{\partial t}\left(\frac{\partial}{\partial t}u(x,t)\right)=\frac{\partial}{\partial t}\left(\int_0^t\frac{\partial W(x,t,\tau)}{\partial t}\mathrm{d}\tau\right)\\&=\left.\frac{\partial W(x,t,\tau)}{\partial t}\right|_{\tau=t}+\int_0^t\frac{\partial^2 W(x,t,\tau)}{\partial t^2}\mathrm{d}\tau.\end{aligned}\tag{5.2.17}$$

由于 W 满足

$$\frac{\partial^2 W}{\partial t^2}=a^2\frac{\partial^2 W}{\partial x^2},\ \frac{\partial W}{\partial t}\bigg|_{t=\tau}=f(x,\tau),$$

所以在(5.2.17)式中

$$\frac{\partial W(x,t,\tau)}{\partial t}\bigg|_{\tau=t}=f(x,t),$$

且

$$\int_0^t\frac{\partial^2 W(x,t,\tau)}{\partial t^2}\mathrm{d}\tau=\int_0^t a^2\frac{\partial^2 W(x,t,\tau)}{\partial x^2}\mathrm{d}\tau=a^2\frac{\partial^2}{\partial x^2}\int_0^t W(x,t,\tau)\mathrm{d}\tau=a^2\frac{\partial^2 u(x,t)}{\partial x^2},$$

即得到等式

$$\frac{\partial^2 u(x,t)}{\partial t^2}=a^2\frac{\partial^2 u(x,t)}{\partial x^2}+f(x,t),$$

所以,$u(x,t)$ 既满足数学物理方程,又满足初始条件,则齐次化原理得证.

在求解非齐次波动方程的初值问题时,齐次化原理发挥了巨大的作用.这个原理是怎么产生的?数学上的演绎证明没有给出答案.下面,我们通过所要解决的物理模型,简要介绍齐次化原理的发现过程.

从第1章推导弦振动方程的过程可知,纯强迫振动的定解问题

$$\begin{cases}\dfrac{\partial^2 u}{\partial t^2}=a^2\dfrac{\partial^2 u}{\partial x^2}+f(x,t),\\ u\big|_{t=0}=0,\dfrac{\partial u}{\partial t}\bigg|_{t=0}=0\end{cases}$$

中的自由项 $f(x,t)$ 表示 t 时刻 x 点处的单位质量所受的外力,$\dfrac{\partial u}{\partial t}$ 表示速度.从物理过程可以清楚地看到,$f(x,t)$ 是从时刻 $t=0$ 一直延续到时刻 t 的持续作用力.依据叠加原理,我们可以将持续力 $f(x,t)$ 所引起的振动 $u(x,t)$ 视为一系列前后相继的瞬时力 $f(x,t,t_j)$ $(0\leqslant t_j\leqslant t,j=1,2,\cdots)$ 所引起的振动 $\widetilde{W}(x,t,t_j)$ 的叠加.

我们要研究瞬时力 $f(x,t,t_j)$ 所引起的振动问题,就得考虑小时段 Δt_j 中弦振动的物理过程.首先将时段 $[0,t]$ 划分成若干个小时段:

$$\Delta t_j=t_{j+1}-t_j\quad(j=1,2,\cdots,k).$$

在每个小时段 Δt_j 中,我们近似认为 $f(x,t)$ 与时间 t 无关,从而点 x 在时段 Δt_j 内受到的强迫力就是 $f(x,t_j)$.

由冲量定理可知,在时段 Δt_j 内,强迫力所产生的速度改变量为 $f(x,t_j)\Delta t_j$.若我们把时段 Δt_j 内得到的速度改变量,看作是在时刻 $t=t_j$ 的一瞬间集中得到的,而在 Δt_j 的其余时间内没有冲量的作用,即没有外力的作用,则在 Δt_j 这段时间内,瞬时力 $f(x,t_j)$ 所引起的振动的定解问题可表示为

$$\begin{cases}\dfrac{\partial^2 \widetilde{W}}{\partial t^2}=a^2\dfrac{\partial^2 \widetilde{W}}{\partial x^2},\quad t>t_j,\\ \widetilde{W}\big|_{t=t_j}=0,\dfrac{\partial \widetilde{W}}{\partial t}\bigg|_{t=t_j}=f(x,t_j)\Delta t_j,\end{cases}\tag{5.2.18}$$

其解记为 $\tilde{W}(x,t,t_j,\Delta t_j)$，则

$$u(x,t)=\lim_{\Delta t_j\to 0}\sum_{j=1}^{k}\tilde{W}(x,t,t_j,\Delta t_j). \tag{5.2.19}$$

记 $\tilde{W}(x,t,t_j,\Delta t_j)=W(x,t,t_j)\Delta t_j$, $t_j=\tau$, 代入定解问题 (5.2.18),可得

$$\begin{cases}\dfrac{\partial^2 W}{\partial t^2}=a^2\dfrac{\partial^2 W}{\partial x^2}, & t>\tau,\\ W\big|_{t=\tau}=0,\dfrac{\partial W}{\partial t}\Big|_{t=\tau}=f(x,\tau).\end{cases}$$

因此,由(5.2.19)式,原定解问题的解

$$u(x,t)=\lim_{\Delta t_j\to 0}\sum_{j=1}^{k}\tilde{W}(x,t,t_j,\Delta t_j)=\lim_{\Delta t_j\to 0}\sum_{j=1}^{k}W(x,t,t_j)\Delta t_j=\int_0^t W(x,t,\tau)\,\mathrm{d}\tau.$$

齐次化原理又称为杜阿梅尔(Duhamel)原理,它是从众多实际问题中凝练出来的数学工具之一.这同时也表明,任何一个数学理论都有其深刻的实际背景,而不是凭空的想象.

5.2.3 行波法与分离变量法

对一维波动方程求解,第 2 章由分离变量法得出了傅里叶级数形式的求解公式,本章由行波法推出了积分形式的达朗贝尔公式.它们在形式上虽然不一样,但在本质上是不矛盾的.我们运用延拓的方式,可以说明二者是等价的.对定解问题

$$\begin{cases}\dfrac{\partial^2 u}{\partial t^2}=a^2\dfrac{\partial^2 u}{\partial x^2}, & 0<x<l,t>0,\\ u\big|_{x=0}=0,u\big|_{x=l}=0,\\ u\big|_{t=0}=\varphi(x),\dfrac{\partial u}{\partial t}\Big|_{t=0}=\psi(x).\end{cases}$$

由高等数学中的结论可知:对可微函数 $F(x)$, 若 $F(-x)=F(x)$, 则 $F'(0)=0$;若 $F(-x)=-F(x)$, 则 $F(0)=0$. 因此,在将函数延拓的时候,为了满足 $u(0,t)=0$, 需做奇延拓,即将初值 $u=\varphi(x)$ 由 $(0,l)$ 奇延拓到 $(-l,l)$ 上,再以 $2l$ 为周期延拓到 $(-\infty,+\infty)$ 上,定义为 $\Phi(x)$;同理,将 $\psi(x)$ 延拓为周期为 $2l$ 的函数 $\Psi(x)$. 这样当 $0<x<l$ 时,有

$$\varphi(x)\equiv\Phi(x),\psi(x)\equiv\Psi(x),u(x,t)\equiv V(x,t),$$

于是我们有

$$\begin{cases}\dfrac{\partial^2 V}{\partial t^2}=a^2\dfrac{\partial^2 V}{\partial x^2}, & -\infty<x<+\infty,t>0,\\ V\big|_{t=0}=\Phi(x),\dfrac{\partial V}{\partial t}\Big|_{t=0}=\Psi(x),\end{cases}$$

$$V(x,t)=\frac{1}{2}[\Phi(x+at)+\Phi(x-at)]+\frac{1}{2a}\int_{x-at}^{x+at}\Psi(\xi)\,\mathrm{d}\xi.$$

将 $\Phi(x)$,$\Psi(x)$ 展开为 $\sin\frac{n\pi}{l}x$ 的傅里叶级数,有

$$\Phi(x)=\sum_{n=1}^{\infty}\tilde{b}_n\sin\frac{n\pi}{l}x,$$

式中

$$\tilde{b}_n=\frac{2}{l}\int_0^l\Phi(x)\sin\frac{n\pi}{l}x\mathrm{d}x=\frac{2}{l}\int_0^l\varphi(x)\sin\frac{n\pi}{l}x\mathrm{d}x;$$

$$\Psi(x)=\sum_{n=1}^{\infty}b_n\sin\frac{n\pi}{l}x,$$

式中

$$b_n=\frac{2}{l}\int_0^l\Psi(x)\sin\frac{n\pi}{l}x\mathrm{d}x=\frac{2}{l}\int_0^l\psi(x)\sin\frac{n\pi}{l}x\mathrm{d}x.$$

于是

$$\begin{aligned}V(x,t)&=\frac{1}{2}\left[\sum_{n=1}^{\infty}\tilde{b}_n\sin\frac{n\pi}{l}(x+at)+\sum_{n=1}^{\infty}\tilde{b}_n\sin\frac{n\pi}{l}(x-at)\right]+\frac{1}{2a}\int_{x-at}^{x+at}\sum_{n=1}^{\infty}b_n\sin\frac{n\pi}{l}\xi\mathrm{d}\xi\\&=\frac{1}{2}\sum_{n=1}^{\infty}\tilde{b}_n\left[\left(\sin\frac{n\pi}{l}x\cos\frac{n\pi a}{l}t+\cos\frac{n\pi}{l}x\sin\frac{n\pi a}{l}t\right)+\right.\\&\quad\left.\left(\sin\frac{n\pi}{l}x\cos\frac{n\pi a}{l}t-\cos\frac{n\pi}{l}x\sin\frac{n\pi a}{l}t\right)\right]+\\&\quad\frac{1}{2a}\sum_{n=1}^{\infty}b_n\left(-\frac{l}{n\pi}\right)\left[\cos\frac{n\pi}{l}(x+at)-\cos\frac{n\pi}{l}(x-at)\right]\\&=\sum_{n=1}^{\infty}\tilde{b}_n\cos\frac{n\pi a}{l}t\sin\frac{n\pi}{l}x+\sum_{n=1}^{\infty}\frac{l}{n\pi a}b_n\sin\frac{n\pi a}{l}t\sin\frac{n\pi}{l}x\\&=\sum_{n=1}^{\infty}\left[\tilde{b}_n\cos\frac{n\pi a}{l}t+\frac{l}{n\pi a}b_n\sin\frac{n\pi a}{l}t\right]\sin\frac{n\pi}{l}x.\end{aligned}$$

当 $x\in(0,l)$ 时,

$$V(x,t)\equiv u(x,t).$$

所以,有界弦的振动方程的解仍为

$$u(x,t)=\sum_{n=1}^{\infty}\left[\tilde{b}_n\cos\frac{n\pi a}{l}t+\frac{l}{n\pi a}b_n\sin\frac{n\pi a}{l}t\right]\sin\frac{n\pi}{l}x.$$

与当时得到的结果是一致的.

例 5.3

用行波法解下面的定解问题

$$\begin{cases}u_{xx}-u_{xy}-2u_{yy}=0,\quad x>0,-\infty<y<+\infty,\\u(0,y)=5y^2,u_x(0,y)=-2y.\end{cases}\tag{5.2.20}$$

解 原偏微分方程对应的特征方程是

$$dy^2 + dxdy - 2dx^2 = 0,$$

即

$$(dy - dx)(dy + 2dx) = 0,$$

由此可以解出两族特征线：

$$x - y = C, 2x + y = C_2.$$

做自变量代换，令 $\xi = x - y, \eta = 2x + y$，利用复合函数求导法，原偏微分方程在新坐标系下化简为

$$u_{\xi\eta}(\xi, \eta) = 0,$$

该方程的解具有形式 $u(\xi, \eta) = f(\xi) + g(\eta)$，返回到 x, y 坐标就得到原方程的解

$$u(x, y) = f(x - y) + g(2x + y). \tag{5.2.21}$$

下面利用问题(5.2.20)中的初始条件来确定待定函数 f, g，它们满足

$$\begin{cases} f(-y) + g(y) = 5y^2, \\ f'(-y) + 2g'(y) = -2y. \end{cases}$$

由此可解出

$$g(y) = \frac{4}{3}y^2 + \frac{1}{3}C, \quad f(-y) = \frac{11}{3}y^2 - \frac{1}{3}C.$$

把此表达式代入(5.2.21)式即得到问题的解为

$$u(x, y) = \frac{11}{3}(x - y)^2 + \frac{4}{3}(2x + y)^2.$$

5.3 延拓法求解半无限长弦的振动问题

5.3.1 半无限长弦的自由振动

若振动中的弦，其一端固定在原点，另一端无限长，这样的问题称为半无限长弦的振动，定解问题归纳为

$$\begin{cases} \dfrac{\partial^2 u}{\partial t^2} = a^2 \dfrac{\partial^2 u}{\partial x^2}, \quad 0 < x < +\infty, t > 0, & (5.3.1) \\ u|_{x=0} = 0, & (5.3.2) \\ u|_{t=0} = \varphi(x), \dfrac{\partial u}{\partial t}\Big|_{t=0} = \psi(x). & (5.3.3) \end{cases}$$

这个问题不能直接用达朗贝尔公式求解.随着时间 t 的变化，会出现 $x - at < 0$ 这种情况，而初值 $\varphi(x)$，$\psi(x)$ 在 $x < 0$ 时无定义，因此达朗贝尔公式(5.2.9)不能用于本问题的求解.为了借鉴已有结论，我们利用延拓的方法，把问题的研究范围由 $(0, +\infty)$ 延拓到 $(-\infty, +\infty)$ 上去，因此，我们考虑新的定解问题

$$\begin{cases} \dfrac{\partial^2 V}{\partial t^2} = a^2 \dfrac{\partial^2 V}{\partial x^2}, \quad -\infty < x < +\infty, t > 0, & (5.3.4) \\ V|_{x=0} = 0, & (5.3.5) \\ V|_{t=0} = \Phi(x), \dfrac{\partial V}{\partial t}\Big|_{t=0} = \Psi(x), & (5.3.6) \end{cases}$$

式中，$\Phi(x), \Psi(x)$ 是未知的函数，定义域为 $(-\infty, +\infty)$. 当 $x > 0$ 时，$\Phi(x) = \varphi(x)$，$\Psi(x) = \psi(x)$. 因此，当 $x > 0$ 时，问题(5.3.1)—(5.3.3)与问题(5.3.4)—(5.3.6)是同样的问题，因此它们的解是恒等的，此时，$V(x,t) = u(x,t)$.

应用达朗贝尔公式，问题(5.3.4)—(5.3.6)的解为

$$V(x,t) = \frac{1}{2}[\Phi(x+at) + \Phi(x-at)] + \frac{1}{2a}\int_{x-at}^{x+at} \Psi(\xi)\mathrm{d}\xi. \tag{5.3.7}$$

由(5.3.5)式，有

$$\frac{1}{2}[\Phi(at) + \Phi(-at)] + \frac{1}{2a}\int_{-at}^{at} \Psi(\xi)\mathrm{d}\xi = 0, \tag{5.3.8}$$

满足这个关系式的函数 $\Phi(x), \Psi(x)$ 的形式可能有很多种，我们只考虑其中的一种. 当 $\Phi(x)$，$\Psi(x)$ 为奇函数时，(5.3.7)式显然成立，这样我们就取

$$\Phi(x) = \begin{cases} \varphi(x), & x > 0, \\ -\varphi(-x), & x < 0, \end{cases}$$

$$\Psi(x) = \begin{cases} \psi(x), & x > 0, \\ -\psi(-x), & x < 0, \end{cases}$$

则当 $x > 0$ 时，我们由(5.3.7)式可以得到问题(5.3.1)—(5.3.3)的解 $u(x,t)$：

(1) $x - at > 0$ 时

$$\begin{aligned} u(x,t) &= \frac{1}{2}[\Phi(x+at) + \Phi(x-at)] + \frac{1}{2a}\int_{x-at}^{x+at} \Psi(\xi)\mathrm{d}\xi \\ &= \frac{1}{2}[\varphi(x+at) + \varphi(x-at)] + \frac{1}{2a}\int_{x-at}^{x+at} \psi(\xi)\mathrm{d}\xi. \end{aligned}$$

(2) $x - at < 0$ 时

$$\begin{aligned} u(x,t) &= \frac{1}{2}[\Phi(x+at) + \Phi(x-at)] + \frac{1}{2a}\int_{x-at}^{x+at} \Psi(\xi)\mathrm{d}\xi \\ &= \frac{1}{2}[\varphi(x+at) - \varphi(at-x)] + \frac{1}{2a}\int_{0}^{x+at} \psi(\xi)\mathrm{d}\xi + \\ &\quad \frac{1}{2a}\int_{x-at}^{0} [-\psi(-\xi)]\mathrm{d}\xi \\ &= \frac{1}{2}[\varphi(x+at) - \varphi(at-x)] + \frac{1}{2a}\int_{at-x}^{x+at} \psi(\xi)\mathrm{d}\xi. \end{aligned}$$

当边界条件为其他类型时，讨论的方法不变，只是 $\Phi(x), \Psi(x)$ 的选择(延拓方式)有变化.

5.3.2 半无限长弦的强迫振动

若半无限长弦的振动含有外界的干扰，则应考虑定解问题

$$\begin{cases} \dfrac{\partial^2 u}{\partial t^2}=a^2\dfrac{\partial^2 u}{\partial x^2}+f(x,t), \quad 0<x<+\infty, t>0, \\ u|_{x=0}=0. \\ u|_{t=0}=\varphi(x), \dfrac{\partial u}{\partial t}\Big|_{t=0}=\psi(x). \end{cases}$$

同样我们研究经过延拓得到的新问题

$$\begin{cases} \dfrac{\partial^2 V}{\partial t^2}=a^2\dfrac{\partial^2 V}{\partial x^2}+F(x,t), \quad -\infty<x<+\infty, t>0, \\ V|_{x=0}=0, \\ V|_{t=0}=\Phi(x), \dfrac{\partial V}{\partial t}\Big|_{t=0}=\Psi(x). \end{cases}$$

由前述的齐次化原理得出的求解公式(5.2.16)，得

$$V(x,t)=\frac{1}{2}[\Phi(x+at)+\Phi(x-at)]+\frac{1}{2a}\int_{x-at}^{x+at}\Psi(\xi)\mathrm{d}\xi+\frac{1}{2a}\int_0^t\int_{x-a(t-\tau)}^{x+a(t-\tau)}F(\xi,\tau)\mathrm{d}\xi\mathrm{d}\tau,$$

由边界条件 $V|_{x=0}$ 得

$$\frac{1}{2}[\Phi(at)+\Phi(-at)]+\frac{1}{2a}\int_{-at}^{at}\Psi(\xi)\mathrm{d}\xi+\frac{1}{2a}\int_0^t\int_{-a(t-\tau)}^{a(t-\tau)}F(\xi,\tau)\mathrm{d}\xi\mathrm{d}\tau=0.$$

同理，我们由奇函数的性质，可以认为三项都是零，即相当于取

$$\begin{cases} \Phi(-x)=-\Phi(x), \\ \Psi(-x)=-\Psi(x), \\ F(-x,t)=-F(x,t), \end{cases}$$

这样有

$$\Phi(x)=\begin{cases} \varphi(x), & x>0, \\ -\varphi(-x), & x<0, \end{cases}$$

$$\Psi(x)=\begin{cases} \psi(x), & x>0, \\ -\psi(-x), & x<0, \end{cases}$$

$$F(x,t)=\begin{cases} f(x,t), & x>0, \\ -f(-x,t), & x<0. \end{cases}$$

当 $x>0$ 时，$V(x,t)=u(x,t)$，所以我们得到

(1) $x-at>0$ 时

$$\begin{aligned} u(x,t)&=\frac{1}{2}[\Phi(x+at)+\Phi(x-at)]+\frac{1}{2a}\int_{x-at}^{x+at}\Psi(\xi)\mathrm{d}\xi+\frac{1}{2a}\int_0^t\int_{x-a(t-\tau)}^{x+a(t-\tau)}F(\xi,\tau)\mathrm{d}\xi\mathrm{d}\tau \\ &=\frac{1}{2}[\varphi(x+at)+\varphi(x-at)]+\frac{1}{2a}\int_{x-at}^{x+at}\psi(\xi)\mathrm{d}\xi+\frac{1}{2a}\int_0^t\int_{x-a(t-\tau)}^{x+a(t-\tau)}f(\xi,\tau)\mathrm{d}\xi\mathrm{d}\tau. \end{aligned}$$

(2) $x-at<0$时

此时$x-a(t-\tau)<\xi<x+a(t-\tau)$,而积分下限$x-a(t-\tau)$的值可正可负,因此我们分析一下积分下限为负值时$\tau$的取值范围.

令$x-a(t-\tau)>0$(这里假设$a>0,a<0$时可类似地讨论),有$\tau>t-\dfrac{x}{a}$,即

$$\tau\in\left[t-\frac{x}{a},t\right]\text{ 时},\ x+a(t-\tau)>\xi>x-a(t-\tau)>0;$$

$$\tau\in\left[0,t-\frac{x}{a}\right]\text{ 时},0>\xi>x-a(t-\tau)\text{ 或 }0<\xi<x+a(t-\tau).$$

这样,有

$$\begin{aligned}u(x,t)&=\frac{1}{2}[\Phi(x+at)+\Phi(x-at)]+\frac{1}{2a}\int_{x-at}^{x+at}\Psi(\xi)\mathrm{d}\xi+\frac{1}{2a}\int_0^t\int_{x-a(t-\tau)}^{x+a(t-\tau)}F(\xi,\tau)\mathrm{d}\xi\mathrm{d}\tau\\&=\frac{1}{2}[\varphi(x+at)-\varphi(at-x)]+\frac{1}{2a}\int_{at-x}^{x+at}\psi(\xi)\mathrm{d}\xi+\frac{1}{2a}\int_{t-\frac{x}{a}}^{t}\int_{x-a(t-\tau)}^{x+a(t-\tau)}f(\xi,\tau)\mathrm{d}\xi\mathrm{d}\tau+\\&\quad\frac{1}{2a}\int_0^{t-\frac{x}{a}}\int_0^{x+a(t-\tau)}+f(\xi,\tau)\mathrm{d}\xi\mathrm{d}\tau+\frac{1}{2a}\int_0^{t-\frac{x}{a}}\int_{x-a(t-\tau)}^{0}F(\xi,\tau)\mathrm{d}\xi\mathrm{d}\tau\\&=\frac{1}{2}[\varphi(x+at)-\varphi(at-x)]+\frac{1}{2a}\int_{at-x}^{x+at}\psi(\xi)\mathrm{d}\xi+\frac{1}{2a}\int_{t-\frac{x}{a}}^{t}\int_{x-a(t-\tau)}^{x+a(t-\tau)}f(\xi,\tau)\mathrm{d}\xi\mathrm{d}\tau+\\&\quad\frac{1}{2a}\int_0^{t-\frac{x}{a}}\int_{a(t-\tau)-x}^{x+a(t-\tau)}f(\xi,\tau)\mathrm{d}\xi\mathrm{d}\tau.\end{aligned}$$

例 5.4

求解非齐次方程的定解问题

$$\begin{cases}\dfrac{\partial^2u}{\partial t^2}=a^2\dfrac{\partial^2u}{\partial x^2}+\dfrac{1}{2}(x-t), & 0<x<+\infty,t>0,\\ u\big|_{x=0}=0,\\ u\Big|_{t=0}=\sin x,\dfrac{\partial u}{\partial t}\Big|_{t=0}=1-\cos x.\end{cases}$$

解 由前面的讨论得到的公式得

(1) $x-at>0$时,有

$$u(x,t)=\sin x\cos at+t-\frac{1}{a}\sin at\cos x+\frac{xt^2}{4}-\frac{t^3}{12}.$$

(2) $x-at<0$时,有

$$u(x,t)=\left(1-\frac{1}{a}\right)\sin x\cos at+\frac{x}{a}-\frac{1}{12a^3}(x^3-3ax^2t-3a^3xt^2+3a^2xt^2).$$

5.3.3 非齐次边界条件的处理

当边界条件是非齐次的,即 $u(0,t)=g(t)$ 时,定解问题为

$$\begin{cases}\dfrac{\partial^2 u}{\partial t^2}=a^2\dfrac{\partial^2 u}{\partial x^2}, \quad 0<x<+\infty, t>0,\\ u\big|_{x=0}=g(t),\\ u\big|_{t=0}=\varphi(x), \dfrac{\partial u}{\partial t}\Big|_{t=0}=\psi(x).\end{cases}$$

我们首先作函数代换,使边界条件齐次化.令

$$u(x,t)=V(x,t)+g\left(t+\frac{x}{a}\right),$$

代入上述定解问题,则有

$$\begin{cases}\dfrac{\partial^2 V}{\partial t^2}=a^2\dfrac{\partial^2 V}{\partial x^2}, \quad 0<x<+\infty, t>0,\\ V\big|_{x=0}=0,\\ V\big|_{t=0}=\varphi(x)-g\left(\dfrac{x}{a}\right), \dfrac{\partial V}{\partial t}\Big|_{t=0}=\psi(x)-g'\left(\dfrac{x}{a}\right).\end{cases}$$

这正好是前面已经讨论过的形式,其他类型的非齐次边界条件,可以选择恰当的辅助函数,使边界条件齐次化.

5.4 高维波动方程的初值问题

上两节我们研究了一维波动方程的初值问题,得到了达朗贝尔公式.本节我们介绍三维无限空间中的波动问题,即求解下列定解问题

$$\begin{cases}\dfrac{\partial^2 u}{\partial t^2}=a^2\left(\dfrac{\partial^2 u}{\partial x^2}+\dfrac{\partial^2 u}{\partial y^2}+\dfrac{\partial^2 u}{\partial z^2}\right), \quad -\infty<x,y,z<+\infty, t>0, & (5.4.1)\\ u\big|_{t=0}=\varphi(x,y,z), & (5.4.2)\\ \dfrac{\partial u}{\partial t}\Big|_{t=0}=\psi(x,y,z). & (5.4.3)\end{cases}$$

从定解问题的形式上看,三维问题和一维问题是相似的,由此我们猜想,在表现形式上,三维波动方程的解应当与一维波动方程的解相似,并且求解步骤也许会一致.这种平行推广的类比方法,在数学研究及工程技术上经常使用,一旦这种想法是可行的,将为解决新问题带来极大的方便.

5.4.1 三维波动方程的球对称解

我们考虑一种特殊的现象,关于坐标原点为球对称的三维波动方程.可将波函数 u 用球坐标 (r,θ,φ) 来表示,所谓球对称就是指 u 与 θ 和 φ 都无关.在球坐标系中,方程(5.4.1)的球坐标形式为

$$\frac{1}{a^2}\frac{\partial^2 u}{\partial t^2}=\frac{1}{r^2}\frac{\partial}{\partial r}\left(r^2\frac{\partial u}{\partial r}\right)+\frac{1}{r^2\sin\varphi}\frac{\partial}{\partial\varphi}\left(\sin\varphi\frac{\partial u}{\partial\varphi}\right)+\frac{1}{r^2\sin^2\varphi}\frac{\partial^2 u}{\partial\theta^2},$$

其中 $0\leqslant r<+\infty,\ 0\leqslant\theta<2\pi,\ 0\leqslant\varphi\leqslant\pi$. 当 u 与 θ 和 φ 都无关时,方程简化为

$$r\frac{\partial^2 u}{\partial r^2}+2\frac{\partial u}{\partial r}=\frac{r}{a^2}\frac{\partial^2 u}{\partial t^2}.$$

因为

$$\frac{\partial^2(ru)}{\partial r^2}=r\frac{\partial^2 u}{\partial r^2}+2\frac{\partial u}{\partial r},$$

所以原方程最终简化为

$$\frac{\partial^2(ru)}{\partial r^2}=\frac{1}{a^2}\frac{\partial^2(ru)}{\partial t^2},$$

这是关于 ru 的一维波动方程,由达朗贝尔公式,其通解为

$$ru=f_1(r+at)+f_2(r-at),$$

则

$$u=\frac{f_1(r+at)+f_2(r-at)}{r},$$

这就是关于坐标原点的球对称三维波动方程的解.其中 f_1,f_2 是两个任意的函数,可以通过给定的初始条件来确定.

5.4.2 三维波动方程的平均值法

对于一般意义下的三维波动方程问题应当如何求解呢?从前面球对称问题的推导,我们自然产生一个想法:能否将一般情况下的问题与球对称问题等同起来.在球对称时波函数 u 只是 r 和 t 的函数,在非球对称时 u 是 x,y,z,t 的函数,不能写成只含有 r 与 t 的函数,这样的 r, u 不能满足一维波动方程.如果我们转换一下目标,不考虑波函数 u 本身,而是研究 u 在以 $M(x,y,z)$ 为球心,以 r 为半径的球面上的平均值 $\overline{u}$, 当 x,y,z 暂时选定后, $\overline{u}$ 就是关于 r 与 t 的函数.当我们很方便地求出 $\overline{u}$ 后,令 $r\to 0$, 则 $\overline{u}(r,t)\to u(x,y,z,t)$, 这样问题就得到了解决.这个想法通常称为球**平均值法**.

为了叙述上的方便,我们应用上述平均值法,对达朗贝尔公式的表现形式作一个改动,应用

类比推广的办法，给出三维波动方程定解问题(5.4.1)—(5.4.3)解的表达式：

$$\begin{aligned}u(x,t)&=\frac{1}{2}[\varphi(x+at)+\varphi(x-at)]+\frac{1}{2a}\int_{x-at}^{x+at}\psi(\xi)\mathrm{d}\xi\\&=\frac{\partial}{\partial t}\left[\frac{t}{2at}\int_{x-at}^{x+at}\varphi(\xi)\mathrm{d}\xi\right]+\frac{t}{2at}\int_{x-at}^{x+at}\psi(\xi)\mathrm{d}\xi\\&=u_1+u_2,\end{aligned}$$

式中，积分 $\frac{1}{2at}\int_{x-at}^{x+at}G(\xi)\mathrm{d}\xi$ 是函数 $G(x)$ 在区间 $[x-at,x+at]$ 上的算术平均值，记作 $V(x,t)$，即令

$$u_1=\frac{\partial}{\partial t}[tV(x,t)],u_2=tV(x,t).$$

由叠加原理知，u_1,u_2 都是一维波动方程的解，由达朗贝尔公式知，u_1 中的 $V(x,t)$ 所含有的 $G(\xi)$ 应当是 $\varphi(\xi)$；u_2 中的 $V(x,t)$ 所含有的 $G(\xi)$ 应当是 $\psi(\xi)$. 依据这些分析，我们来构造三维波动方程的解.为了对比上的方便，我们列表给出相应结果，如表 5-1 所示.

表 5-1 一维方程与三维方程的比较

一维方程	三维方程
区间：$[x-at,x+at]$ 区间中心：x 区间半径：at 区间长度：$2at$（积分区间）	球面：$(\xi-x)^2+(\eta-y)^2+(\zeta-z)^2=a^2t^2$ 球心：(x,y,z) 球半径：at 球的表面积：$4\pi a^2t^2$（积分区域）
$G(x)$ 在区间上的平均值 $V(x,t)=\frac{1}{2at}\int_{x-at}^{x+at}G(\xi)\mathrm{d}\xi$	$G(x,y,z)$ 在球面上的平均值 $V(x,y,z)=\frac{1}{4\pi a^2t^2}\iint_{S_{at}^M}G(\xi,\eta,\zeta)\mathrm{d}S$ 式中：S_{at}^M 是以 $M(x,y,z)$ 为中心，at 为半径的球面，$\mathrm{d}S=a^2t^2\sin\varphi\mathrm{d}\varphi\mathrm{d}\theta$ $\xi=x+at\sin\varphi\cos\theta,0\leqslant\varphi\leqslant\pi$ $\eta=y+at\sin\varphi\sin\theta,0\leqslant\theta<2\pi$ $\zeta=z+at\cos\varphi$

由前所述 u_1,u_2 中 $G(\xi)$ 的选择，我们得到了初值问题(5.4.1)—(5.4.3)的解为

$$\begin{aligned}u(x,y,z,t)&=\frac{\partial}{\partial t}\left[\frac{1}{4\pi a^2t}\iint_{S_{at}^M}\varphi(\xi,\eta,\zeta)\mathrm{d}S\right]+\frac{1}{4\pi a^2t}\iint_{S_{at}^M}\psi(\xi,\eta,\zeta)\mathrm{d}S\\&=\frac{1}{4\pi a}\frac{\partial}{\partial t}\iint_{S_{at}^M}\frac{\varphi}{at}\mathrm{d}S+\frac{1}{4\pi a}\iint_{S_{at}^M}\frac{\psi}{at}\mathrm{d}S.\end{aligned}\tag{5.4.4}$$

(5.4.4)式称为三维波动方程的**泊松公式**.以上所用的方法也叫**球平均值法**.

例 5.5

求解定解问题

$$\begin{cases}\dfrac{\partial^2 u}{\partial t^2}=a^2\left(\dfrac{\partial^2 u}{\partial x^2}+\dfrac{\partial^2 u}{\partial y^2}+\dfrac{\partial^2 u}{\partial z^2}\right), & -\infty< x,y,z<+\infty,t>0,\\ u\big|_{t=0}=x+y+z,\dfrac{\partial u}{\partial t}\bigg|_{t=0}=0.\end{cases}$$

解 曲面积分

$$\begin{aligned}\iint\limits_{S_{at}^M}\varphi(\xi,\eta,\zeta)\,\mathrm{d}S&=\int_0^{2\pi}\int_0^{\pi}[(x+at\sin\varphi\cos\theta)+(y+at\sin\varphi\sin\theta)+(z+at\cos\varphi)](at)^2\sin\varphi\,\mathrm{d}\varphi\mathrm{d}\theta\\&=(x+y+z)(at)^2\int_0^{2\pi}\mathrm{d}\theta\int_0^{\pi}\sin\varphi\,\mathrm{d}\varphi+(at)^3\int_0^{2\pi}(\sin\theta+\cos\theta)\,\mathrm{d}\theta\int_0^{\pi}\sin^2\varphi\,\mathrm{d}\varphi+\\&\quad(at)^3\int_0^{2\pi}\mathrm{d}\theta\int_0^{\pi}\sin\varphi\cos\varphi\,\mathrm{d}\varphi\\&=4(x+y+z)\pi(at)^2,\end{aligned}$$

$$\iint\limits_{S_{at}^M}\psi(\xi,\eta,\zeta)\,\mathrm{d}S=0.$$

由泊松公式,得

$$u(x,y,z,t)=\frac{\partial}{\partial t}\left[\frac{1}{4\pi a^2 t}\iint\limits_{S_{at}^M}\varphi(\xi,\eta,\zeta)\,\mathrm{d}S\right]+0=\frac{\partial}{\partial t}\left[\frac{1}{4\pi a^2 t}4(x+y+z)\pi(at)^2\right]=x+y+z.$$

5.4.3 降维法

对于二维波动方程初值问题

$$\begin{cases}\dfrac{\partial^2 u}{\partial t^2}=a^2\left(\dfrac{\partial^2 u}{\partial x^2}+\dfrac{\partial^2 u}{\partial y^2}\right), & -\infty< x,y<+\infty,t>0, \quad (5.4.5)\\ u\big|_{t=0}=\varphi(x,y),\dfrac{\partial u}{\partial t}\bigg|_{t=0}=\psi(x,y), & \quad (5.4.6)\end{cases}$$

它的解 $u(x,y,t)$ 可视为函数 $u(x,y,z,t)$ 与 z 无关的一类特殊现象,则 $\dfrac{\partial u}{\partial z}=0$,这时二维波动方程的初值问题就可以看作是三维波动方程的初值问题的特例.因此,我们可用三维波动方程的泊松公式来表示二维波动方程初值问题的解,并据此推出二维波动方程初值问题解的表达方式.这种由高维问题的解引出低维问题解的方法,称为**降维法**.

由(5.4.4)式得定解问题(5.4.5)—(5.4.6)的解为

$$u(x,y,t)=\frac{\partial}{\partial t}\left(\frac{1}{4\pi a^2 t}\iint\limits_{S_{at}^M}\varphi\,\mathrm{d}S\right)+\frac{1}{4\pi a^2 t}\iint\limits_{S_{at}^M}\psi\,\mathrm{d}S, \tag{5.4.7}$$

这里的积分是在球面 $S_{at}^M:(\xi-x)^2+(\eta-y)^2+(\zeta-z)^2=a^2t^2$ 上进行的第一类曲面积分,所以可以利用投影化为二重积分.球面 S_{at}^M 在平面上的投影 $\sum_{at}^M$ 为

$$(\xi - x)^2 + (\eta - y)^2 \leqslant a^2t^2.$$

我们以 S(上), S(下) 表示球面 S_{at}^M 的上、下两个半球面,注意到球面上的面积元素 $\mathrm{d}S$ 与它的投影元素 $\mathrm{d}\xi\mathrm{d}\eta$ 的关系为

$$\mathrm{d}\sigma = \mathrm{d}\xi\mathrm{d}\eta = \mathrm{d}S\cos\gamma,$$

其中 γ 为面积元素 $\mathrm{d}S$ 的法线与 z 轴正向的夹角,因此

$$\cos\gamma = \frac{\sqrt{(at)^2 - (\xi - x)^2 - (\eta - y)^2}}{at},$$

代入(5.4.7)式,得

$$\begin{aligned}\frac{1}{4\pi a^2 t}\iint_{S_{at}^M}\varphi(\xi,\eta)\mathrm{d}S &= \frac{1}{4\pi a^2 t}\iint_{S(上)}\varphi(\xi,\eta)\mathrm{d}S + \frac{1}{4\pi a^2 t}\iint_{S(下)}\varphi(\xi,\eta)\mathrm{d}S\\ &= \frac{1}{4\pi a^2 t}\iint_{\sum_{at}^M}\varphi(\xi,\eta)\frac{\mathrm{d}\sigma}{\cos\gamma} + \frac{1}{4\pi a^2 t}\iint_{\sum_{at}^M}\varphi(\xi,\eta)\frac{\mathrm{d}\sigma}{\cos\gamma}\\ &= \frac{1}{2\pi a^2 t}\iint_{\sum_{at}^M}\varphi(\xi,\eta)\frac{at}{\sqrt{(at)^2 - (\xi - x)^2 - (\eta - y)^2}}\mathrm{d}\sigma\\ &= \frac{1}{2\pi a}\iint_{\sum_{at}^M}\frac{\varphi(\xi,\eta)}{\sqrt{(at)^2 - (\xi - x)^2 - (\eta - y)^2}}\mathrm{d}\sigma.\end{aligned}$$

同理,可得

$$\frac{1}{4\pi a^2 t}\iint_{S_{at}^M}\psi(\xi,\eta)\mathrm{d}S = \frac{1}{2\pi a}\iint_{\sum_{at}^M}\frac{\psi(\xi,\eta)}{\sqrt{(at)^2 - (\xi - x)^2 - (\eta - y)^2}}\mathrm{d}\sigma.$$

所以,二维波动方程初值问题(5.4.5)—(5.4.6)的求解公式为

$$\begin{aligned}u(x,y,t) = &\frac{1}{2\pi a}\frac{\partial}{\partial t}\left[\iint_{\sum_{at}^M}\frac{\varphi(\xi,\eta)}{\sqrt{(at)^2 - (\xi - x)^2 - (\eta - y)^2}}\mathrm{d}\sigma\right] + \\ &\frac{1}{2\pi a}\iint_{\sum_{at}^M}\frac{\psi(\xi,\eta)}{\sqrt{(at)^2 - (\xi - x)^2 - (\eta - y)^2}}\mathrm{d}\sigma,\end{aligned} \tag{5.4.8}$$

该式称为二维波动方程初值问题的泊松公式.由于积分区域 $\sum_{at}^M$ 是以 $M(x,y)$ 为中心, at 为半径的圆域,所以在积分时常利用极坐标来计算.

例 5.6

求解定解问题

$$\begin{cases}\dfrac{\partial^2 u}{\partial t^2} = \dfrac{\partial^2 u}{\partial x^2} + \dfrac{\partial^2 u}{\partial y^2}, & -\infty < x,y < +\infty, t > 0,\\ u\big|_{t=0} = 0, \dfrac{\partial u}{\partial t}\bigg|_{t=0} = 2xy.\end{cases}$$

解 由于

$$(\xi - x)^2 + (\eta - y)^2 = r^2,$$

所以

$$\xi = x + r\cos\theta, \eta = y + r\sin\theta,$$

则二维波动方程初值问题的泊松公式变为

$$\begin{aligned} u(x,y,t) &= \frac{1}{2\pi}\frac{\partial}{\partial t}\left[\iint_{\Sigma_{at}^M}\frac{\varphi(x + r\cos\theta, y + r\sin\theta)}{\sqrt{t^2 - r^2}}r\mathrm{d}r\mathrm{d}\theta\right] + \frac{1}{2\pi}\iint_{\Sigma_{at}^M}\frac{\psi(x + r\cos\theta, y + r\sin\theta)}{\sqrt{t^2 - r^2}}r\mathrm{d}r\mathrm{d}\theta \\ &= 0 + \frac{1}{2\pi}\int_0^{2\pi}\int_0^t\frac{2(x + r\cos\theta)(y + r\sin\theta)}{\sqrt{t^2 - r^2}}r\mathrm{d}r\mathrm{d}\theta = 2xyt. \end{aligned}$$

5.4.4 泊松公式的物理意义

从(5.4.4)式可以看出,解 u 在 M 点 t 时刻的值 $u(M,t)$ 由以 M 为中心、at 为半径的球面 S_{at}^M 上 u 的初值决定,初值对 M 点的影响是以速度 a 从球面 S_{at}^M 向 M 点传播的.为明确起见,设初值只限于区域 T_0, 任取一点 M,它与 T_0 的最小距离为 d, 最大距离为 D(图 5-5).由泊松公式(5.4.4)可知,当 $at < d$, 即 $t < \frac{d}{a}$ 时, $u(M,t) = 0$, 这表明初值的“前锋”还未到达;当 $d < at < D$, 即 $\frac{d}{a} < t < \frac{D}{a}$ 时, $u(M,t) \neq 0$, 这表明初值已经到达;当 $at > D$, 即 $t > \frac{D}{a}$ 时, $u(M,t) = 0$, 这表明初值的“阵尾”已经过去并恢复了原来的状态.因此,当初值限制在空间某局部范围内时,初值的影响有清晰的“前锋”与“阵尾”,这种现象在物理学中称为**惠更斯(Huygens)原理**或**无后效现象**.它的最简单的例子就是声音的传播,从某点发出一个声音,经过一定时间传到耳中,听到声音的长短和发出的声音一样.

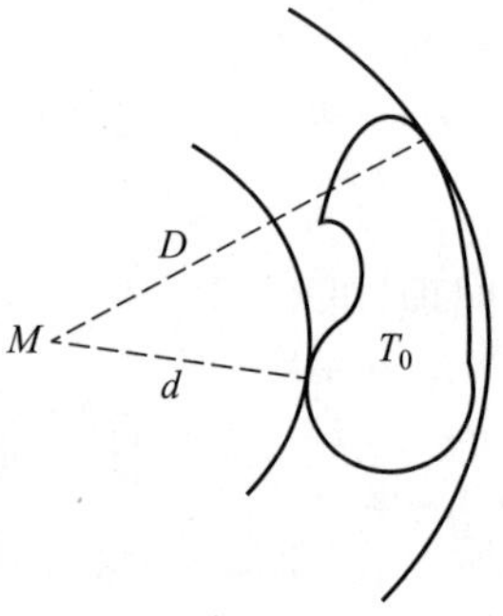

图 5-5

波动是向各方向传播的,在点 $M_0(\xi,\eta,\zeta)$ 处,初值在时刻 t 的影响位于以 M_0 为中心、at 为半径的球面上,故(5.4.4)式称为**球面波**.

二维波动的传播情况与三维是不同的.从(5.4.7)式可以看出,在 $t=0$ 时 $M_0(x_0,y_0)$ 处的一个初值经过时间 t 后的影响范围不是周围而是整个圆:

$$(x - x_0)^2 + (y - y_0)^2 \leqslant a^2t^2,$$

它以速度 a 向外扩大.对于与 M_0 的距离为 r 的一点 M, 经过时间 $t = \frac{r}{a}$ 后开始受到该初值的影响,但随着时间的增加,在此点所受的影响并不消失,仍然继续发生.现在假设初值给定在平面内的区域 T_0, 观察在 T_0 外的任一点 $M(x,y)$ 在时刻 t 的状态 $u(M,t)$, 它由以 M 为中心、at 为半径的圆内各点初值所决定.仍设 d 为 M 到 T_0 的最小距离,则对于 $t < \frac{d}{a}$ 的各时刻, $u(M,t)=0$, 即初值的影响还未传到点 M;如果 $t > \frac{d}{a}$, 那么 $u(M,t) \neq 0$, 这表明从时刻 $t = \frac{d}{a}$ 开始,在点 M 处就受到了初值的影响,而且此影响在以后并不消失,而是随着 t 的增加,此影响越来越弱.因此,在二维的情况,局部范围中初值的影响具有长期连续的后效特性,波的传播有清晰的前锋而无阵尾,惠更斯原理在此是不成立的.这种现象称为**波的弥散**,或称这种波具有**后效现象**.

在(5.4.4)式中,φ 与 ψ 都是和 z 无关的柱形函数,且在(5.4.7)式中积分是在球面 S_{at}^M 的投影

$$\sum{}_{at}^{M}:(\xi - x)^2 + (\eta - y)^2 \leqslant a^2t^2$$

上面进行的.在过点 (ξ,η) 平行于 z 轴的无限长的直线上的初值,在经时间 t 后的影响是以该直线为轴、at 为半径的圆柱面内,因此(5.4.7)式称为**柱面波**.

5.5 积分变换法

本节我们讨论如何运用两种最常用的积分变换,即傅里叶变换和拉普拉斯变换来求解数学物理方程中的定解问题.这种方法,给出了一种固定的步骤去求解相当广泛的定解问题的技巧,并训练了学生分析问题的能力,其优点在于把原方程化为相对简单的方程,便于求解.

求解常微分方程时,我们利用积分变换消去了对自变量求导的运算,将常微分方程化成了关于像函数的代数方程,这种方法也常用在偏微分方程的求解上.对于含有两个自变量的偏微分方程,在方程两侧对其中一个自变量取积分变换,则可消去未知函数对该自变量求偏导的运算,得到了像函数关于另一个自变量的常微分方程,这极大地降低了解题的难度.推而广之,对一般的偏微分方程,应用一次积分变换,偏导数的个数会减少一个,从而得到一个关于像函数的较为简单的微分方程.在实际应用中,对于初值问题通常采用傅里叶变换(针对空间变量进行变换),而对于带有边界条件的定解问题,则大多采用拉普拉斯变换(针对时间变量进行变换).下面我们通过几个例题,说明运用积分变换法求解定解问题的一般步骤.

5.5.1 傅里叶变换的应用

傅里叶变换通常用于初值问题的求解,针对定义于 $-\infty < x < +\infty$上的空间变量进行变换,可以简化定解问题.

例 5.7

无界杆上的热传导问题:设有一根无限长的杆,杆上有强度为 $F(x,t)$ 的热源,杆的初始温度为 $\varphi(x)$,试求 $t > 0$ 时杆上温度分布 $u(x,t)$ 的规律.

解 这个问题可归结为求解下述定解问题

$$\begin{cases} \dfrac{\partial u}{\partial t} = a^2 \dfrac{\partial^2 u}{\partial x^2} + f(x,t), \quad -\infty < x < +\infty, t > 0, & (5.5.1) \\ u\big|_{t=0} = \varphi(x), & (5.5.2) \end{cases}$$

式中$f(x,t) = \frac{1}{\rho c}F(x,t)$，且$\rho$是密度，$c$是比热容.

由于方程(5.5.1)是非齐次的，且求解的区域是无界的，因此我们采用傅里叶变换来求解.用记号$U(\omega,t)$，$G(\omega,t)$分别表示函数$u(x,t)$，$f(x,t)$关于变量x作傅里叶变换后得到的像函数，即

$$U(\omega,t) = \mathscr{F}[u(x,t)] = \int_{-\infty}^{+\infty} u(x,t)\mathrm{e}^{-i\omega x}\mathrm{d}x,$$

$$G(\omega,t) = \mathscr{F}[f(x,t)] = \int_{-\infty}^{+\infty} f(x,t)\mathrm{e}^{-i\omega x}\mathrm{d}x.$$

对(5.5.1)式两端取关于x的傅里叶变换，由傅里叶变换的微分性质，得到

$$\frac{\mathrm{d}U(\omega,t)}{\mathrm{d}t} = -a^2\omega^2U(\omega,t) + G(\omega,t), \tag{5.5.3}$$

这是一个含参量ω的常微分方程.为了导出方程(5.5.3)定解的条件，我们对初始条件(5.5.2)的两端取傅里叶变换，并且以$\Phi(\omega)$表示$\varphi(x)$作傅里叶变换后得到的像函数，则有

$$U(\omega,t)\big|_{t=0} = \Phi(\omega). \tag{5.5.4}$$

方程(5.5.3)是函数U关于自变量t的一阶线性常微分方程，它满足初始条件(5.5.4)的解为

$$U(\omega,t) = \Phi(\omega)\mathrm{e}^{-a^2\omega^2t} + \int_0^t G(\omega,\tau)\mathrm{e}^{-a^2\omega^2(t-\tau)}\mathrm{d}\tau. \tag{5.5.5}$$

为了求出原定解问题(5.5.1)—(5.5.2)的解$u(x,t)$，还需要对$U(\omega,t)$作傅里叶逆变换，由傅里叶变换表可查得

$$\mathscr{F}^{-1}[\mathrm{e}^{-a^2\omega^2t}] = \frac{1}{2a\sqrt{\pi t}}\mathrm{e}^{-\frac{x^2}{4a^2t}}.$$

根据傅里叶变换的卷积性质，有

$$u(x,t) = \mathscr{F}^{-1}[U(x,t)] = \frac{1}{2a\sqrt{\pi t}}\int_{-\infty}^{+\infty}\varphi(\xi)\mathrm{e}^{-\frac{(x-\xi)^2}{4a^2t}}\mathrm{d}\xi + \frac{1}{2a\sqrt{\pi}}\int_0^t\mathrm{d}\tau\int_{-\infty}^{+\infty}\frac{f(\xi,\tau)}{\sqrt{t-\tau}}\mathrm{e}^{-\frac{(x-\xi)^2}{4a^2(t-\tau)}}\mathrm{d}\xi.$$

这就是原定解问题的解.

例 5.8

试用傅里叶变换解定解问题

$$\begin{cases}\dfrac{\partial^2u}{\partial t^2} = a^2\dfrac{\partial^2u}{\partial x^2}, \quad -\infty < x < +\infty, t > 0, & (5.5.6)\\ u\big|_{t=0} = \varphi(x), \dfrac{\partial u}{\partial t}\Big|_{t=0} = \psi(x). & (5.5.7)\end{cases}$$

解 用 $U(\omega,t),\Phi(\omega),\Psi(\omega)$ 分别表示函数 $u(x,t),\varphi(x),\psi(x)$ 关于变量 x 的傅里叶变换，则得

$$\begin{cases}\dfrac{\mathrm{d}^2U(\omega,t)}{\mathrm{d}t^2}+a^2\omega^2U(\omega,t)=0, & (5.5.8)\\ U\Big|_{t=0}=\Phi(\omega),\dfrac{\mathrm{d}U}{\mathrm{d}t}\Big|_{t=0}=\Psi(\omega). & (5.5.9)\end{cases}$$

方程(5.5.8)是常系数二阶线性常微分方程，它满足初始条件(5.5.9)的解，为

$$U(\omega,t)=\Phi(\omega)\cos a\omega t+\frac{\Psi(\omega)}{a\omega}\sin a\omega t. \tag{5.5.10}$$

为了求出原定解问题的解 $u(x,t)$，还需对 $U(\omega,t)$ 作傅里叶逆变换，由傅里叶变换表可查得

$$\mathscr{F}^{-1}[\cos a\omega t]=\frac{1}{2}[\delta(x+at)+\delta(x-at)],$$

$$\mathscr{F}^{-1}[\sin a\omega t]=\frac{1}{2\mathrm{i}}[\delta(x+at)+\delta(x-at)].$$

根据傅里叶变换的卷积性质，有

$$u(x,t)=\mathscr{F}^{-1}[U(x,t)]=\frac{1}{2}[\varphi(x+at)+\varphi(x-at)]+\frac{1}{2a}\int_{x-at}^{x+at}\varphi(\xi)\mathrm{d}\xi.$$

这就是我们在本章开始时推得的一维波动方程解的表达式，即达朗贝尔公式.

例 5.9

试用积分变换求解定解问题

$$\begin{cases}\dfrac{\partial^2u}{\partial x^2}+\dfrac{\partial^2u}{\partial y^2}=0, \quad -\infty<x<+\infty,y>0, & (5.5.11)\\ u\big|_{y=0}=g(x), & (5.5.12)\\ \lim\limits_{y\to+\infty}u(x,y)=0. & (5.5.13)\end{cases}$$

解 用 $U(\omega,y),G(\omega)$ 分别表示函数 $u(x,y),g(x)$ 关于变量 x 的傅里叶变换.对定解问题(5.5.11)—(5.5.13)取函数关于 x 的傅里叶变换，则得

$$\begin{cases}\dfrac{\mathrm{d}^2U(\omega,y)}{\mathrm{d}y^2}-\omega^2U(\omega,y)=0, & (5.5.14)\\ U(\omega,y)\big|_{y=0}=G(\omega), & (5.5.15)\\ \lim\limits_{y\to+\infty}U(\omega,y)=0. & (5.5.16)\end{cases}$$

方程(5.5.14)是常系数二阶线性常微分方程，其满足条件(5.5.15)—(5.5.16)的解为

$$U(\omega,y)=G(\omega)\mathrm{e}^{-|\omega|y}.$$

由傅里叶变换表可查得

$$\mathscr{F}^{-1}[\mathrm{e}^{-|\omega|y}]=\frac{1}{\pi}\frac{y}{y^2+x^2}.$$

据傅里叶变换的卷积性质，可得

$$u(x,y)=\mathscr{F}^{-1}[U(\omega,y)]=\frac{y}{\pi}\int_{-\infty}^{+\infty}\frac{g(\xi)}{(x-\xi)^2+y^2}\mathrm{d}\xi.$$

5.5.2 拉普拉斯变换的应用

对于带有边界条件的定解问题,则大多采用拉普拉斯变换,一般情况下,我们针对定义于 $0<t<+\infty$ 上的时间变量进行变换,可以方便地解决问题.

由拉普拉斯变换的微分性质

$$\mathscr{L}\left[f^{(n)}(t)\right]=p^n\mathscr{L}\left[f(t)\right]-p^{n-1}f(0)-p^{n-2}f'(0)-\cdots-f^{(n-1)}(0)$$

可知要对某自变量取拉普拉斯变换,必须给出该自变量等于0时的函数值及有关的导数值.

例 5.10

求解半无界弦的自由振动问题

$$\begin{cases}\dfrac{\partial^2 u}{\partial t^2}=a^2\dfrac{\partial^2 u}{\partial x^2}, \quad x>0,t>0, & (5.5.17)\\ u\big|_{x=0}=f(t),\ \lim\limits_{x\to+\infty}u=0, & (5.5.18)\\ u\big|_{t=0}=\dfrac{\partial u}{\partial t}\Big|_{t=0}=0, & (5.5.19)\end{cases}$$

式中,$f(t)$ 为已知函数.

解 因为 x,t 的变化范围都是 $(0,+\infty)$,所以傅里叶变换显然不适用,因此我们考虑应用拉普拉斯变换求解.对所给问题进行分析,发现方程中出现 $\dfrac{\partial^2 u}{\partial x^2}$,而在 $x=0$ 点的值只有 $u\big|_{x=0}=f(t)$,缺少 $\dfrac{\partial u}{\partial x}\Big|_{x=0}$ 的值,因此不能对 x 取拉普拉斯变换,对方程(5.5.17)两端关于 t 取拉普拉斯变换,记

$$U(x,p)=\mathscr{L}\left[u(x,t)\right]=\int_0^{+\infty}u(x,t)\mathrm{e}^{-pt}\mathrm{d}t,$$

$$F(p)=\mathscr{L}\left[f(t)\right]=\int_0^{+\infty}f(t)\mathrm{e}^{-pt}\mathrm{d}t.$$

结合条件(5.5.19)得到新的方程

$$\frac{\mathrm{d}^2U(x,p)}{\mathrm{d}x^2}-\frac{p^2}{a^2}U(x,p)=0. \tag{5.5.20}$$

再对条件(5.5.18)关于 t 取拉普拉斯变换,得

$$U(x,p)\big|_{x=0}=F(p),\ \lim_{x\to+\infty}U(x,p)=0. \tag{5.5.21}$$

方程(5.5.20)是常系数二阶线性常微分方程,其通解为

$$U(x,p)=C_1\mathrm{e}^{\frac{p}{a}x}+C_2\mathrm{e}^{-\frac{p}{a}x}.$$

由条件(5.5.21)可得 $C_1=0,C_2=F(p)$,从而有

$$U(x,p)=F(p)\mathrm{e}^{-\frac{p}{a}x}. \tag{5.5.22}$$

为了求得原定解问题的解 $u(x,t)$,需要对 $U(x,p)$ 作拉普拉斯逆变换.根据拉普拉斯变换的延迟性质,可得

$$u(x,t)=\mathscr{L}^{-1}\left[F(p)\mathrm{e}^{-\frac{p}{a}x}\right]=\begin{cases}0, & t<\dfrac{x}{a},\\ f\left(t-\dfrac{x}{a}\right), & t>\dfrac{x}{a}.\end{cases}$$

例 5.11

一根半无限长的杆,端点温度变化情况已知,杆的初始温度为零,求杆上温度的分布规律.

解 这个问题可归结为求解定解问题

$$\begin{cases} \dfrac{\partial u}{\partial t} = a^2 \dfrac{\partial^2 u}{\partial x^2}, \quad x > 0, t > 0, & (5.5.23) \\ u\big|_{x=0} = f(t), & (5.5.24) \\ u\big|_{t=0} = 0. & (5.5.25) \end{cases}$$

本题中的两个自变量 x,t 的变化范围都是 $(0, +\infty)$,因此我们考虑应用拉普拉斯变换求解.由于在 $t = 0$ 处给出了该自变量的函数值,我们对 t 作拉普拉斯变换,即

$$U(x,p) = \mathscr{L}[u(x,t)] = \int_0^{+\infty} u(x,t)\mathrm{e}^{-pt}\mathrm{d}t,$$

$$F(p) = \mathscr{L}[f(t)] = \int_0^{+\infty} f(t)\mathrm{e}^{-pt}\mathrm{d}t.$$

首先对方程(5.5.23)两端取拉普拉斯变换,结合条件(5.5.25),得到新方程

$$\frac{\mathrm{d}^2 U(x,p)}{\mathrm{d}x^2} - \frac{p}{a^2}U(x,p) = 0. \tag{5.5.26}$$

再对条件(5.5.24)取同样的变换,得

$$U(x,p)\big|_{x=0} = F(p). \tag{5.5.27}$$

方程(5.5.26)是常系数二阶线性常微分方程,它的通解为

$$U(x,p) = C_1\mathrm{e}^{-\frac{\sqrt{p}}{a}x} + C_2\mathrm{e}^{\frac{\sqrt{p}}{a}x}.$$

由物理现象可知,当 $x \to +\infty$时, $u(x,t)$ 应当有界,所以 $U(x,p)$ 也应当有界,则 $C_2=0$.

再由边界条件(5.5.27)可得 $C_1 = F(p)$,从而

$$U(x,p) = F(p)\mathrm{e}^{-\frac{\sqrt{p}}{a}x}.$$

为了求得原定解问题的解 $u(x,t)$,需要对 $U(x,p)$ 作拉普拉斯逆变换,由拉普拉斯变换表查得

$$\mathscr{L}^{-1}\left[\frac{1}{p}\mathrm{e}^{-\frac{x}{a}\sqrt{p}}\right] = \frac{2}{\sqrt{\pi}}\int_{\frac{x}{2a\sqrt{t}}}^{+\infty}\mathrm{e}^{-y^2}\mathrm{d}y.$$

根据拉普拉斯变换的微分性质,有

$$\mathscr{L}^{-1}\left[\mathrm{e}^{-\frac{x}{a}\sqrt{p}}\right] = \mathscr{L}^{-1}\left[p\frac{1}{p}\mathrm{e}^{-\frac{x}{a}\sqrt{p}}\right] = \frac{\mathrm{d}}{\mathrm{d}t}\left[\frac{2}{\sqrt{\pi}}\int_{\frac{x}{2a\sqrt{t}}}^{+\infty}\mathrm{e}^{-y^2}\mathrm{d}y\right] = \frac{x}{2a\sqrt{\pi}\,t^{\frac{3}{2}}}\mathrm{e}^{-\frac{x^2}{4a^2t}}$$

根据拉普拉斯变换的卷积性质,可得

$$u(x,t) = \mathscr{L}^{-1}\left[F(p)\mathrm{e}^{-\frac{\sqrt{p}}{a}x}\right] = \frac{x}{2a\sqrt{\pi}}\int_0^t f(\tau)\frac{1}{(t-\tau)^{\frac{3}{2}}}\mathrm{e}^{-\frac{x^2}{4a^2(t-\tau)}}\mathrm{d}\tau.$$

通过上面的例子可以看出,对含有两个自变量的偏微分方程,用积分变换法求解定解问题的步骤大致为

(1) 根据自变量的变化范围及定解条件的具体情况,选取适当的积分变换.然后对方程两端取变换,把一个含两个自变量的偏微分方程化为一个参量的常微分方程.

(2) 对定解条件取相应的变换,导出新方程的定解条件.

(3) 求解所得的常微分方程,求出的解是原定解问题的解的像函数.

(4) 对求得的像函数取逆变换,即得到原定解问题的解.

习题 5

1. 用积分变换法求解问题

$$\begin{cases} u_{xy} = 1, & x > 0, y > 0, \\ u(0,y) = y + 1, \\ u(x,0) = 1. \end{cases}$$

2. 求解定解问题

$$\begin{cases} \dfrac{\partial^2 u}{\partial t^2} = \dfrac{\partial^2 u}{\partial x^2} + t\sin x, & -\infty < x < +\infty, t > 0, \\ u\big|_{t=0} = 0, \dfrac{\partial u}{\partial t}\Big|_{t=0} = \sin x. \end{cases}$$

3. 求解古尔萨(Goursat)问题

$$\begin{cases} \dfrac{\partial^2 u}{\partial t^2} = \dfrac{\partial^2 u}{\partial x^2}, & -t < x < t, t > 0, \\ u\big|_{t=x} = \varphi(x), u\big|_{t=-x} = \psi(x), \end{cases}$$

式中,$\varphi(0) = \psi(0)$.

4. 求上半平面静电场的电位,即求解

$$\begin{cases} \Delta u = 0, & -\infty < x < +\infty, y > 0, \\ u\big|_{y=0} = f(x), \\ \lim\limits_{x^2+y^2 \to +\infty} u = 0. \end{cases}$$

5. 用积分变换法求解定解问题

$$\begin{cases} \dfrac{\partial u}{\partial t} = a^2 \dfrac{\partial^2 u}{\partial x^2}, & 0 < x < l, t > 0, \\ u_x\big|_{x=0} = 0, u\big|_{x=l} = \mu_1, \\ u\big|_{t=0} = \mu_0. \end{cases}$$

6. 用积分变换法求解定解问题

$$\begin{cases} \dfrac{\partial^2 u}{\partial t^2} = a^2 \dfrac{\partial^2 u}{\partial x^2}, & -\infty < x < +\infty, t > 0, \\ u\big|_{t=0} = \varphi(x), \dfrac{\partial u}{\partial t}\Big|_{t=0} = \psi(x). \end{cases}$$

7. **专题问题:**三维非齐次波动方程的初值问题.

无界域上的三维非齐次波动方程初值问题的求解是否也存在相应的齐次化原理?请将下述推导过程系统化,严密化.

对定解问题

$$\begin{cases}\dfrac{\partial^2 u}{\partial t^2}=a^2\left(\dfrac{\partial^2 u}{\partial x^2}+\dfrac{\partial^2 u}{\partial y^2}+\dfrac{\partial^2 u}{\partial z^2}\right)+f(x,y,z,t),\\ u\big|_{t=0}=\varphi(x,y,z),\\ \dfrac{\partial u}{\partial t}\Big|_{t=0}=\psi(x,y,z)\end{cases}$$

的求解，

我们先考虑定解问题

$$\begin{cases}\dfrac{\partial^2 V}{\partial t^2}=a^2\left(\dfrac{\partial^2 V}{\partial x^2}+\dfrac{\partial^2 V}{\partial y^2}+\dfrac{\partial^2 V}{\partial z^2}\right),\\ V\big|_{t=\tau}=0,\\ \dfrac{\partial V}{\partial t}\Big|_{t=\tau}=f(x,y,z,\tau)\end{cases}$$

的求解，其中

$$V(x,y,z,t,\tau)=\frac{1}{4\pi a}\iint\limits_{S^M_{a(t-\tau)}}\frac{f(\xi,\eta,\zeta,\tau)}{a(t-\tau)}\mathrm{d}S.$$

则原定解问题的解为

$$\begin{aligned}u(x,y,z,t)&=\frac{\partial}{\partial t}\left[\frac{1}{4\pi a^2 t}\iint\limits_{S^M_{at}}\varphi(\xi,\eta,\zeta)\,\mathrm{d}S\right]+\frac{1}{4\pi a^2 t}\iint\limits_{S^M_{at}}\psi(\xi,\eta,\zeta)\,\mathrm{d}S+\int_0^t\left[\frac{1}{4\pi a}\iint\limits_{S^M_{a(t-\tau)}}\frac{f(\xi,\eta,\zeta,\tau)}{a(t-\tau)}\mathrm{d}S\right]\mathrm{d}\tau\\ &=\frac{\partial}{\partial t}\left[\frac{1}{4\pi a^2 t}\iint\limits_{S^M_{at}}\varphi(\xi,\eta,\zeta)\,\mathrm{d}S\right]+\frac{1}{4\pi a^2 t}\iint\limits_{S^M_{at}}\psi(\xi,\eta,\zeta)\,\mathrm{d}S+\frac{1}{4\pi a^2}\int_0^{at}\iint\limits_{S^M_{a(t-\tau)}}\frac{f\left(\xi,\eta,\zeta,\dfrac{\tau}{a}\right)}{r}\mathrm{d}S\mathrm{d}\tau\\ &=\frac{\partial}{\partial t}\left[\frac{1}{4\pi a^2 t}\iint\limits_{S^M_{at}}\varphi(\xi,\eta,\zeta)\,\mathrm{d}S\right]+\frac{1}{4\pi a^2 t}\iint\limits_{S^M_{at}}\psi(\xi,\eta,\zeta)\,\mathrm{d}S+\frac{1}{4\pi a^2}\iiint\limits_{r\leqslant at}\frac{f\left(\xi,\eta,\zeta,t-\dfrac{r}{a}\right)}{r}\mathrm{d}V,\end{aligned}$$

其中，$\tau=at-r$，$\mathrm{d}V$ 表示体积微元，积分是在以 (x,y,z) 为球心、at 为半径的球体中进行的.本公式也被称为“推迟势”，请分析它的物理含义.

第6章 格林函数

本章我们将介绍求解数学物理方程的另一种重要方法——格林函数法.它与分离变量法、积分变换法不同之处是,格林函数法给出的解,其形式是有限积分,这样便于进行理论分析与研究.

从物理上看,一个数学物理方程表示一种特定的"场"和产生这种场的"源"之间的关系.例如,热传导方程表示温度场和热源之间的关系,泊松方程表示静电场和电荷分布的关系,等等.这样,当源被分解成很多点源的叠加时,如果能设法知道点源产生的场,利用叠加原理,我们可以求出同样边界条件下任意源的场,这种求解数学物理方程的方法称为**格林函数法**.而点源产生的场就叫做**格林函数**.

6.1 δ 函数

几何学中的点是没有大小的,它仅仅表示空间的一个位置.可是物理学中的质点、点电荷等点源,不但要确定其空间位置,还包含有质量、电量等其他信息,由此派生出密度、电荷分布等概念,这些信息无法用几何中的点来表示.那么,我们用数学语言如何描述这类具有实际背景的点源呢?

考虑一根长为 l 的直线,其上任一点的坐标 $x \in \left[-\dfrac{l}{2},\dfrac{l}{2}\right]$. 若总电量为 Q 的电荷均匀分布在直线上,则直线上的电荷分布的线密度 $\rho(x)$ 是

$$\rho(x)=\begin{cases}0, & |x|>\dfrac{l}{2},\\ \dfrac{Q}{l}, & |x|\leqslant\dfrac{l}{2}.\end{cases} \tag{6.1.1}$$

由定积分的理论可知

$$Q=\int_{-\infty}^{+\infty}\rho(x)\,\mathrm{d}x. \tag{6.1.2}$$

若将上述线段无限缩小,或者说令 $l\to 0$, 则我们得到了物理上常用的一种点源——点电荷.此时,电荷分布密度用 $\rho_0(x)$ 表示,则(6.1.1)式变为

$$\rho_0(x)=\begin{cases}0, & x\neq 0\\ \infty, & x=0.\end{cases} \tag{6.1.3}$$

而此时,总电量仍为 Q, 这表明(6.1.2)式仍然成立.

为了理解上的方便,我们修改一下问题的叙述:取电量 $Q=1$, 线段长度为 2ε, 则密度分布函

数为

$$\delta_{\varepsilon}(x)=\begin{cases}0, & |x|>\varepsilon,\\ \dfrac{1}{2\varepsilon}, & |x|\leqslant\varepsilon,\end{cases}$$

且

$$Q=\int_{-\infty}^{+\infty}\delta_{\varepsilon}(x)\,\mathrm{d}x=\int_{-\varepsilon}^{\varepsilon}\delta_{\varepsilon}(x)\,\mathrm{d}x=1.$$

显然 $\delta_{\varepsilon}(x)$ 是非负的偶函数，则对连续函数 $f(x)$，由积分第一中值定理可得

$$\int_{-\infty}^{+\infty}\delta_{\varepsilon}(x)f(x)\,\mathrm{d}x=f(\xi)\int_{-\infty}^{+\infty}\delta_{\varepsilon}(x)\,\mathrm{d}x=f(\xi)\quad(-\varepsilon<\xi<\varepsilon).$$

当 $\varepsilon\to 0$ 时,我们有了新的结果,我们将它定义为 δ 函数.

我们将符合下述 2 个条件的函数称为 δ 函数:

$$\delta(x)=\begin{cases}\infty, & x=0,\\ 0, & x\neq 0,\end{cases}\tag{6.1.4}$$

且

$$\int_{-\infty}^{+\infty}\delta(x)\,\mathrm{d}x=1.\tag{6.1.5}$$

由极限理论可知

$$f(0)=\lim_{\varepsilon\to 0}f(\xi)=\lim_{\varepsilon\to 0}\int_{-\infty}^{+\infty}\delta_{\varepsilon}(x)f(x)\,\mathrm{d}x=\int_{-\infty}^{+\infty}\delta(x)f(x)\,\mathrm{d}x.\tag{6.1.6}$$

$\delta(x)$ 不是通常意义下的函数,它是用来描述常见而又特殊的一类物理现象——“集中量的分布”的数学工具.δ 函数不局限于描述点电荷的分布密度,它可以用来描述任意点量的密度.借助于 δ 函数,我们可以方便地描述各类点源的分布情况.如电量 Q 的点电荷的分布函数为 $\rho_0(x)=Q\delta(x)$.

例 6.1

设有一条静止的无穷长的细弦,其线密度为 $\rho=1$, 若在 $x=0$ 点,在很短的时间内,用大小为 F 的力敲一下,使获得的冲量 $F\Delta t=1$. 问弦上的初始速度 v 是怎样的?

解 若 $x\neq 0$, 由于时间非常短,扰动尚未传动,所以 $v=0$;而在 $x=0$ 上有 $v=\infty$. 此外,由于敲打前弦是静止的,所以弦上的动量是 $F\Delta t=1$, 即

$$\int_{-\infty}^{+\infty}\rho\,\mathrm{d}x\cdot v(x)=\int_{-\infty}^{+\infty}v(x)\,\mathrm{d}x=1,$$

故初速度 $v(x)=\delta(x)$.

例 6.2

设有一根初始温度为零的导热杆,其线密度为 ρ, 比热容为 c, 现用火焰在 $x=0$ 处以极短的时间烤一下,传给杆的热量为 Q, 请分析一下开始一瞬间杆上的温度 $T(x)$ 的分布?

解 在初始一瞬间,我们有温度的分布

$$T(x)=\begin{cases}0, & x\neq 0,\\ \infty, & x=0,\end{cases}$$

且

$$\int_{-\infty}^{+\infty} c\rho T(x)\,\mathrm{d}x=Q,$$

所以有

$$T(x)=\frac{Q}{c\rho}\delta(x).$$

通过以上两个例题,我们对 $\delta(x)$ 有了进一步的认识.如果将坐标平移 x_0,即集中量出现在点 $x=x_0$ 处,则有

$$\delta(x-x_0)=\begin{cases}0, & x\neq x_0,\\ \infty, & x=x_0,\end{cases}$$

且

$$\int_{-\infty}^{+\infty}\delta(x-x_0)\,\mathrm{d}x=1.$$

这样,我们可以得到 δ 函数的一个重要性质:对连续函数 $f(x)$,成立

$$\int_{-\infty}^{+\infty} f(x)\delta(x-x_0)\,\mathrm{d}x=f(x_0),$$

同样,我们要引进空间的 δ 函数来表示点源的密度分布,定义

$$\delta(r-r_0)=\delta(x-x_0)\delta(y-y_0)\delta(z-z_0),$$

$$\delta(r-r_0)=\begin{cases}0, & r\neq r_0,\\ \infty, & r=r_0,\end{cases}$$

$$\int_{\Omega}\delta(r-r_0)\,\mathrm{d}r=1\quad(r_0(x_0,y_0,z_0)\in\Omega),$$

$$\int_{\Omega}\delta(r-r_0)f(r)\,\mathrm{d}r=f(r_0),$$

其中,r 表示空间某点(x,y,z),r_0 表示空间一点(x_0,y_0,z_0).

6.2 无界域中的格林函数

在第 1 章中,我们推导出了静电场的电势分布 u 满足泊松方程

$$\Delta u=\frac{\partial^2 u}{\partial x^2}+\frac{\partial^2 u}{\partial y^2}+\frac{\partial^2 u}{\partial z^2}=-\frac{1}{\varepsilon}\rho, \tag{6.2.1}$$

式中,ρ 是电荷密度,所占区域为 Ω,r_0 是 Ω 中任意一个点.

如果不考虑其他因素的影响,对于无界空间中的电势 u,可以利用定积分中微元法的思想求出来.我们把位于 r_0 点的一个正的单位电荷,在无界空间中点 r 处产生的电势记为 $G(r,r_0)$,由库仑(Coulomb)定律可得

$$G(r,r_0)=\frac{1}{4\pi|r-r_0|},\tag{6.2.2}$$

其中 $|r-r_0|$ 为点 r_0 与点 r 之间的距离.因此,以 r_0 为中心的微小体积 $\mathrm{d}\Omega$ 在 r 处产生的电势为

$$\mathrm{d}u=G(r,r_0)\rho(r_0)\mathrm{d}\Omega,$$

所以, 区域 Ω 中的全部电荷在 r 处产生的电势为

$$u(r)=\int_\Omega \mathrm{d}u=\int_\Omega \frac{\rho(r_0)}{4\pi|r-r_0|}\mathrm{d}\Omega.$$

为了表述上的方便, r_0 处的体积微元 $\mathrm{d}\Omega$ 以后用 $\mathrm{d}r_0$ 表示,则有

$$u(r)=\int_\Omega \frac{\rho(r_0)}{4\pi|r-r_0|}\mathrm{d}r_0.$$

这样,我们没有直接求解泊松方程(6.2.1),而是依据定解问题反映的物理规律,通过点源产生的电势 $G(r,r_0)$, 利用积分的方式求出了方程的解.点源产生的电势 $G(r,r_0)$, 又称为泊松方程(6.2.1)在无界空间中的**格林(Green)函数**.

对于泊松方程(6.2.1)来说,我们考虑一种特殊的现象,仅在 r_0 点放置的一个正的单位点电荷,其密度函数为 $\rho=\delta(r-r_0)$, 则方程的解恰巧是 $G(r,r_0)$, 即泊松方程(6.2.1)变为

$$\Delta G(r,r_0)=-\frac{1}{\varepsilon}\delta(r-r_0).$$

因此,无界空间中的格林函数(6.2.2)又称为泊松方程的**基本解**.有时也称它为相应的齐次方程(即拉普拉斯方程)的基本解,记为 $G_0(r,r_0)$.

在一般的数学物理方程中,我们考虑的是满足一定边界条件和初始条件的解,因此,相应的格林函数比前述内容提到的无界空间中的格林函数更加复杂.在这种情况下,一个点源所产生的场,同时要受到边界条件和初始条件的影响,而这些影响的本身也是待定的.

例如,在一个接地的导体空腔内点 P_0 处放置一个正的单位点电荷(如图 6-1),则在点 P 处的电势不仅是点电荷本身所产生的场 $\frac{1}{4\pi|P_0P|}$, 并且还要加上导体内壁上的感应电荷所产生的场.而感应电荷在导体内壁上的分布是未知的,我们只知道在边界上电势为 0(接地).

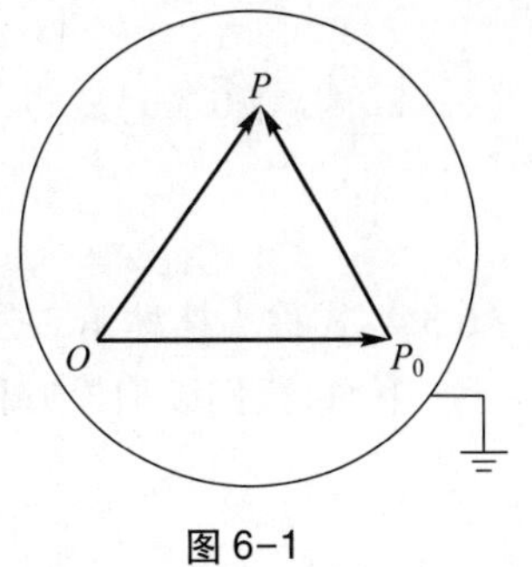

图 6-1

因此,在一般情况下,格林函数是一个点源在一定的边界条件和(或)初始条件下所产生的场.通过格林函数,我们可以求得任意分布的源所产生的场.

6.3 格林公式与有界域上的格林函数

为了进一步探讨运用格林函数求解数学物理方程,我们首先介绍一个重要工具——格林公式,它是曲面积分中高斯公式的直接推论.

设 Ω 是以光滑的曲面 Γ 为边界的有界域, $P(x,y,z),Q(x,y,z),R(x,y,z)$ 在 $\Omega+\Gamma$ 上连续,

在 Ω 内具有一阶连续偏导数,则有如下的高斯公式

$$\int_{\Omega}\left(\frac{\partial P}{\partial x}+\frac{\partial Q}{\partial y}+\frac{\partial R}{\partial z}\right)\mathrm{d}\Omega=\int_{\Gamma}\left[P\cos\left(\boldsymbol{n},x\right)+Q\cos\left(\boldsymbol{n},y\right)+R\cos\left(\boldsymbol{n},z\right)\right]\mathrm{d}S,\tag{6.3.1}$$

式中, $\mathrm{d}\Omega$ 是体积元素, $\boldsymbol{n}$ 是曲面 Γ 的外法线方向, $\mathrm{d}S$ 是 Γ 上的面积元素.

设函数 $u(x,y,z)$, $v(x,y,z)$ 在 $\Omega+\Gamma$ 上一阶偏导数连续,在 Ω 内二阶偏导数连续,则在(6.3.1)式中,令

$$P=u\frac{\partial v}{\partial x},Q=u\frac{\partial v}{\partial y},R=u\frac{\partial v}{\partial z},$$

则有

$$\begin{aligned}\int_{\Omega}\left(\frac{\partial P}{\partial x}+\frac{\partial Q}{\partial y}+\frac{\partial R}{\partial z}\right)\mathrm{d}\Omega&=\int_{\Omega}(u\Delta v)\,\mathrm{d}\Omega+\int_{\Omega}\left(\frac{\partial u}{\partial x}\frac{\partial v}{\partial x}+\frac{\partial u}{\partial y}\frac{\partial v}{\partial y}+\frac{\partial u}{\partial z}\frac{\partial v}{\partial z}\right)\mathrm{d}\Omega\\&=\int_{\Omega}(u\Delta v)\,\mathrm{d}\Omega+\int_{\Omega}\nabla u\cdot\nabla v\mathrm{d}\Omega=\int_{\Gamma}u\frac{\partial v}{\partial\boldsymbol{n}}\mathrm{d}S,\end{aligned}$$

或表示为

$$\int_{\Omega}(u\Delta v)\,\mathrm{d}\Omega=\int_{\Gamma}u\frac{\partial v}{\partial\boldsymbol{n}}\mathrm{d}S-\int_{\Omega}\nabla u\cdot\nabla v\mathrm{d}\Omega.\tag{6.3.2}$$

(6.3.2)式称为**格林第一公式**.

在(6.3.2)式中,交换 u,v 的位置,则有

$$\int_{\Omega}(v\Delta u)\,\mathrm{d}\Omega=\int_{\Gamma}v\frac{\partial u}{\partial\boldsymbol{n}}\mathrm{d}S-\int_{\Omega}\nabla u\cdot\nabla v\mathrm{d}\Omega.\tag{6.3.3}$$

(6.3.2)式减(6.3.3)式得

$$\int_{\Omega}[u\Delta v-v\Delta u]\,\mathrm{d}\Omega=\int_{\Gamma}\left(u\frac{\partial v}{\partial\boldsymbol{n}}-v\frac{\partial u}{\partial\boldsymbol{n}}\right)\mathrm{d}S,\tag{6.3.4}$$

(6.3.4)式称为**格林第二公式**.

下面,我们以泊松方程第一类边值问题为例,进一步阐明格林函数的概念.

$$\begin{cases}\Delta u=-\dfrac{1}{\varepsilon}\rho, & (6.3.5)\\ u|_{\Gamma}=f, & (6.3.6)\end{cases}$$

式中, f 是在区域 Ω 的边界 Γ 上给定的函数.

用 $G(r,r_0)$ 表示位于 r_0 点的单位强度的正点源在第一类边界条件下产生的场,则 $G(r,r_0)$ 作为 r 的函数满足

$$\begin{cases}\Delta G(r,r_0)=-\dfrac{1}{\varepsilon}\delta(r-r_0), & (6.3.7)\\ G|_{\Gamma}=0. & (6.3.8)\end{cases}$$

以 $G(r,r_0)$ 乘(6.3.5)式, $u(r)$ 乘(6.3.7)式,两式相减后在 Ω 上对 r 积分,以 $\mathrm{d}r$ 表示 r 点处的体积微元,有

$$\int_{\Omega}(G\Delta u-u\Delta G)\,\mathrm{d}r=-\frac{1}{\varepsilon}\int_{\Omega}G\rho\,\mathrm{d}r+\frac{1}{\varepsilon}\int_{\Omega}u(r)\delta(r-r_0)\,\mathrm{d}r.$$

利用格林第二公式及 δ 函数的性质,有

$$u(r_0)=\int_\Omega G(r,r_0)\rho(r)\,\mathrm{d}r+\varepsilon\int_\Gamma\left[G(r,r_0)\frac{\partial u(r)}{\partial \boldsymbol{n}}-u(r)\frac{\partial G(r,r_0)}{\partial \boldsymbol{n}}\right]\mathrm{d}S$$

$$=\int_\Omega G(r,r_0)\rho(r)\,\mathrm{d}r-\varepsilon\int_\Gamma u(r)\frac{\partial G(r,r_0)}{\partial \boldsymbol{n}}\mathrm{d}S$$

$$=\int_\Omega G(r,r_0)\rho(r)\,\mathrm{d}r-\varepsilon\int_\Gamma f(r)\frac{\partial G(r,r_0)}{\partial \boldsymbol{n}}\mathrm{d}S, \tag{6.3.9}$$

但这个表达式的含义与我们的初衷相矛盾. $G(r,r_0)$ 表示的是位于 r_0 点的点源在 r 点产生的场. 但我们能证明 $G(r,r_0)=G(r_0,r)$, 于是,我们调换 r, r_0 的位置,将(6.3.9)式改写成

$$u(r)=\int_\Omega G(r_0,r)\rho(r_0)\,\mathrm{d}r_0-\varepsilon\int_\Gamma f(r_0)\frac{\partial G(r_0,r)}{\partial \boldsymbol{n}}\mathrm{d}S$$

$$=\int_\Omega G(r,r_0)\rho(r_0)\,\mathrm{d}r_0-\varepsilon\int_\Gamma f(r_0)\frac{\partial G(r,r_0)}{\partial \boldsymbol{n}}\mathrm{d}S. \tag{6.3.10}$$

这样,(6.3.10)式的物理意义就诠释得很清楚了:右边第一个体积分代表在区域 Ω 中分布源 $\rho(r_0)$ 在 r 点产生的场的总和,第二个面积分则表示了在边界上的源所产生的场.

下面我们来证明 $G(r,r_0)=G(r_0,r)$, 由(6.3.7)式及(6.3.8)式,我们有

$$\begin{cases}\Delta G(r,r_1)=-\dfrac{1}{\varepsilon}\delta(r-r_1), & (6.3.11)\\ G(r,r_1)\big|_\Gamma=0, & (6.3.12)\end{cases}$$

$$\begin{cases}\Delta G(r,r_2)=-\dfrac{1}{\varepsilon}\delta(r-r_2), & (6.3.13)\\ G(r,r_2)\big|_\Gamma=0. & (6.3.14)\end{cases}$$

$G(r,r_2)$ 乘以 (6.3.11)式减去 $G(r,r_1)$ 乘以 (6.3.13)式,有

$$\varepsilon[G(r,r_2)\Delta G(r,r_1)-G(r,r_1)\Delta G(r,r_2)]=G(r,r_1)\delta(r-r_2)-G(r,r_2)\delta(r-r_1),$$

两侧同时对 r 积分,有

$$\varepsilon\int_\Omega[G(r,r_2)\Delta G(r,r_1)-G(r,r_1)\Delta G(r,r_2)]\,\mathrm{d}r=\int_\Omega[G(r,r_1)\delta(r-r_2)-G(r,r_2)\delta(r-r_1)]\,\mathrm{d}r.$$

根据格林第二公式及 δ 函数的性质,有

$$\varepsilon\int_\Gamma\left[G(r,r_2)\frac{\partial G(r,r_1)}{\partial \boldsymbol{n}}-G(r,r_1)\frac{\partial G(r,r_2)}{\partial \boldsymbol{n}}\right]\mathrm{d}S=G(r_2,r_1)-G(r_1,r_2),$$

则根据(6.3.12)式及(6.3.14)式,有

$$G(r,r_2)\frac{\partial G(r,r_1)}{\partial \boldsymbol{n}}\bigg|_\Gamma-G(r,r_1)\frac{\partial G(r,r_2)}{\partial \boldsymbol{n}}\bigg|_\Gamma=0,$$

所以

$$G(r_1,r_2)=G(r_2,r_1).$$

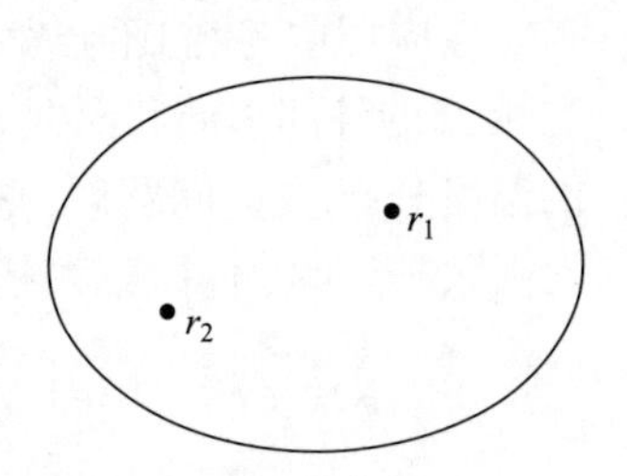

图 6-2

这种性质在物理学中称为**倒易性**,如图 6-2 所示,即位于 r_1 点的点源,在给定的边界情况下在 r_2 点产生的场,等于位于 r_2 点的同样强

度的点源,在相同的边界情况下在 r_1 点产生的场.我们称这种现象为格林函数的**对称性**.

应当说明,在推导(6.3.9)式时,我们利用格林公式把重积分化为曲面积分时,是以 ΔG (及 Δu)在积分区域 Ω 内连续为前提,由(6.3.7)式可明显看到 ΔG 不连续,严格的推导请参阅谷超豪等著《数学物理方程(第三版)》.

6.4 格林函数的应用

在第1章里,我们从无源静电场的电位分布及稳恒温度场的温度分布推出了三维拉普拉斯方程

$$\Delta u = \frac{\partial^2 u}{\partial x^2} + \frac{\partial^2 u}{\partial y^2} + \frac{\partial^2 u}{\partial z^2} = 0.$$

作为描述平衡或稳定等状态的方程,它与初始状态无关,因而不需要关注初始条件.对于边界条件,常见的是如下两种现象:

第一边值问题 在空间 (x,y,z) 中某一区域 Ω 的边界 Γ 上给定了连续函数 f, 要找这样的函数 $u(x,y,z)$, 它在闭区域 $\Omega+\Gamma$ 上连续,且满足

$$\begin{cases}\Delta u = 0,\\ u|_\Gamma = f.\end{cases}$$

第一边值问题也称为**狄利克雷(Dirichlet)问题**.

拉普拉斯方程的连续解,即具有二阶连续偏导数,并且满足拉普拉斯方程的连续函数,称为**调和函数**.因此,狄利克雷问题也可以这样叙述:在区域 Ω 内找一个调和函数,它在边界 Γ 上的值是已知的.

第二边值问题 在空间 (x,y,z) 中某一区域 Ω 的边界 Γ 上给定了连续函数 f, 要找这样的函数 $u(x,y,z)$, 它在闭区域 $\Omega+\Gamma$ 上连续,且满足

$$\begin{cases}\Delta u = 0,\\ \left.\dfrac{\partial u}{\partial \boldsymbol{n}}\right|_\Gamma = f,\end{cases}$$

式中, $\boldsymbol{n}$ 是曲面 Γ 的**外法线方向**.第二边值问题也称为**诺伊曼(Neumann)问题**.

以上两个边值问题都是在边界 Γ 上给定某些条件,在区域内部求解拉普拉斯方程,这样的问题称为**内问题**.

在应用中,我们还会发现另一类现象,如需要确定某物体外部的稳恒温度场时,就归结为在区域 Ω 的外部求调和函数 u 使之满足边界条件 $u|_\Gamma=f$,这里 Γ 是区域 Ω 的边界, f 表示物体表面的温度分布.这类问题称为拉普拉斯方程的**外问题**.

限于篇幅,本书仅讨论如何利用格林函数求解狄利克雷问题

$$\begin{cases}\Delta u = 0, & (6.4.1)\\ u|_\Gamma = f, & (6.4.2)\end{cases}$$

至于其他的问题,求解的思考方法是相像的,可查阅相关的书籍.

由(6.4.1)式可知,源的分布密度函数$\rho = 0$,所以上节给出的求解公式(6.3.10)

$$u(r) = \int_\Omega G(r,r_0)\rho(r_0)\,\mathrm{d}r_0 - \varepsilon\int_\Gamma f(r_0)\frac{\partial G(r,r_0)}{\partial \boldsymbol{n}}\mathrm{d}S$$

就变为

$$u(r) = -\int_\Gamma f(r_0)\frac{\partial G(r,r_0)}{\partial \boldsymbol{n}}\mathrm{d}S\ (\ r_0\ 在曲面\ \Gamma\ 上), \tag{6.4.3}$$

此处介电常数$\varepsilon = 1$.

这样,对一个由曲面Γ围成的区域Ω来说,只要求出了格林函数$G(r,r_0)$,则这个区域内狄利克雷问题的解就可以由(6.4.3)式求出.实际上,求解边值问题

$$\begin{cases}\Delta G(r,r_0) = -\dfrac{1}{\varepsilon}\delta(r - r_0),\\ G|_\Gamma = 0\end{cases}$$

是很困难的,因此有必要对格林函数$G(r,r_0)$作进一步的剖析.在本章中,我们定义了方程的基本解$G_0(r,r_0)$,它满足方程(6.3.7),但不满足边界条件(6.3.8).于是我们设

$$G(r,r_0) = G_0(r,r_0) + V(r), \tag{6.4.4}$$

代入方程(6.3.7)及边界条件(6.3.8),则有

$$\begin{cases}\Delta V = 0,\\ V|_\Gamma = -G_0|_\Gamma.\end{cases} \tag{6.4.5}$$

这样,只要找到满足边界条件$V|_\Gamma = -G_0|_\Gamma$的调和函数V,那么就可以由基本解得到格林函数$G(r,r_0)$.

从形式上看,我们把狄利克雷问题转化为拉普拉斯方程的第一边值问题,问题的求解经过一番周折好像又回到了起点.可是,(6.4.4)式、定解问题(6.4.5)还带有更深层的含义,它们表明格林函数仅与区域有关,而与原拉普拉斯方程的第一边值问题的边界条件无关、只要求出某区域上的格林函数,就可以给出该区域上所有拉普拉斯方程第一边值问题的解.

事实上,当区域的边界具有特殊的对称性时,格林函数是用镜像法(静电源像法)求得的.所谓**静像法**,就是在区域Ω外找出点M_0关于边界Γ的像点(对称点)M_1,然后在M_1上放置适当的负电荷,由它所产生的负电势与点M_0处单位电荷产生的电势在曲面Γ上相互抵消.此时,放置在M_0,M_1两点处的电荷所形成的电场在Ω内的电势就是所要求的格林函数.下面,我们以寻求半空间、球域的格林函数为例来说明镜像法的具体应用.

例 6.3

求解上半空间$z > 0$内的狄利克雷问题

$$\begin{cases}\dfrac{\partial^2 u}{\partial x^2} + \dfrac{\partial^2 u}{\partial y^2} + \dfrac{\partial^2 u}{\partial z^2} = 0, \quad -\infty < x,y < +\infty, z > 0, & (6.4.6)\\ u|_{z=0} = f(x,y). & (6.4.7)\end{cases}$$

解 先求出格林函数 $G(r,r_0)$. 为此在上半空间 $z>0$ 中任意一点 $r_0(x_0,y_0,z_0)$ 处放置一单位正电荷,在点 x_0 关于平面 $z=0$ 的对称点 $r_1(x_0,y_0,-z_0)$ 处放置一单位负电荷,如图 6-3 所示.由它们所形成的静电场的电势在平面 $z=0$ 上恰好为零.因此上半空间的格林函数为

$$G(r,r_0)=\frac{1}{4\pi}\left(\frac{1}{|r-r_0|}-\frac{1}{|r-r_1|}\right). \tag{6.4.8}$$

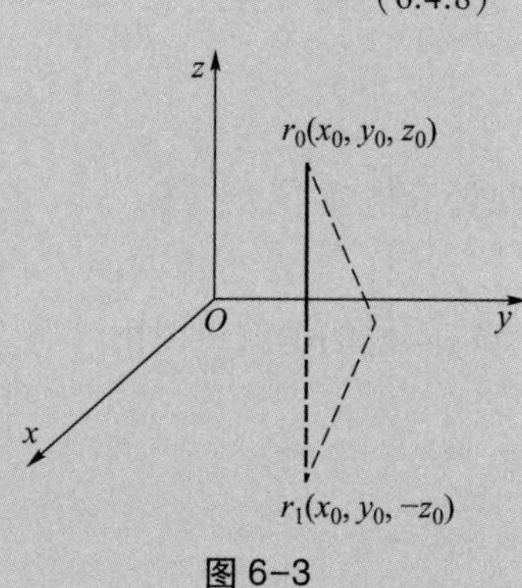

图 6-3

下面我们运用(6.4.3)式

$$u(r)=-\int_{\Gamma}f(r_0)\frac{\partial G(r,r_0)}{\partial \boldsymbol{n}}\mathrm{d}S\ (\,r_0\text{ 在曲面 }\Gamma\text{ 上})$$

求解问题(6.4.6)—(6.4.7).由于 r_0 在曲面 Γ 上,所以积分变量是 r_0, 即被积表达式的自变量是 x_0,y_0,z_0.

为了计算边界曲面上的 $\frac{\partial G}{\partial \boldsymbol{n}}$ 值,首先确定外法线方向 $\boldsymbol{n}$.由于在平面 $z=0$ 上的外法线方向是 Oz 轴的负向,即 $\boldsymbol{n}=(\cos\alpha,\cos\beta,\cos\gamma)=(0,0,-1)$, 所以

$$\begin{aligned}\frac{\partial G}{\partial \boldsymbol{n}}\Big|_{z_0=0}&=\left(\frac{\partial G}{\partial x_0}\cos\alpha+\frac{\partial G}{\partial y_0}\cos\beta+\frac{\partial G}{\partial z_0}\cos\gamma\right)\Big|_{z_0=0}=-\frac{\partial G}{\partial z_0}\Big|_{z_0=0}\\&=\frac{1}{4\pi}\left\{\frac{z_0-z}{[(x-x_0)^2+(y-y_0)^2+(z-z_0)^2]^{\frac{3}{2}}}-\frac{z_0+z}{[(x-x_0)^2+(y-y_0)^2+(z+z_0)^2]^{\frac{3}{2}}}\right\}\Big|_{z_0=0}\\&=-\frac{1}{2\pi}\frac{z}{[(x-x_0)^2+(y-y_0)^2+z^2]^{\frac{3}{2}}},\end{aligned} \tag{6.4.9}$$

则定解问题(6.4.6)—(6.4.7)的解为

$$u(x,y,z)=\frac{1}{2\pi}\int_{-\infty}^{+\infty}\int_{-\infty}^{+\infty}f(\xi,\eta)\frac{z}{[(x-\xi)^2+(y-\eta)^2+z^2]^{\frac{3}{2}}}\mathrm{d}\xi\mathrm{d}\eta. \tag{6.4.10}$$

用同样的方法,我们可以求出球域上的格林函数,并给出球域内的狄利克雷问题的解.

设有一球心在原点,半径为 R 的球面 Γ. 在球内任取一点 $r_0(x_0,y_0,z_0)$, 在 Or_0 的延长线上截取线段 Or_1, 令 $|Or_0|=r_0$, $|Or_1|=r_1$, 使 $r_0r_1=R^2$, 这样的点 r_1 称为点 r_0 关于球面 Γ 的**反演点**(或**对称点**),如图 6-4所示.我们在点 r_0 处放置一个单位正电荷,在点 r_1 处放置一个 q 单位的负电荷,通过选择恰当的 q 值,使得这两个点电荷所产生的电势在球面 Γ 上为零,即

$$\frac{1}{4\pi|r_0P|}=\frac{q}{4\pi|r_1P|},$$

或

$$q=\frac{|r_1P|}{|r_0P|},$$

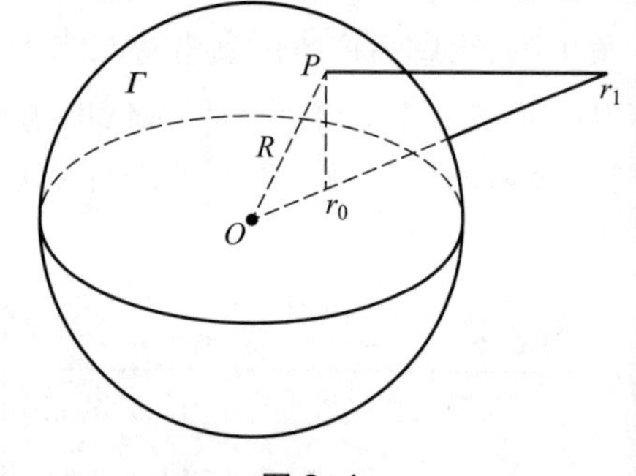

图 6-4

式中, P 为球面 Γ 上任意一点.由于三角形 $\triangle Or_1P$ 与 $\triangle OPr_0$ 在点 O 处有公共角,且这个公共角的两条边成比

例，即 $\dfrac{r_0}{R}=\dfrac{R}{r_1}$，因此 $\triangle Or_1P$ 与 $\triangle OPr_0$ 相似.于是得到

$$\frac{|r_1P|}{|r_0P|}=\frac{R}{r_0},$$

因此

$$q=\frac{R}{r_0},$$

即只要在点 r_1 处放置一个 $\dfrac{R}{r_0}$ 单位的负电荷，则由 r_0 及 r_1 处点源产生的电势在球面上为零，这样，球域内的格林函数为

$$G(r,r_0)=\frac{1}{4\pi}\left(\frac{1}{|r-r_0|}-\frac{R}{r_0}\frac{1}{|r-r_1|}\right), \tag{6.4.11}$$

式中，r 为球域内任意一点.

下面，我们利用格林函数来求解球域内的狄利克雷问题

$$\begin{cases}\Delta u=0, & (x,y,z)\in\Omega,\\ u|_\Gamma=f.\end{cases}$$

由(6.3.9)式得(介电常数 $\varepsilon=1$)

$$u(r_0)=-\int_\Gamma f(r)\frac{\partial G(r,r_0)}{\partial \boldsymbol{n}}\mathrm{d}S,$$

因此，我们要计算 $\left.\dfrac{\partial G}{\partial \boldsymbol{n}}\right|_\Gamma$，由于

$$\frac{1}{|r-r_0|}=\frac{1}{\sqrt{r_0^2+r^2-2rr_0\cos\gamma}},$$

$$\frac{1}{|r-r_1|}=\frac{1}{\sqrt{r_1^2+r^2-2rr_1\cos\gamma}},$$

$$R^2=r_1r_0,$$

其中，γ 是向量 $\overrightarrow{Or_0}$ 与 $\overrightarrow{Or}$ 的夹角，$|Or|=r$，所以

$$G(r,r_0)=\frac{1}{4\pi}\left[\frac{1}{\sqrt{r_0^2+r^2-2rr_0\cos\gamma}}-\frac{R}{\sqrt{r_0^2r^2-2R^2rr_0\cos\gamma+R^4}}\right].$$

在球面 Γ 上

$$\begin{aligned}\left.\frac{\partial G}{\partial \boldsymbol{n}}\right|_\Gamma=\left.\frac{\partial G}{\partial r}\right|_{r=R}&=-\frac{1}{4\pi}\left[\frac{r-r_0\cos\gamma}{(r^2+r_0^2-2r_0r\cos\gamma)^{\frac{3}{2}}}-\frac{(r_0^2r-R^2r_0\cos\gamma)R}{(r_0^2r^2-2R^2r_0r\cos\gamma+R^4)^{\frac{3}{2}}}\right]\Bigg|_{r=R}\\&=-\frac{1}{4\pi R}\frac{R^2-r_0^2}{(R^2+r_0^2-2Rr_0\cos\gamma)^{\frac{3}{2}}};\end{aligned}$$

所以狄利克雷问题的解为

$$u(r_0)=\frac{1}{4\pi R}\iint_{\Gamma}\frac{R^2-r_0^2}{(R^2+r_0^2-2Rr_0\cos\gamma)^{\frac{3}{2}}}f\mathrm{d}S. \tag{6.4.12}$$

为了方便解释物理现象,我们也可以利用格林函数的**倒易性**求出球内任一点 r 处的电势 $u(r)$.

在球面上应用球坐标系,上式变为

$$u(r_0,\varphi_0,\theta_0)=\frac{R}{4\pi}\int_0^{2\pi}\int_0^{\pi}f(R,\varphi,\theta)\frac{R^2-r_0^2}{(R^2+r_0^2-2Rr_0\cos\gamma)^{\frac{3}{2}}}\sin\varphi\,\mathrm{d}\varphi\,\mathrm{d}\theta, \tag{6.4.13}$$

式中,(r_0,φ_0,θ_0) 是点 r_0 的坐标,(R,φ,θ) 是球面 Γ 上点 P 的坐标,γ 是向量 $\overrightarrow{Or_0}$ 与 $\overrightarrow{OP}$ 所成的角.因为向量 $\overrightarrow{Or_0}$ 与 $\overrightarrow{Or}$ 的方向余弦分别是

$$(\cos\theta_0\sin\varphi_0,\sin\theta_0\sin\varphi_0,\cos\varphi_0),$$
$$(\cos\theta\sin\varphi,\sin\theta\sin\varphi,\cos\varphi),$$

所以可得

$$\begin{aligned}\cos\gamma&=\cos\varphi\cos\varphi_0+\sin\varphi\sin\varphi_0(\sin\theta\sin\theta_0+\cos\varphi\cos\theta_0)\\&=\cos\varphi\cos\varphi_0+\sin\varphi\sin\varphi_0\cos(\theta-\theta_0).\end{aligned}$$

(6.4.10)式或(6.4.13)式称为**泊松公式**.

例 6.4

设有一半径为 R 的均匀球,球心在坐标原点,上半球面的温度保持为0℃,下半球面的温度保持为2℃,求

(1) 球内温度的稳定分布;

(2) 球内 z 轴上温度的分布;

(3) 球心的温度.

解 这个问题的数学描述为

$$\begin{cases}\Delta u=0, & r<R,\\ u\big|_{r=R}=\begin{cases}0, & 0<\varphi<\dfrac{\pi}{2},\\ 2, & \dfrac{\pi}{2}<\varphi<\pi.\end{cases}\end{cases}$$

(1) 由泊松公式,球内任一点 (r_0,φ_0,θ_0) 处的温度为

$$\begin{aligned}u(r_0,\varphi_0,\theta_0)&=\frac{R}{4\pi}\int_0^{2\pi}\int_0^{\pi}f(R,\varphi,\theta)\frac{R^2-r_0^2}{(R^2+r_0^2-2Rr_0\cos\gamma)^{\frac{3}{2}}}\sin\varphi\,\mathrm{d}\varphi\mathrm{d}\theta\\&=\frac{R}{2\pi}\int_0^{2\pi}\int_{\frac{\pi}{2}}^{\pi}\frac{R^2-r_0^2}{(R^2+r_0^2-2Rr_0\cos\gamma)^{\frac{3}{2}}}\sin\varphi\,\mathrm{d}\varphi\mathrm{d}\theta,\end{aligned}$$

其中 $\cos\gamma=\cos\gamma\cos\gamma_0+\sin\varphi\sin\varphi_0\cos(\theta-\theta_0)$.

(2) 若只考虑 z 轴上的温度,即 $\varphi_0=0$(上半轴)或 $\varphi_1=\pi$(下半轴),可知:当 $\varphi_0=0$ 时,$\cos\gamma=\cos\varphi$,则

$$u(r_0,0,\theta_0) = \frac{R}{2\pi}\int_0^{2\pi}\int_{\frac{\pi}{2}}^{\pi}\frac{R^2-r_0^2}{(R^2+r_0^2-2Rr_0\cos\varphi)^{\frac{3}{2}}}\sin\varphi\,\mathrm{d}\varphi\,\mathrm{d}\theta$$

$$= R\left[-\frac{R^2-r_0^2}{Rr_0(R^2+r_0^2-2Rr_0\cos\varphi)^{\frac{1}{2}}}\right]\Bigg|_{\varphi=\frac{\pi}{2}}^{\varphi=\pi}$$

$$= \frac{R^2-r_0^2}{r_0}\left(\frac{1}{\sqrt{R^2+r_0^2}}-\frac{1}{R+r_0}\right).$$

当 $\varphi_0=\pi$ 时, $\cos\gamma=-\cos\varphi$, 故

$$u(r_0,\pi,\theta_0) = \frac{R^2-r_0^2}{r_0}\left(\frac{1}{R-r_0}-\frac{1}{\sqrt{R^2+r_0^2}}\right).$$

(3) 当 $r_0\to 0$ 时,应用洛必达法则有

$$u(0,0,0) = \lim_{r_0\to 0}u(r_0,\varphi_0,\theta_0) = 1,$$

即球心温度为 1℃.

习题 6

1. 设有界区域 D 的边界线 C 是光滑的,函数 $u(x,y)$ 和 $v(x,y)$ 在闭区域 $D+C$ 上具有一阶连续偏导数,在区域 D 内有二阶偏导数,证明

$$\iint_D(u\Delta v-v\Delta u)\,\mathrm{d}\sigma = \int_C\left(u\frac{\partial v}{\partial \boldsymbol{n}}-v\frac{\partial u}{\partial \boldsymbol{n}}\right)\mathrm{d}s,$$

其中“$\boldsymbol{n}$”为 C 上的外法线方向。

2. 验证 $u=\frac{1}{2\pi}\ln\frac{1}{|r-r_0|}$ 是二维拉普拉斯方程的基本解,其中 r_0 为固定点,r 为任意点,$|r-r_0|$ 为 r_0,r 之间的距离.

3. **专题问题:**寻找二维稳态问题的特解

求解拉普拉斯方程边值问题

$$\begin{cases}\frac{\partial^2 u}{\partial\rho^2}+\frac{1}{\rho}\frac{\partial u}{\partial\rho}+\frac{1}{\rho^2}\frac{\partial^2 u}{\partial\theta^2}=0, & \rho<R,\\ u|_{\rho=R}=\frac{1}{2}R^2\sin 2\theta.\end{cases}$$

解决这类问题还有一种所谓的“试探法”.对于实际中提出的某些定解问题,根据问题的物理意义和几何特征,可假设解具有某种形式,代入定解问题,运用待定参数的方法试探求解.令 $u(\rho,\theta)=AR^2\sin 2\theta+B$, 试求解所给问题.

若定解问题是

$$\begin{cases}\frac{\partial^2 u}{\partial\rho^2}+\frac{1}{\rho}\frac{\partial u}{\partial\rho}+\frac{1}{\rho^2}\frac{\partial^2 u}{\partial\theta^2}=0, & \rho<R,\\ \left.\frac{\partial u}{\partial \boldsymbol{n}}\right|_{\rho=R}=R\sin\theta+R\cos\theta,\end{cases}$$

应该如何选择 $u(\rho,\theta)$ 的形式?

对泊松方程

$$\frac{\partial^2 u}{\partial\rho^2}+\frac{1}{\rho}\frac{\partial u}{\partial\rho}+\frac{1}{\rho^2}\frac{\partial^2 u}{\partial\theta^2}=-\sin\theta,$$

试选择合适的 $u(\rho,\theta)$ 求出问题的一个解.

第 7 章 变分法及应用

在数学物理问题中,许多边值问题和固有值问题无法进行精确求解.因此,在实际工作中,经常采用各种近似的方法来解决具体的问题,变分法就是最有力的工具之一.所谓变分法,就是求泛函极值的方法.本章简要介绍泛函以及泛函极值的概念,求泛函极值的方法以及它在求解固有值问题中的应用.

7.1 泛函和泛函极值

我们以前研究的函数是指这样一种关系,对于数集 A 中的任一个元素 z,数集 B 中存在唯一的一个元素 w 与之对应,我们就说 w 是 z 的一个函数,记为 $w(z)$. 在自然现象中,不仅存在这样数与数的对应,还存在着其他各种不同性质的对应关系.我们看下面的问题.

设 C 为区间 $[x_0,x_1]$ 上满足条件

$$y(x_0)=y_0, y(x_1)=y_1$$

的一切可微函数 $y(x)$ 的集合,这集合中的每一个元素 $y=y(x)$ 代表 xOy 平面上由点 $P_0(x_0,y_0)$ 到点 $P_1(x_1,y_1)$ 的一条光滑曲线.用 L 表示曲线上 P_0P_1 段的弧长,则

$$L=\int_{x_0}^{x_1}\sqrt{1+y'^2}\,dx. \tag{7.1.1}$$

显然,弧长 L 的值取决于曲线段 P_0P_1 的形状,也就是取决于曲线 $y(x)$ 的形状.对不同的曲线 $y(x)$, L 的值可能不同,这样,我们就在函数 $y(x)$ 与实数 L 之间建立了一种对应关系.为了描述这种对应关系,我们引入泛函这个概念.

设 C 是一个由函数组成的集合,对于 C 中的任何一个元素 $y(x)$,数集 B 中都有唯一一个元素 J 与之对应,称 J 是 $y(x)$ 的泛函数,记作

$$J=J[y(x)]. \tag{7.1.2}$$

由此可见,泛函与普通函数是不一样的,其差别在于普通函数的函数值是数,自变量也是数;而泛函的函数值是数,自变量却是函数,泛函的概念是函数概念的推广.由此可知,(7.1.1)式表示了一个泛函.

一般情况下,泛函(7.1.2)常用积分形式表示为

$$J[y(x)]=\int_{x_0}^{x_1}F(x,y,y')\,dx, \tag{7.1.3}$$

式中,被积函数 $F(x,y,y')$ 称为**核**.

在实际工作中,为了解决某个特殊要求的问题,首先要分析实际问题与一般规律之间的关

系,建立数学上的表达式,然后结合特定要求得出所需的数学结果.例如求连接两个定点的曲线段中弧长最短的曲线方程 $y(x)$, 我们首先建立求任意曲线段弧长的等式

$$J[y(x)] = \int_{x_0}^{x_1} \sqrt{1 + y'^2}\,\mathrm{d}x,$$

然后寻找自变量 $y = y^*$, 使泛函 $J[y(x)]$ 取最小值,这就是所说的泛函极值问题.

下面我们研究一下著名的最速降线问题(捷线问题):设 O,A 是高度不同,且不在同一铅垂线上的两定点,如果不计摩擦和空气阻力,一静止质点 m 在重力作用下从 O 点沿一曲线降落至 A 点,问曲线呈何种形状时,质点降落所用的时间最短?

设曲线为 $y = y(x)$, 坐标如图 7-1,质点由 O 点开始运动,它的速度 v 与它的纵坐标有关系

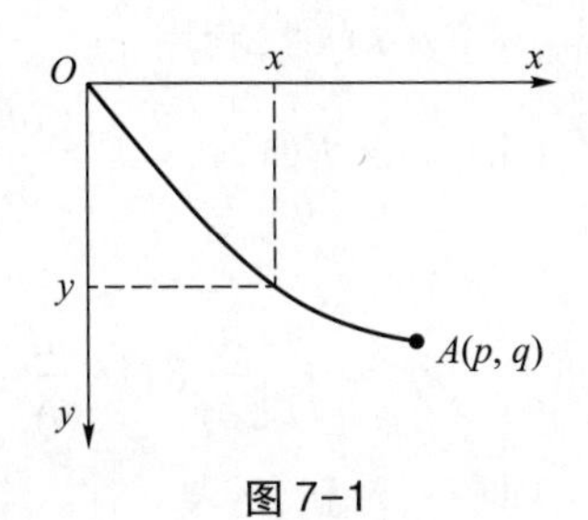

图 7-1

$$v^2 = 2gy,$$

式中, g 是重力加速度.

在曲线上点 (x,y) 处,质点的运动速度为

$$v = \frac{\mathrm{d}s}{\mathrm{d}t} = \frac{\sqrt{1 + y'^2}\,\mathrm{d}x}{\mathrm{d}t},$$

式中, s 表示曲线的弧长, t 表示时间,于是

$$\mathrm{d}t = \frac{\sqrt{1 + y'^2}}{v}\mathrm{d}x = \sqrt{\frac{1 + y'^2}{2gy}}\,\mathrm{d}x.$$

由于点 O,A 的横坐标分别是 $0,p$, 则质点 m 从 O 点运动到 A 点所需时间为

$$t = J(y) = \int_0^p \sqrt{\frac{1 + y'^2}{2gy}}\,\mathrm{d}x. \tag{7.1.4}$$

这样,质点由 O 点运动到 A 点所需时间 t 是 $y(x)$ 的函数,最速降线问题就是在满足边界条件

$$y(0) = 0, y(p) = q$$

的所有连续函数 $y(x)$ 中,求出一个函数 y^* 使泛函(7.1.4)取最小值.

对泛函求极值的问题称为**变分问题**,使泛函取极值的函数称为变分问题的解,也称为**极值函数**.

在微分学中,求函数 $y = y(x)$ 的极值是求自变量 x 的值,当 x 取这些值时, y 取极值,取极值的必要条件是 $\left.\frac{\mathrm{d}y}{\mathrm{d}x}\right|_{x=x_0} = 0$. 下面我们仿照函数微分的概念来定义泛函的变分概念,进而导出泛函

极值存在的必要条件.

设 y, y_0 是集合 C 的元素,称 $\delta y = y - y_0$ 为函数 y 在 y_0 处的**变分**.这里的 δy 是 x 的函数,它与 Δy 的区别在于:变分 δy 反映的是整个函数的改变,而 Δy 表示的是同一个函数 $y(x)$ 因 x 的不同值而产生的差异.在本书,我们总是假定 $y(x)$ 和 $F(x,y,y')$ 都是充分光滑的,且 $y(x)$ 在两个端点处固定,即

$$y(a) = y_1, y(b) = y_2, \tag{7.1.5}$$

式中, y_1, y_2 是两个常数.

下面我们考虑泛函

$$J[y(x)] = \int_a^b F(x,y,y')\mathrm{d}x. \tag{7.1.6}$$

当函数 $y(x)$ 有微小改变且变为 $y(x) + \delta y(x)$ 时,利用

$$F(x, y + \delta y, y' + \delta y') \approx F(x,y,y') + \frac{\partial F}{\partial y}\delta y + \frac{\partial F}{\partial y'}\delta y'$$

可推出

$$J(y + \delta y) - J(y) \approx \int_a^b \left[\frac{\partial F}{\partial y}\delta y + \frac{\partial F}{\partial y'}\delta y'\right]\mathrm{d}x. \tag{7.1.7}$$

上式称为 $J(y)$ 的变分,记为 $\delta J(y)$, 即

$$\delta J(y) \approx \int_a^b \left[\frac{\partial F}{\partial y}\delta y + \frac{\partial F}{\partial y'}\delta y'\right]\mathrm{d}x.$$

下面我们证明,泛函 $J(y)$ 取极值的必要条件是

$$\delta J(y) = 0 \tag{7.1.8}$$

或者

$$\frac{\partial F}{\partial y} - \frac{\mathrm{d}}{\mathrm{d}x}\left(\frac{\partial F}{\partial y'}\right) = 0. \tag{7.1.9}$$

设 $y = y(x)$ 使泛函 $J(y)$ 取到极值,取函数 $y(x)$ 变分的特殊形式为

$$\delta y(x) = \varepsilon\varphi(x),$$

式中, ε 是任意小的实数, $\varphi(x)$ 是充分光滑的任意函数,并且满足条件

$$\varphi(a) = 0, \varphi(b) = 0.$$

这样,函数 $y(x) + \varepsilon\varphi(x)$ 满足边界条件(7.1.5).因此,泛函 $J[y(x) + \varepsilon\varphi(x)]$ 当 $\varepsilon = 0$ 时取最小值 $J[y(x)]$, 从而有

$$\frac{\mathrm{d}}{\mathrm{d}\varepsilon}J[y(x) + \varepsilon\varphi(x)]\big|_{\varepsilon=0} = 0.$$

由(7.1.7)式可得

$$J[y(x) + \varepsilon\varphi(x)] \approx J[y(x)] + \int_a^b \left[\frac{\partial F}{\partial y}\varepsilon\varphi(x) + \frac{\partial F}{\partial y'}\varepsilon\varphi'(x)\right]\mathrm{d}x.$$

对 ε 求导,则有

$$\int_a^b \left[\frac{\partial F}{\partial y}\varphi(x) + \frac{\partial F}{\partial y'}\varphi'(x)\right]\mathrm{d}x = 0. \tag{7.1.10}$$

以 ε 乘(7.1.10)式,且

$$\delta y(x)=\varepsilon\varphi(x),$$

则有

$$\delta J(y)\approx\int_a^b\left[\frac{\partial F}{\partial y}\varepsilon\varphi(x)+\frac{\partial F}{\partial y'}\varepsilon\varphi'(x)\right]\mathrm{d}x=\int_a^b\left[\frac{\partial F}{\partial y}\delta y+\frac{\partial F}{\partial y'}\delta y'\right]\mathrm{d}x=0.$$

应用分部积分,我们作进一步的分析,有

$$\begin{aligned}0&=\int_a^b\left[\frac{\partial F}{\partial y}\varphi(x)+\frac{\partial F}{\partial y'}\varphi'(x)\right]\mathrm{d}x=\int_a^b\frac{\partial F}{\partial y}\varphi(x)\mathrm{d}x+\int_a^b\frac{\partial F}{\partial y'}\varphi'(x)\mathrm{d}x\\&=\int_a^b\frac{\partial F}{\partial y}\varphi(x)\mathrm{d}x+\frac{\partial F}{\partial y'}\varphi(x)\Big|_a^b-\int_a^b\varphi(x)\frac{\mathrm{d}}{\mathrm{d}x}\left(\frac{\partial F}{\partial y'}\right)\mathrm{d}x=\int_a^b\left[\frac{\partial F}{\partial y}-\frac{\mathrm{d}}{\mathrm{d}x}\left(\frac{\partial F}{\partial y'}\right)\right]\varphi(x)\mathrm{d}x.\end{aligned}$$

由 $\varphi(x)$ 的任意性,可得

$$\frac{\partial F}{\partial y}-\frac{\mathrm{d}}{\mathrm{d}x}\left(\frac{\partial F}{\partial y'}\right)=0. \tag{7.1.11}$$

(7.1.11)式称为欧拉—拉格朗日(Euler-Lagrange)方程,简记为 E-L 方程,这就是泛函 $J[y(x)]$ 有极值的必要条件,也就是说,$y=y(x)$ 使泛函(7.1.6)取极小值,则 $y=y(x)$ 一定是欧拉—拉格朗日方程(7.1.11)满足边界条件(7.1.5)的解.

我们把满足 E-L 方程边值问题的解称为**驻留函数**,对应的积分曲线称为**驻留曲线**.严格地讲,E-L 方程边值问题的解满足变分问题的必要条件,但它是否是极值函数还需作进一步的判别.但如果一个实际现象已知有唯一的极值存在,而这时也只得到一个驻留函数,则可以判定这个驻留函数就是极值函数.

下面我们来解决本章开始部分的两个例子.

例 7.1

最短距离问题

解

$$J[y(x)]=\int_{x_0}^{x_1}\sqrt{1+y'^2}\,\mathrm{d}x.$$

因为 $F=\sqrt{1+y'^2}$,所以

$$\frac{\partial F}{\partial y}=0,\frac{\partial F}{\partial y'}=\frac{y'}{\sqrt{1+y'^2}},$$

E-L 方程为

$$\frac{\partial F}{\partial y}-\frac{\mathrm{d}}{\mathrm{d}x}\left(\frac{\partial F}{\partial y'}\right)=0,$$

则有

$$\frac{\partial F}{\partial y'}=C_1,$$

这里 C_1 是积分常数,即

$$\frac{y'}{\sqrt{1+y'^2}}=C_1,$$

解得

$$y' = \frac{C_1}{\sqrt{1 - C_1^2}} = a,$$

所以

$$y = ax + b.$$

由 $y(x_0) = y_0, y(x_1) = y_1$，可得

$$y = \frac{y_1 - y_0}{x_1 - x_0}(x - x_0) + y_0.$$

这个结论与我们的常识相符合.

例 7.2

捷线问题

解

$$J[y(x)] = \int_0^p \sqrt{\frac{1 + y'^2}{2gy}} \mathrm{d}x,$$

且

$$y(0) = 0, y(p) = q.$$

这样

$$F(x, y, y') = F(y, y') = \sqrt{\frac{1 + y'^2}{2gy}}, \tag{7.1.12}$$

其 E-L 方程为

$$\frac{\partial F}{\partial y} - \frac{\mathrm{d}}{\mathrm{d}x}\left(\frac{\partial F}{\partial y'}\right) = 0.$$

由于

$$\begin{aligned} &\frac{\mathrm{d}}{\mathrm{d}x}\left[F(y, y') - y' \frac{\partial F}{\partial y'}\right] \\ &= y' \frac{\partial F}{\partial y} + \frac{\partial F}{\partial y'} y'' - y'' \frac{\partial F}{\partial y'} - y' \frac{\mathrm{d}}{\mathrm{d}x}\left(\frac{\partial F}{\partial y'}\right) = 0, \end{aligned}$$

所以有

$$F(y, y') - y' \frac{\partial F}{\partial y'} = C. \tag{7.1.13}$$

将(7.1.12)式代入(7.1.13)式，得

$$\sqrt{\frac{1 + y'^2}{2gy}} - y' \frac{y'}{\sqrt{2gy}\sqrt{1 + y'^2}} = C,$$

即

$$\frac{1}{\sqrt{2gy}\sqrt{1 + y'^2}} = C,$$

由此得

$$y(1 + y'^2) = \frac{1}{2gC^2} = 2\rho. \tag{7.1.14}$$

其中，$\rho=\dfrac{1}{4gC^2}$.引入变量代换 $x = x(\theta)$，并设

$$y' = \cot\frac{\theta}{2},$$

则由(7.1.14)式可得

$$y = 2\rho\sin^2\frac{\theta}{2} = \rho(1-\cos\theta),$$

上式对 θ 求导，得

$$y'\frac{\mathrm{d}x}{\mathrm{d}\theta} = \rho\sin\theta,$$

即

$$\cot\frac{\theta}{2}\frac{\mathrm{d}x}{\mathrm{d}\theta} = \rho\sin\theta,$$

即

$$\frac{\mathrm{d}x}{\mathrm{d}\theta} = 2\rho\sin^2\frac{\theta}{2} = \rho(1-\cos\theta),$$

所以

$$x = \rho(\theta-\sin\theta)+x_0.$$

根据曲线过原点 $(0,0)$ 及点 (p,q) 可求出 $x_0 = 0$ 及 ρ，这样，所求曲线为

$$\begin{cases} x = \rho(\theta-\sin\theta), \\ y = \rho(1-\cos\theta). \end{cases}$$

这是以 ρ 为半径的圆滚动时形成的摆线方程.

7.2 变分法在固有值问题中的应用

本节我们介绍如何利用变分法求解固有值问题.在第 2 章里我们讨论过，所谓固有值问题就是在一定的边界条件下，求含有参数的微分方程的非零解.为了表达上的方便，将需要求解的常微分方程写为

$$L[y(x)] = \lambda y(x), \tag{7.2.1}$$

其中 L 是一个作用在函数 $y(x)$ 上的线性微分算符，假定所讨论的固有值问题是权函数 $\rho = 1$ 的施图姆—刘维尔固有值问题，其固有值满足

$$0 < \lambda_1 \leqslant \lambda_2 \leqslant \lambda_3 \leqslant \cdots, \tag{7.2.2}$$

相应的固有函数为

$$\varphi_1(x),\varphi_2(x),\varphi_3(x),\cdots, \tag{7.2.3}$$

它们相互正交，并且组成了完备的函数系，假定它们已经归一化，即

$$\int\varphi_m(x)\varphi_n(x)\mathrm{d}x = \begin{cases} 0, m\neq n, \\ 1, m = n. \end{cases} \tag{7.2.4}$$

这样,任意的有连续导数的平方可积函数 $y(x)$ 都可以按固有函数系展开,即

$$y(x)=\sum_n C_n\varphi_n(x), \tag{7.2.5}$$

式中

$$C_n=\int\varphi_n(x)y(x)\mathrm{d}x. \tag{7.2.6}$$

假定 $y(x)$ 也是归一化的函数,即

$$\int y^2(x)\mathrm{d}x=1, \tag{7.2.7}$$

把(7.2.5)式代入(7.2.7),结合(7.2.4)式可得

$$\sum_n C_n^2=1. \tag{7.2.8}$$

由(7.2.1)式—(7.2.3)式可知

$$L[\varphi_n(x)]=\lambda_n\varphi_n(x), \tag{7.2.9}$$

这样,将线性微分算符 L 同时作用在(7.2.5)式两侧,则

$$L[y(x)]=L[\sum_n C_n\varphi_n(x)]=\sum_n L[C_n\varphi_n(x)],$$

以 $y(x)$ 乘上式,同时作积分并记为 $J[y(x)]$, 即

$$J[y(x)]=\int y(x)L[y(x)]\mathrm{d}x, \tag{7.2.10}$$

$J[y(x)]$ 是 $y(x)$ 的泛函,这样我们就引出一系列重要结论.

引理 7.1 泛函(7.2.10)的极小值等于相应的固有值问题的最小固有值 λ_1, 而使 $J[y(x)]$ 取这一极小值的极值函数就是相应于固有值 λ_1 所对应的固有函数 $\varphi_1(x)$.

证明 将(7.2.5)式代入泛函(7.2.10),则

$$\begin{aligned}J[y(x)]&=\int\sum_m C_m\varphi_m(x)\cdot L[\sum_n C_n\varphi_n(x)]\mathrm{d}x=\sum_m\sum_n C_nC_m\int\varphi_m(x)L[\varphi_n(x)]\mathrm{d}x\\&=\sum_m\sum_n C_nC_m\lambda_n\int\varphi_m(x)\varphi_n(x)\mathrm{d}x=\sum_n C_n^2\lambda_n.\end{aligned} \tag{7.2.11}$$

因为 $C_n^2\geqslant 0$, 且 $\lambda_n\geqslant\lambda_1$, 则

$$J[y(x)]=\sum_n C_n^2\lambda_n\geqslant\sum_n C_n^2\lambda_1=\lambda_1\sum_n C_n^2=\lambda_1.$$

这样,我们得到了

$$J[y(x)]\geqslant\lambda_1.$$

这就证明了 λ_1 是泛函(7.2.10)的极小值

$$J[y^*(x)]=\lambda_1,$$

式中 $y^*(x)$ 为极值函数.由(7.2.11)式可知

$$\sum_n C_n^2\lambda_n=\lambda_1,$$

即

$$C_1=1,C_i=0(i\neq 1).$$

这样,由(7.2.5)式可知

$$y^*(x)=\sum_n C_n\varphi_n(x)=\varphi_1(x).$$

引理 7.2 泛函(7.2.10)在条件

$$\int\varphi_1(x)y(x)\mathrm{d}x=0$$

下的极小值是 λ_2，极值函数是 $\varphi_2(x)$ ；泛函(7.2.10)在条件

$$\int\varphi_1(x)y(x)\mathrm{d}x=0,$$

$$\int\varphi_2(x)y(x)\mathrm{d}x=0$$

下的极小值是 λ_3，极小函数是 $\varphi_3(x)$.

以此类推,我们就可以求出所有的固有值及固有函数.这样,求固有值 λ_n 和固有函数 $\varphi_n(x)$ 的问题就转化为求泛函极小值的问题.

由上述的讨论可知,微分方程的边值问题可转化为一个泛函极值的变分问题,因此我们通过求解泛函极值的变分问题,就可以解决相应的微分方程的边值问题.实际工作中的问题常常很复杂,不但微分方程的边值问题难解,泛函的变分问题也不容易求出精确解.

由于我们所讨论的 $y(x)$ 可以按固有函数系展开,因此我们称固有函数系为**基函数系**(或**坐标函数系**).一般情况下,我们在无穷级数形式的解中,选取含有前 n 个固有函数的多项式,则称该多项式为**原问题的 n 阶近似解**.在很多场合,这样的近似解也可满足要求,下面我们介绍一种常用的近似方法——里茨(Ritz)方法.

在空间中,基函数不是唯一的,我们可选择另外一组坐标函数系 $\{\psi_n(x)\}$，这样 $y(x)$ 可以展开为

$$y(x)=\sum_{n=1}^{\infty}a_n\psi_n(x).$$

于是,求极值函数 $y(x)$ 就变成求系数 $a_n(n=1,2,\cdots)$，而泛函 $J[y(x)]$ 就变成关于变量 $a_n(n=1,2,\cdots)$ 的函数了,泛函极值问题就变成多元函数的极值问题了.不过,关于无穷多个变量的函数极值也难以解决,所以我们只有选择有限个坐标函数,也就是说,我们只取函数 $y(x)$ 的近似表达式

$$y_n(x)=\sum_{k=1}^{n}a_k\psi_k(x).\tag{7.2.12}$$

将(7.2.12)式代入泛函(7.2.10)中,经过整理,就能得到关于 $a_k(k=1,2,\cdots,n)$ 的 n 元函数

$$J(y_n)=G(a_1,a_2,\cdots,a_n),\tag{7.2.13}$$

式中，$a_k(k=1,2,\cdots,n)$ 称为里茨系数.确定里茨系数的原则是：

要求它们使 n 元函数 $G(a_1,a_2,\cdots,a_n)$ 取得极值.

这样,我们便得到一个 n 元方程组

$$\frac{\partial G}{\partial a_k}=0\quad(k=1,2,\cdots,n),\tag{7.2.14}$$

称之为里茨方程组.求出方程组的解 $a_k(k=1,2,\cdots,n)$，代入(7.2.12)式,即得到了极值问题 n 阶近似解

$$y_n(x)=a_1\psi_1(x)+a_2\psi_2(x)+\cdots+a_n\psi_n(x).$$

若令 n 无限增大,函数值序列 $J[y_n(x)]$ 会不断地逼近泛函 $J[y(x)]$,而近似解序列 $\{y_n(x)\}$ 也会不断地逼近泛函 $J[y(x)]$ 的极值函数 $y(x)$,也就是说 $\{y_n(x)\}$ 无限逼近相应的微分方程边值问题的解.

例 7.3

用里茨方法求固有值问题

$$\begin{cases}y''+\lambda y=0, & (7.2.15)\\ y(0)=0, y(1)=0 & (7.2.16)\end{cases}$$

的最小固有值及相应的固有函数的近似解.

解 将方程改写为

$$-\frac{d^2}{dx^2}y(x)=\lambda y(x),$$

可见,此时线性微分算符 L 为

$$L=-\frac{d^2}{dx^2},$$

因此原固有值问题可以转化为泛函

$$J(y)=\int_0^1 y(x)\left(-\frac{d^2}{dx^2}y(x)\right)dx.$$

在归一条件

$$\int_0^1 y^2dx=1 \tag{7.2.17}$$

及边界条件(7.2.16)之下的极值问题整理得

$$J(y)=\int_0^1 y(x)d\left[-\frac{dy}{dx}\right]=-y(x)y'(x)\big|_0^1+\int_0^1[y'(x)]^2dx=\int_0^1[y'(x)]^2dx. \tag{7.2.18}$$

我们取基函数系为

$$\psi_n(x)=(1-x)x^k(k=1,2,\cdots),$$

这样,泛函极值函数的 n 阶近似解的形式为

$$y_n(x)=a_1(1-x)x+a_2(1-x)x^2+\cdots+a_n(1-x)x^n.$$

为了计算上的方便,我们取 $n=2$, 即

$$y_2(x)=x(1-x)(a_1+a_2x). \tag{7.2.19}$$

将 $y_2(x)$ 代入泛函(7.2.18),有

$$J[y_2(x)]=\frac{1}{3}\left(a_1^2+a_1a_2+\frac{2}{5}a_2^2\right). \tag{7.2.20}$$

将 $y_2(x)$ 代入泛函(7.2.17),有

$$\int_0^1 y_2^2(x)dx=\frac{1}{30}\left(a_1^2+a_1a_2+\frac{2}{7}a_2^2\right)=1. \tag{7.2.21}$$

于是,求泛函极值的问题化为关于变量 a_1,a_2 的二元函数(7.2.20)在条件(7.2.21)下的极值问题,构造拉格朗日函数

$$F(a_1,a_2,\mu) = \frac{1}{3}(a_1^2 + a_1a_2 + \frac{2}{5}a_2^2) + \mu\left[\frac{1}{30}\left(a_1^2 + a_1a_2 + \frac{2}{7}a_2^2\right) - 1\right].$$

由

$$\frac{\partial F}{\partial a_1} = \frac{1}{3}(2a_1 + a_2) + \frac{\mu}{30}(2a_1 + a_2) = 0,$$

$$\frac{\partial F}{\partial a_2} = \frac{1}{3}\left(a_1 + \frac{4}{5}a_2\right) + \frac{\mu}{30}\left(a_1 + \frac{4}{7}a_2\right) = 0,$$

$$\frac{1}{30}\left(a_1^2 + a_1a_2 + \frac{2}{7}a_2^2\right) = 1,$$

可解出 $a_1=\sqrt{30}$, $a_2=0$，则

$$y_2(x) = \sqrt{30}x(x-1),$$

对应的固有值为 $\mu = 10$.

固有值问题(7.2.15)—(7.2.16)可以求出精确解，最小固有值为 $\mu = \pi^2 \approx 9.8696$，二者的误差很小.

例 7.4

用里茨方法求泛函

$$J[y(x)] = \int_0^1 [y'^2(x) - y^2(x) - 2xy(x)]\mathrm{d}x$$

的极值函数，其中 $y(0) = y(1) = 0$.

解 该问题的 E-L 方程为

$$\begin{cases} y'' + y + x = 0, \\ y(0) = y(1) = 0, \end{cases}$$

其精确解为

$$y(x) = \frac{\sin x}{\sin 1} - x.$$

用里茨方法求近似解，我们取坐标函数系

$$\psi_n(x) = (1-x)x^k(k = 1,2,\cdots),$$

这样，泛函的极值函数的 n 阶近似形式为

$$y_n(x) = (1-x)x(a_1 + a_2x + \cdots + a_nx^{n-1}).$$

令 $n = 1$，我们得到了一阶近似解

$$y_1(x) = a_1x(1-x),$$

经过计算，可求出

$$y_1(x) = \frac{5}{18}x(1-x).$$

令 $n = 2$，我们得到了二阶近似解

$$y_2(x) = x(1-x)(a_1 + a_2x),$$

经过计算，可求得

$$y_2(x) = x(1-x)\left(\frac{71}{369} + \frac{7}{41}x\right).$$

我们将精确解和近似解作一对比,如表 7-1 所示.

表 7-1　精确解与近似解的比较

x	y	y_1	y_2
0.25	0.044	0.052	0.044
0.50	0.070	0.069	0.069
0.75	0.060	0.052	0.060

由此可见,一阶近似解的误差数量级为 0.01,二阶近似解的误差数量级为 0.001,里茨方法的收敛速度还是很快的.

7.3　伽辽金方法

我们介绍另外一种常用的近似方法——伽辽金(*Galerkin*)方法.

设要解的微分方程定解问题为

$$L[y(x)]=0, \tag{7.3.1}$$

$$B[y(x)]=0, \tag{7.3.2}$$

式中, L 是一个线性微分算子,且要求边界条件 B[y(x)]是齐次的.

同里茨方法的思路一样,我们取一组满足齐次边界条件的坐标函数系 $\{\psi_k\}$,假设问题的 n 阶近似解为前 n 个坐标函数的线性组合,即

$$y_n(x)=a_1\psi_1(x)+a_2\psi_2(x)+\cdots+a_n\psi_n(x), \tag{7.3.3}$$

式中, $a_k(k=1,2,\cdots,n)$ 称为**伽辽金系数**.显然, $y_n(x)$ 也满足齐次边界条件,若假定 $y_n(x)$ 是所求的精确解,则必有

$$L[y_n(x)]=0,$$

这说明 $L[y_n(x)]$ 应该与一切 $\psi_k(x)(k=1,2,\cdots,n)$ 都正交,我们将 $L(y_n)$ 与 ψ_k 作内积,有

$$\int L[y_n(x)]\psi_k(x)\mathrm{d}x=\int\psi_k(x)L\Big[\sum_{i=1}^{n}a_i\psi_i(x)\Big]\mathrm{d}x=0. \tag{7.3.4}$$

这样,我们得到关于待定系数 $a_i(i=1,2,\cdots,n)$ 的 n 个代数方程.

例 7.5

用伽辽金方法求解下列微分方程边值问题:

$$\begin{cases}L[y(x)]=y''+y-x=0,\\ y(0)=y(1)=0.\end{cases}$$

解 选择坐标函数 $\psi_k(x)=(1-x)x^k(k=1,2,\cdots)$，则问题的 n 阶近似解为

$$y_n(x)=x(1-x)(a_1+a_2x+\cdots+a_nx^{n-1}).$$

当 $n=1$ 时，有

$$y_1(x)=a_1x(1-x).$$

将 $y_1(x)$ 代入(7.3.4)式，有

$$\int_0^1 L[y_1(x)]\psi_1(x)\mathrm{d}x=0,$$

解得

$$-\frac{3}{10}a_1+\frac{1}{12}=0, a_1=\frac{5}{18}.$$

求出一阶近似解为

$$y_1(x)=\frac{5}{18}x(1-x).$$

当 $n=2$ 时，有

$$y_2(x)=x(1-x)(a_1+a_2x),$$

将 $y_2(x)$ 代入(7.3.4)式，有

$$\begin{cases}\int_0^1 L[y_2(x)]\psi_1(x)\mathrm{d}x=0,\\ \int_0^1 L[y_2(x)]\psi_2(x)\mathrm{d}x=0,\end{cases}$$

解得

$$\begin{cases}-\frac{3}{10}a_1+\frac{3}{20}a_2=-\frac{1}{12},\\ \frac{3}{20}a_1+\frac{13}{105}a_2=\frac{1}{20},\end{cases}$$

由此可得

$$a_1=\frac{71}{369}, a_2=\frac{7}{41},$$

则二阶近似解为

$$y_2(x)=x(1-x)\left(\frac{71}{369}+\frac{7}{41}x\right).$$

以上得到的结果与用里茨方法(例 7.4)的结果完全相同，两种方法比较，伽辽金方法常常要简单一些，应用范围也广一些，但是伽辽金方法只对齐次边界条件有效，当边界条件不是齐次时，要通过适当的变换将其转化为齐次边界条件.

例 7.6

用伽辽金方法求泊松方程边值问题

$$\begin{cases}\frac{\partial^2 u}{\partial x^2}+\frac{\partial^2 u}{\partial y^2}=2,\\ u|_\Gamma=0\end{cases}$$

的一阶近似解，其中，Γ 为矩形区域 D 的边界，D 为

$$D=\{(x,y)\,|\,|x|<a,|y|<b\}.$$

解 注意到方程及边界条件关于 x 轴、y 轴是对称的,因此解也应该关于 x 轴、y 轴对称.于是选取坐标函数系

$$\omega,\omega x^2,\omega y^2,\omega x^4,\omega y^4,\cdots,$$

其中

$$\omega=(a^2-x^2)(b^2-y^2).$$

当 $n=1$ 时,其一阶近似解为

$$u_1=a_1(a^2-x^2)(b^2-y^2),$$

代入(7.3.4)式,得

$$\int_{-a}^{a}\int_{-b}^{b}[-2a_1(a^2-x^2+b^2-y^2)+2](b^2-y^2)\mathrm{d}x\mathrm{d}y=0,$$

解得

$$a_1=\frac{5}{4(a^2+b^2)}.$$

于是,一阶近似解为

$$u_1(x,y)=\frac{5(a^2-x^2)(b^2-y^2)}{4(a^2+b^2)}.$$

7.4 坐标函数的选择

在上述近似求解过程中,关键的问题是如何选取坐标函数,它不仅影响问题求解中计算的繁简程度以及近似解的精确程度,而且还影响着问题的可解性.一般情况下,选取的坐标函数系应当是完备的函数系,以保证当近似解的阶数趋于正无穷时,近似解能逼近问题的精确解.同时,坐标函数又应当是相互独立的,这样选取的 n 个坐标函数是线性无关的,从而使推出的代数方程组存在唯一解.若问题还满足一定的边界条件,则坐标函数也应该满足同样的边界条件.

下面,我们列举一些常用的坐标函数系.在数学里已经证明,闭区间上具有连续导数的任意函数都可以用多项式或三角多项式任意地逼近,故经常取坐标函数系为

$$x^i(i=1,2,\cdots),$$

或

$$1,\cos\pi x,\sin\pi x,\cos 2\pi x,\sin 2\pi x,\cdots,\cos k\pi x,$$
$$\sin k\pi x,\cdots(k=1,2,\cdots).$$

如果要求满足边界条件

$$x(0)=x(1)=0,$$

则我们可以选择坐标函数系为

$$\omega,\omega x,\omega x^2,\omega x^3,\cdots,\omega x^n,\cdots,$$

式中,$\omega=x(1-x)$.

如果要求满足边界条件

$$x(0)=x(1)=x'(0)=x'(1)=0,$$

则我们可以选择坐标函数系为

$$1, 2t^3 - 2t^2, (1-t)^2t^2, (1-t)^2t^3, \cdots, (1-t)^2t^n, \cdots,$$

或

$$1, \cos \pi x, \cos 2\pi x, \cdots, \cos k\pi x, \cdots.$$

对于由重积分形成的泛函,其偏微分方程边值问题常常取多项式为坐标函数系,如例 7.6 中,我们一般都根据区域边界的形状选取以下坐标函数系.

(1) 当 Γ 为矩形时,往往可取坐标函数系为

$$1, x, y, x^2, xy, y^2, x^3, x^2y, xy^2, y^3, \cdots.$$

若还需要满足边界条件

$$u|_\Gamma = 0,$$

则可以选取坐标函数系为

$$\omega, \omega x, \omega y, \omega x^2, \omega xy, \omega y^2, \omega x^3, \omega x^2 y, \omega xy^2, \omega y^3, \cdots,$$

式中, $\omega = (a^2 - x^2)(b^2 - y^2)$, $|x| = a$, $|y| = b$ 为矩形的边界曲线.

若问题是关于变量 x, y 对称的,且非齐次项的函数是偶函数,则我们可以取坐标函数系为

$$\omega, \omega x^2, \omega y^2, \omega x^4, \omega y^4, \cdots,$$

式中,

$$\omega = (a^2 - x^2)(b^2 - y^2).$$

(2) 当 Γ 是圆 $x^2 + y^2 = a^2$ 时,可取坐标函数系

$$\omega, \omega x, \omega y, \omega x^2, \omega xy, \omega y^2, \omega x^3, \omega x^2 y, \omega xy^2, \omega y^3, \cdots,$$

此时, $\omega = a^2 - x^2 - y^2$, 这样才能满足边界条件

$$u|_\Gamma = 0.$$

第 8 章　数学物理中的近似解法

我们在前面几章讨论数学物理问题时,求得的都是解析解,或者说是精确解,所用到的解法一般只对较简单的问题和较规则的区域才有效,但实际问题是很复杂的,要得到精确解比较困难,有时甚至不可能.另一方面,建立数学模型时,我们已作了很多近似处理,所以求出的精确解也只是数学模型的精确解,并非真正实际问题的精确解.因此,我们需要研究近似解法,只要求得的近似解与精确解的误差在规定的范围内,我们就认为实际问题得到了解决.

计算机技术的发展为求近似解提供了极大的可能.近似解一般可分为解析近似解和数值近似解.解析近似解是指解析解在规定误差范围内的近似表达式,数值近似解是指解用讨论的区域上“足够多”的点处的值来近似表示.

8.1　解析近似解

8.1.1　正则摄动法求解非线性偏微分方程

大多数非线性偏微分方程无法求出解析解(即精确解),我们不得不借助函数展开的想法求解析解的近似表达式,即解析近似解.对含有小参数的非线性偏微分方程,本节介绍一种求解析近似解的方法——**正则摄动法**.

摄动法的基本思路是:非线性偏微分方程的非线性项如果是高阶小量,则先将其略去,非线性问题便化为线性问题;求解该线性问题,并将所得的解作为非线性问题的零级近似解,即 $u=u_0(\rho,\varphi)$. 再把原非线性定解问题的解看作它的零级近似解与一个待求的含有小参数的摄动解的和,即 $u=u_0(\rho,\varphi)+\varepsilon u_1(\rho,\varphi)$, 代入原定解问题,略去更高阶小量,得到关于摄动解的线性定解问题;求解该线性问题并将求得的解 $u_1(\rho,\varphi)$ 作为原定解问题的一级近似解.然后再令

$$u=u_0(\rho,\varphi)+\varepsilon u_1(\rho,\varphi)+\varepsilon^2 u_2(\rho,\varphi),$$

设法求出原定解问题的二级近似解 $u_2(\rho,\varphi)$. 依此步骤进行下去便可得到各级近似解.这种求解析近似解的方法被称为**正则摄动法**或**小参数法**,而带有小参数的定解问题被称为**摄动问题**.下面,我们用一个具体的例子来介绍正则摄动法解题的过程.

例 8.1

试在单位圆内求解定解问题

$$\begin{cases}\Delta u+\varepsilon\dfrac{\partial u}{\partial\rho}\dfrac{\partial u}{\partial\varphi}=0, & \rho<1,0<\varepsilon\leqslant 1,\\ u(\rho,\varphi)\big|_{\rho=1}=\cos\varphi.\end{cases}\tag{8.1.1}$$

解 这是一个含有小参数的非线性问题.

略去非线性项,取 $\varepsilon=0$, 则问题(8.1.1)变为线性定解问题

$$\begin{cases}\Delta u=0, & \rho<1,\\ u(\rho,\varphi)\big|_{\rho=1}=\cos\varphi.\end{cases}\tag{8.1.2}$$

由分离变量法即可求得其解析解,视为零级近似解,并记作 u_0, 即

$$u_0=\rho\cos\varphi.\tag{8.1.3}$$

又设

$$u=u_0+\varepsilon u_1=\rho\cos\varphi+\varepsilon u_1,\tag{8.1.4}$$

将(8.1.4)式代入问题(8.1.1),并略去 $o(\varepsilon^2)$ 项,得

$$\begin{cases}\Delta u_1=\dfrac{1}{2}\rho\sin 2\varphi,\\ u_1\big|_{\rho=1}=0.\end{cases}\tag{8.1.5}$$

这是泊松方程的狄利克雷问题,我们采用所谓的"试探法"(见习题 6 第 3 题)来求解.由问题(8.1.5)右边函数的形式,我们猜测方程的解应为

$$u_1(\rho,\varphi)=f(\rho)\sin 2\varphi,$$

式中,$f(\rho)$ 为待定函数,将之代入问题(8.1.5),得

$$\begin{cases}\rho^2f''(\rho)+\rho f'(\rho)-4f(\rho)=\dfrac{1}{2}\rho^3, & (8.1.6)\\ f(1)=0,|f(0)|<+\infty. & (8.1.7)\end{cases}$$

这是欧拉方程,我们可求得一个特解为

$$f^*(\rho)=\frac{1}{10}\rho^3.$$

则方程(8.1.6)的通解为

$$f(\rho)=c_1\rho^2+c_2\rho^{-2}+\frac{1}{10}\rho^3.$$

由定解条件(8.1.7)求得

$$c_1=-\frac{1}{10},c_2=0,$$

即

$$f(\rho)=-\frac{1}{10}\rho^2+\frac{1}{10}\rho^3,$$

则

$$u_1=\frac{1}{10}(\rho^3-\rho^2)\sin 2\varphi,$$

故定解问题的一级近似解为

$$u = u_0 + \varepsilon u_1 = \rho\cos\varphi + \frac{\varepsilon}{10}(\rho^3 - \rho^2)\sin 2\varphi.$$

一般地，可令

$$u = u_0(\rho,\varphi) + \varepsilon u_1(\rho,\varphi) + \varepsilon^2 u_2(\rho,\varphi) + \cdots, \tag{8.1.8}$$

代入问题(8.1.1)中，比较 ε 的同次幂系数，有

$$\begin{cases}\Delta u_0 = 0,\\ u_0|_{\rho=1} = \cos\varphi,\end{cases}$$

$$\begin{cases}\Delta u_1 = -\dfrac{\partial u_0}{\partial\rho}\dfrac{\partial u_0}{\partial\varphi},\\ u_1|_{\rho=1} = 0,\end{cases}$$

$$\begin{cases}\Delta u_2 = -\dfrac{\partial u_0}{\partial\rho}\dfrac{\partial u_1}{\partial\varphi} - \dfrac{\partial u_0}{\partial\varphi},\\ u_2|_{\rho=1} = 0,\end{cases}$$

…………

这是一系列泊松方程的狄利克雷问题.依次求解每一个定解问题

$$\begin{cases}\Delta u_k = f(u_0,u_1,\cdots,u_{k-1})(k = 1,2,\cdots),\\ u_k|_{\rho=1} = 0,\end{cases}$$

从而可得到定解问题(8.1.1)的各级近似解，进而由(8.1.8)式求出定解问题(8.1.1)的解析近似解.

用正则摄动法求解定解问题时，若小参数 ε 是方程中最高阶偏导数的系数，则求解会遇到困难.因为此时略去含 ε 的高阶项后，会降低方程的阶数，甚至改变方程的类型，近似得到的线性方程的解将不可能满足原来定解问题的边界条件，因而正则摄动法失效，需要采用奇异摄动法.这已超出了本课程的内容，在此不再赘述，有兴趣的读者可查阅相关书籍.

8.1.2 积分方程的近似解

在研究实际问题时，经常出现积分表达式中含有未知函数的方程，则称这种方程为**积分方程**.

一般的线性积分方程，可写为

$$h(x)\varphi(x) = \lambda\int_a^b k(x,t)\varphi(t)\,dt + f(x),$$

式中，$h(x)$ 和 $f(x)$ 是已知函数，$\varphi(x)$ 是未知函数，λ 是常数因子，$k(x,t)$ 被称为**积分方程的核**，也是已知函数.

工程实际问题中的积分方程，大部分难以求出其精确解，所以我们需要用解析近似解代替精确解，下面简要介绍求积分方程的解析近似解的想法.

对第二类弗雷德霍姆(Fredholm)方程

$$\varphi(x)=\lambda\int_a^b k(x,t)\varphi(t)\,\mathrm{d}t+f(x),\tag{8.1.9}$$

若核函数具有形式

$$k(x,t)=\sum_{i=1}^{n}a_i(x)b_i(t)\,(\text{其中}\{a_i(x)\},\{b_i(t)\}\text{都是线性无关的实函数组}),$$

则称其为**退化核**.对于退化核的积分方程,可将之化为线性代数方程组求解.事实上,若 $k(x,t)$ 为退化核,则方程(8.1.9)为

$$\varphi(x)=\lambda\sum_{i=1}^{n}a_i(x)\int_a^b b_i(t)\varphi(t)\,\mathrm{d}t+f(x).\tag{8.1.10}$$

令 $Z_i=\int_a^b b_i(t)\varphi(t)\,\mathrm{d}t$, 则方程(8.1.10)化为

$$\varphi(x)=f(x)+\lambda\sum_{i=1}^{n}a_i(x)Z_i,\tag{8.1.11}$$

将其代入积分方程(8.1.9)得

$$\sum_{i=1}^{n}a_i(x)\left\{Z_i-\int_a^b b_i(t)\left[f(t)+\lambda\sum_{k=1}^{n}a_k(t)Z_k\right]\mathrm{d}t\right\}=0.$$

因 $a_i(x)\,(i=1,2,\cdots,n)$ 线性无关,故

$$Z_i-\int_a^b b_i(t)\left[f(t)+\lambda\sum_{k=1}^{n}a_k(t)Z_k\right]\mathrm{d}t=0\quad(i=1,2,\cdots,n).$$

记

$$\int_a^b b_i(t)f(t)\,\mathrm{d}t=f_i,\quad\int_a^b b_i(t)a_k(t)\,\mathrm{d}t=a_{ik},$$

则有

$$Z_i-\lambda\sum_{k=1}^{n}a_{ik}Z_k=f_i\quad(i=1,2,\cdots,n).\tag{8.1.12}$$

(8.1.12)式是一个关于 $Z_i(i=1,2,\cdots,n)$ 的线性方程组.易见,若方程(8.1.10)有连续解 $\varphi(x)$,则 Z_i 必满足(8.1.12)式.反之,若(8.1.12)式有解 Z_i, 代入(8.1.11)式,即得方程(8.1.10)的连续解 $\varphi(x)$.

利用退化核方程的求解方法,可求含有任意核的积分方程的解析近似解.将方程的核 $k(x,t)$ 用与它相近的退化核 $\tilde{k}(x,t)$ 代替,得到一个含有退化核的方程,该方程的解 $\tilde{\varphi}(x)$ 作为原积分方程的近似解.其中,退化核一般取 $k(x,t)$ 的泰勒(*Taylor*)级数的有限项 $\tilde{k}(x,t)$.

例 8.2

求方程 $\varphi(x)=\int_0^1(1-x\cos xt)\varphi(t)\,\mathrm{d}t+\sin x$ 的近似解.

解 用泰勒级数表示核函数 $k(x,t)=1-x\cos xt$, 则

$$k(x,t)=1-x+\frac{x^3t^2}{2!}-\frac{x^5t^4}{4!}+\cdots,$$

取 $\tilde{k}(x,t)=1-x+\dfrac{x^3t^2}{2}$, 考虑方程

$$\tilde{\varphi}(x)=\int_0^1\left(1-x+\frac{x^3t^2}{2}\right)\tilde{\varphi}(t)\mathrm{d}t+\sin x, \tag{8.1.13}$$

求解方程(8.1.13),得

$$\tilde{\varphi}(x)=\sin x+c_1(1-x)+c_2x^3,$$

式中,

$$c_1=\int_0^1\tilde{\varphi}(t)\mathrm{d}t,\quad c_2=\frac{1}{2}\int_0^1t^2\tilde{\varphi}(t)\mathrm{d}t.$$

由 $\tilde{\varphi}$ 的表达式,得

$$\begin{cases}c_1=\displaystyle\int_0^1[\sin t+c_1(1-t)+c_2t^3]\mathrm{d}t\\ \quad=\dfrac{1}{2}c_1+\dfrac{1}{4}c_2+1-\cos 1,\\ c_2=\dfrac{1}{2}\displaystyle\int_0^1(t^2\sin t+c_1(t^2-t^3)+c_2t^5)\mathrm{d}t\\ \quad=\dfrac{1}{24}c_1+\dfrac{1}{12}c_2+\sin 1-1+\dfrac{1}{2}\cos 1,\end{cases}$$

解得

$$c_1=\frac{24}{43}\left(\sin 1-\frac{19}{6}\cos 1+\frac{8}{3}\right),$$

$$c_2=\frac{4}{43}(12\sin 1+5\cos 1-11),$$

则

$$\tilde{\varphi}(x)=\sin x+c_1(1-x)+c_2x^3,$$

这就是所求积分方程的近似解.

8.2 数学物理方程的差分解法

我们以二维拉普拉斯方程的定解问题为例,介绍一种数值近似方法——**差分解法**.其基本思想是用函数的差商代替微商,从而把微分运算化成代数运算,求出解在定解区域中足够多的点上的近似值,由此得出近似解.

由微分法知道,函数 $f(x)$ 的导数是函数的平均变化率在自变量增量趋于零时的极限,即

$$f'(x)=\lim_{\Delta x\to 0}\frac{f(x+\Delta x)-f(x)}{\Delta x}=\lim_{\Delta x\to 0}\frac{f(x)-f(x-\Delta x)}{\Delta x}=\lim_{\Delta x\to 0}\frac{f(x+\Delta x)-f(x-\Delta x)}{2\Delta x}.$$

我们把函数的增量 Δf 与自变量增量 Δx 的比值称为**差商**.因此,当 Δx 很小时,可用下列三种差商中的一种代替微商

$$f'(x) \approx \frac{f(x+\Delta x) - f(x)}{\Delta x}, \tag{8.2.1}$$

$$f'(x) \approx \frac{f(x) - f(x-\Delta x)}{\Delta x}, \tag{8.2.2}$$

$$f'(x) \approx \frac{f(x+\Delta x) - f(x-\Delta x)}{2\Delta x}. \tag{8.2.3}$$

我们称(8.2.1)—(8.2.3)式中的三个差商分别为$f(x)$ 在 x 处的**向前差商**、**向后差商**和**中心差商**. 由于它们都是一阶导数的近似,所以称之为**一阶差商**. 当 Δx 固定时,一阶差商也可看成 x 的函数,再考虑二阶或更高阶差商,它们是二阶微商或更高阶微商的近似,比如用一阶向前差商的向后差商(或一阶向后差商的向前差商)来近似二阶微商,求得

$$f''(x) \approx \frac{\dfrac{f(x+\Delta x) - f(x)}{\Delta x} - \dfrac{f(x) - f(x-\Delta x)}{\Delta x}}{\Delta x} = \frac{f(x+\Delta x) - 2f(x) + f(x-\Delta x)}{(\Delta x)^2}.$$

对于一个多元函数,也可用差商近似偏导数,例如对函数 $u = u(x,y)$, 可用对 x (或对 y)的差商来近似代替对 x (或对 y)的偏导数

$$\frac{\partial u}{\partial x} \approx \frac{u(x+\Delta x,y) - u(x,y)}{\Delta x},$$

$$\frac{\partial u}{\partial y} \approx \frac{u(x,y+\Delta y) - u(x,y)}{\Delta y},$$

$$\frac{\partial^2 u}{\partial x^2} \approx \frac{u(x+\Delta x,y) - 2u(x,y) + u(x-\Delta x,y)}{(\Delta x)^2},$$

$$\frac{\partial^2 u}{\partial y^2} \approx \frac{u(x,y+\Delta y) - 2u(x,y) + u(x,y-\Delta y)}{(\Delta y)^2}.$$

因此,可用一个关于差商的方程(称为差分方程)来近似代替一个偏微分方程.

对于二维拉普拉斯方程

$$\frac{\partial^2 u}{\partial x^2} + \frac{\partial^2 u}{\partial y^2} = 0,$$

其差分方程为

$$\frac{u(x+\Delta x,y) - 2u(x,y) + u(x-\Delta x,y)}{(\Delta x)^2} + \frac{u(x,y+\Delta y) - 2u(x,y) + u(x,y-\Delta y)}{(\Delta y)^2} = 0. \tag{8.2.4}$$

这种近似的替代所产生的误差可估计为

$$\begin{aligned} & f(x+\Delta x) - 2f(x) + f(x-\Delta x) \\ = & f'(x)\Delta x + \frac{1}{2!}f''(x)(\Delta x)^2 + \frac{1}{3!}f'''(x)(\Delta x)^3 + \\ & \frac{1}{4!}f^{(4)}(\xi)(\Delta x)^4 + [-f'(x)\Delta x + \frac{1}{2!}f''(x)(\Delta x)^2 - \end{aligned}$$

$$\frac{1}{3!}f'''(x)(\Delta x)^3+\frac{1}{4!}f^{(4)}(\eta)(\Delta x)^4]$$

$$=f''(x)(\Delta x)^2+\frac{1}{4!}f^{(4)}(\xi)(\Delta x)^4+\frac{1}{4!}f^{(4)}(\eta)(\Delta x)^4,$$

式中，$\xi=x+\theta_1\Delta x,\eta=x+\theta_2\Delta x(0<\theta_1,\theta_2<1)$.

于是我们得到

$$\frac{u(x+\Delta x,y)-2u(x,y)+u(x-\Delta x,y)}{(\Delta x)^2}=\frac{\partial^2 u(x,y)}{\partial x^2}+o((\Delta x)^2),$$

$$\frac{u(x,y+\Delta y)-2u(x,y)+u(x,y-\Delta y)}{(\Delta y)^2}=\frac{\partial^2 u(x,y)}{\partial y^2}+o((\Delta y)^2).$$

因此，用差分方程(8.2.4)代替二维拉普拉斯方程，其截断误差(这种误差是由于用泰勒级数的有限项代替无穷项而造成的)为 $(\Delta x)^2+(\Delta y)^2$ 的数量级.令 $\Delta x=\Delta y=h$，则截断误差为 h^2 数量级.

考虑定解问题

$$\begin{cases}\dfrac{\partial^2 u}{\partial x^2}+\dfrac{\partial^2 u}{\partial y^2}=0, \quad (x,y)\in\Omega, & (8.2.5)\\ u|_{\Gamma}=f(x,y), & (8.2.6)\end{cases}$$

式中，Γ 表示平面有界区域 Ω 的边界.

我们作平行于坐标轴的两族直线

$$x_i=x_0+ih,$$

$$y_j=y_0+jh,$$

这两族直线将区域 Ω 分割成许多小方格(如图 8-1 所示)，这些小方格称为网格.小方格的边长 h 称为步长，以 Γ_h 表示由一些正方形网格的边所连成的封闭折线，如图 8-1 中粗线所示，选取 Γ_h 应尽可能与原边界 Γ 接近，Γ_h 所包围的所有网格的全体记作 Ω_h，显然 Ω_h 是一个与区域 Ω 近似的区域.点 (x_i,y_j) 称为网格的结点.

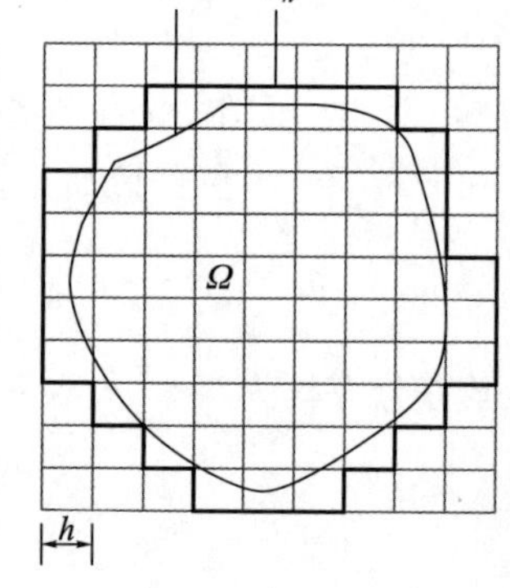

图 8-1

所谓差分解法就是以 Γ_h 代替 Γ，以 Ω_h 代替 Ω，然后在 Ω_h 内部(不包括边界 Γ_h 上的)所有结点上求出定解问题(8.2.5)—(8.2.6)解的近似值.

要达到上述目的，必须做两件事，一是将原微分方程(8.2.5)化成差分方程，即建立解在 Ω_h 内任一结点 (x_i,y_j) 上的近似值所满足的方程；二是根据原定解问题中的边界条件(8.2.6)确定解在 Γ_h 上各个结点处的近似值.

在 Ω_h 内的任一结点 (x_i,y_j) 处，分别用二阶差商

$$\frac{u(x_i+\Delta x,y_j)-2u(x_i,y_j)+u(x_i-\Delta x,y_j)}{(\Delta x)^2},$$

$$\frac{u(x_i,y_j+\Delta y)-2u(x_i,y_j)+u(x_i,y_j-\Delta y)}{(\Delta y)^2}$$

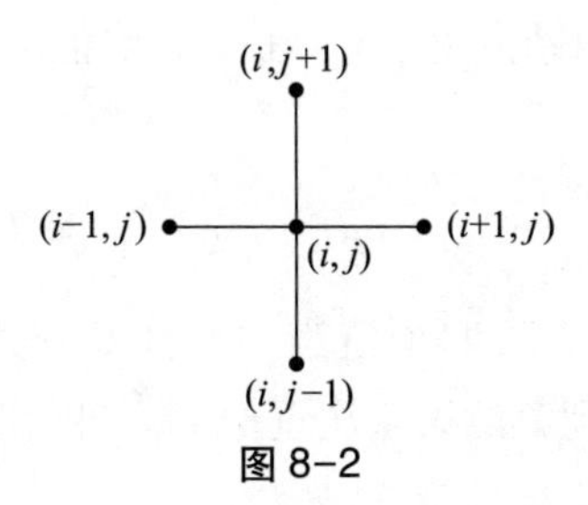

图 8-2

代替 $\frac{\partial^2 u}{\partial x^2},\frac{\partial^2 u}{\partial y^2}$, 取 $\Delta x=\Delta y=h$, 用 $U_{i,j}$ 表示 u 在 (x_i,y_j) 处的近似值,则对应于二维拉普拉斯的差分方程为

$$U_{i+1,j}+U_{i,j+1}+U_{i-1,j}+U_{i,j-1}-4U_{i,j}=0,$$

或者写成

$$U_{i,j}=\frac{U_{i+1,j}+U_{i,j+1}+U_{i-1,j}+U_{i,j-1}}{4}. \tag{8.2.7}$$

(8.2.7)式表明,解在任一内结点 (x_i,y_j) 上的值等于解在其周围四个相邻结点上的近似值的算术平均值(图 8-2),这正是调和函数平均值公式的体现.

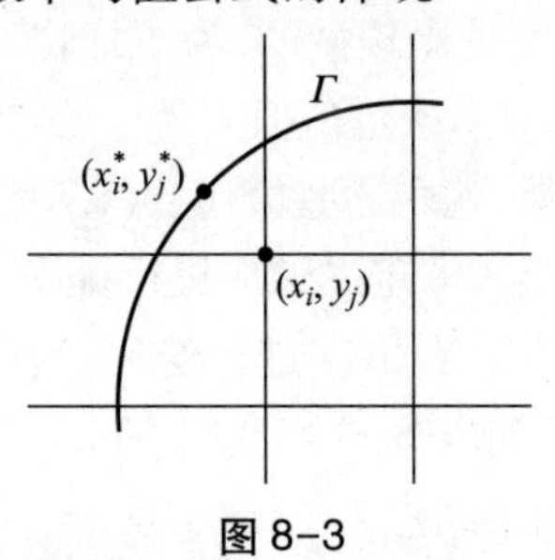

图 8-3

再看边界条件的差分近似,由于边值 $f(x,y)$ 定义在 Γ 上,在 Γ_h 上并未定义,所以要转移到 Γ 上,对于任一边界结点 $(x_i,y_j)\in\Gamma_h$, 取 $(x_i^*,y_j^*)\in\Gamma$, 使 (x_i^*,y_j^*) 与 (x_i,y_j) 的距离最短(如图 8-3).

令

$$U_{i,j}=f(x_i^*,y_j^*), \tag{8.2.8}$$

这可作为差分方程(8.2.7)的边界条件.这样,方程(8.2.7)和(8.2.8)式组成了边值问题(8.2.5)—(8.2.6)的差分形式

$$\begin{cases}U_{i,j}=\frac{1}{4}(U_{i+1,j}+U_{i,j+1}+U_{i-1,j}+U_{i,j-1}),\\ U_{i,j}=f(x_i^*,y_j^*)\quad (x_i^*,y_j^*)\in\Gamma,\end{cases}$$

这是一个关于 $\{U_{i,j}\}$ 的线性代数方程组,可以证明它的解是存在且唯一的.

我们可以利用消元法直接求解方程(8.2.7).由于步长 h 很小,导致 $\Omega_h+\Gamma_h$ 上结点很多,直接消去法往往难以奏效,所以通常都采用迭代法进行求解.这里,我们介绍两种迭代法:同步迭代法和异步迭代法.

1. 同步迭代法

首先,任意给定网格区域 Ω_h 内结点 (x_i, y_j) 上一组数值 $\{U_{i,j}^{(0)}\}$,作为解的 0 次近似,代入差分方程(8.2.7)的右端,得到

$$U_{i,j}^{(1)} = \frac{1}{4}[U_{i+1,j}^{(0)} + U_{i,j+1}^{(0)} + U_{i-1,j}^{(0)} + U_{i,j-1}^{(0)}].$$

将 $U_{i,j}^{(1)}$ 作为解的第 1 次近似,右端四个值当中若涉及到边界点上的值,均用相应的已知值 $f(x_i^*, y_j^*)$ 代入.一般来讲,在已得到解的第 k 次近似 $\{U_{i,j}^{(k)}\}$ 后,由公式

$$U_{i,j}^{(k+1)} = \frac{1}{4}[U_{i+1,j}^{(k)} + U_{i,j+1}^{(k)} + U_{i-1,j}^{(k)} + U_{i,j-1}^{(k)}] \tag{8.2.9}$$

得到解的第 $k+1$ 次近似.这样就得到一个近似解的序列 $\{U_{i,j}^{(k)}\}$ $(k=0,1,2,\cdots)$. 可以证明,不论 0 次近似 $\{U_{i,j}^{(0)}\}$ 如何选择,当 $k\to\infty$时,此序列必收敛于差分方程(8.2.7)的解.因此当 k 相当大时,$\{U_{i,j}^{(k)}\}$ 就给出所要求的近似值,通常在计算一定步数后,相邻两次迭代解 $\{U_{i,j}^{(k-1)}\}$ 和 $\{U_{i,j}^{(k)}\}$ 之间的误差小于某规定正数 ε,即

$$\max_{i,j}|U_{i,j}^{(k)} - U_{i,j}^{(k-1)}| < \varepsilon,$$

可结束迭代过程,而取 $\{U_{i,j}^{(k)}\}$ 作为所求近似解.

2. 异步迭代法

一般说来,同步迭代法的收敛速度是比较慢的,为了加快迭代程序的收敛性,常常采用异步迭代法.所谓异步迭代法就是在计算第 $k+1$ 次近似值 $U_{i,j}^{(k+1)}$ 时,如果表 8-1 所示的四个相邻结点中有些结点处的第 $k+1$ 次近似值已经求得,就用这些值代替(8.2.9)式右端原来的第 k 次近似值.在使用异步迭代法时,必须将网格区域的结点按一定的顺序进行排序,并逐个进行迭代.通常是按结点的自然顺序进行迭代,即在每一横排上从左到右依次进行迭代,当所有结点全部做完了之后,再对上一排的所有结点用同一顺序进行迭代(如表 8-1).显然,在求结点 (x_i, y_j) 处的第 $k+1$ 次近似值 $U_{i,j}^{(k+1)}$ 时,其周围四个相邻结点中有两个结点 (x_{i+1}, y_j) 及 (x_i, y_{j+1}) 处还只有第 k 次近似值,而另外 2 个结点 (x_{i-1}, y_i) 及(x_i, y_{i-1}) 处的第 $k+1$ 次近似值已求得, 因此异步迭代法的相应迭代公式为

$$U_{i,j}^{(k+1)} = \frac{1}{4}[U_{i+1,j}^{(k)} + U_{i,j+1}^{(k)} + U_{i-1,j}^{(k+1)} + U_{i,j-1}^{(k+1)}], \tag{8.2.10}$$

与同步迭代法类似,当此式右端涉及到边界结点上的值时,均用边界条件(8.2.8)中所给的已知值代入.

由于在异步迭代法中有一半是用了迭代的新值,所以可以预计异步迭代法的收敛速度比同步迭代法的收敛速度要快一倍左右.因此在求解拉普拉斯方程的定解问题时,经常采用异步迭代法.

表 8-1　迭代顺序

21	22	23	24	25	
16	17	18	19	20	
11	12	13	14	15	
6	7	8	9	10	
1	2	3	4	5	

例 8.3

求边界为 $x = 0, x = 4, y = 0, y = 3$，边界条件如图 8-4 所示的拉普拉斯方程的狄利克雷问题的近似解.

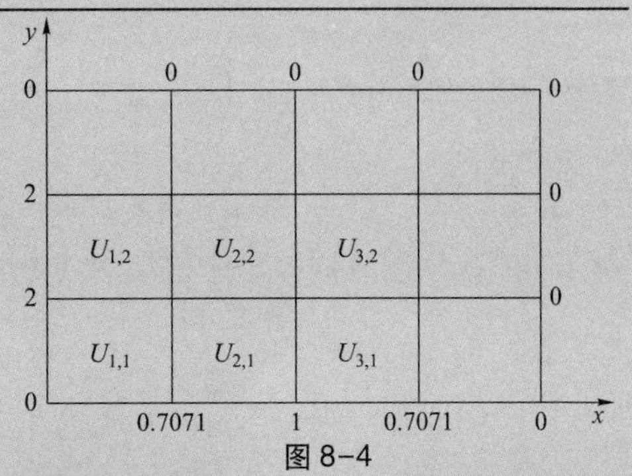

图 8-4

解 取 $h = 1$，由于结点个数不多，因此 0 次近似可取为边界的平均值，即

$$U_{i,j}^{(0)} = \frac{1}{14}(0 \times 9 + 2 \times 2 + 0.7071 \times 2 + 1) = 0.4582,$$

然后运用异步迭代公式

$$U_{i,j}^{(k+1)} = \frac{1}{4}[U_{i+1,j}^{(k)} + U_{i,j+1}^{(k)} + U_{i-1,j}^{(k+1)} + U_{i,j-1}^{(k+1)}]$$

计算

$$U_{1,1}^{(1)} = \frac{1}{4}(2 + 0.4582 \times 2 + 0.7071) = 0.9059,$$

$$U_{2,1}^{(1)} = \frac{1}{4}(0.9059 + 0.4582 \times 2 + 1) = 0.7056,$$

$$U_{3,1}^{(1)} = \frac{1}{4}(0.7056 + 0 + 0.4582 + 0.7071) = 0.4677,$$

$$U_{1,2}^{(1)} = \frac{1}{4}(2 + 0 + 0.9059 + 0.4582) = 0.8410,$$

$$U_{2,2}^{(1)} = \frac{1}{4}(0.8410 + 0.4582 + 0.7056 + 0) = 0.5012,$$

$$U_{3,2}^{(1)} = \frac{1}{4}(0.5012 + 0 + 0 + 0.4677) = 0.2422.$$

这样一次次地迭代下去，一直算到 $U_{i,j}^{(16)}$，可以发现这些值与 $U_{i,j}^{(15)}$ 相比，小数点后面三位数字都相同，所以就可取 $U_{i,j}^{(16)}$ 作为原定解问题的近似解.

$$U_{1,1}^{(16)} = 1.0836, U_{2,1}^{(16)} = 0.7405,$$
$$U_{3,1}^{(16)} = 0.4168, U_{1,2}^{(16)} = 0.8667,$$
$$U_{2,2}^{(16)} = 0.4616, U_{3,2}^{(16)} = 0.2916.$$

上面我们仅就第一类边界条件讨论了拉普拉斯方程的解法.如果边界条件不是第一类边界条件而是第二类或第三类边界条件，那么怎样用差分方法来解呢？当然在网格内结点处，前面所列的差分方程(8.2.7)仍适用，现在的问题是如何处理解在网格边界结点上的值.由于第二或第三类边界条件中含有未知函数的法向导数，所以在用差分方法求解时，必须根据所给的边界条件在边界结点 $P(x_i, y_j) \in \Gamma_h$ 处列出相应的差分方程，和方程(8.2.7)一起联立求解.

我们以第三类边界条件

$$\left(\frac{\partial u}{\partial \boldsymbol{n}}+\sigma u\right)\bigg|_{\Gamma}=f(x,y) \tag{8.2.11}$$

为例,说明如何列出边界结点上的差分方程.其中 σ,f 是 Γ 上的已知函数, $\sigma\geqslant 0$, $\dfrac{\partial u}{\partial \boldsymbol{n}}$ 表示 u 的外法线方向导数.

对 Γ_h 上任一结点 P, 自 P 向边界 Γ 作法线,此法线与 Γ 相交于 P^* 点(图 8-5),我们就以 P^* 处的外法线方向作为在 P 点的 $\boldsymbol{n}$, 设如此规定的外法线方向 $\boldsymbol{n}$ 与两坐标轴的夹角分别为 α,β, 则

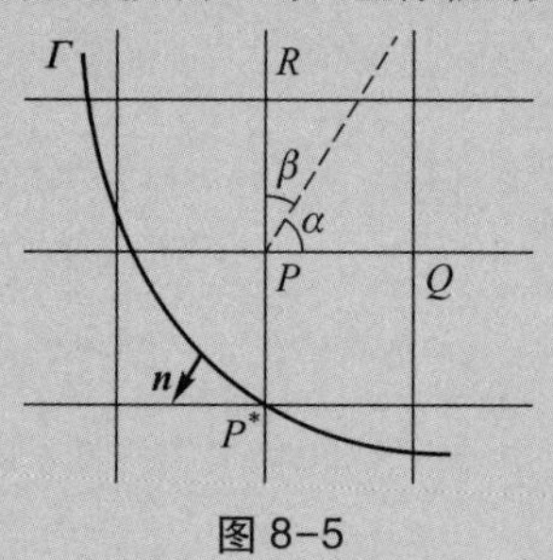

图 8-5

$$\left.\frac{\partial u}{\partial \boldsymbol{n}}\right|_{P}=\frac{\partial u}{\partial x}\cos\left(\alpha+\pi\right)+\frac{\partial u}{\partial y}\cos\left(\pi-\beta\right)=-\frac{\partial u}{\partial x}\cos\alpha-\frac{\partial u}{\partial y}\sin\alpha. \tag{8.2.12}$$

将偏导数 $\dfrac{\partial u}{\partial x}$ 及 $\dfrac{\partial u}{\partial y}$ 分别用差商 $\dfrac{U(Q)-U(P)}{h}$ 及 $\dfrac{U(R)-U(P)}{h}$ 来代替,并以 $f(P^*)$ 代替 $f(P)$, 以 $\sigma(P^*)$ 代替 $\sigma(P)$, 则由(8.2.12)式得

$$-\frac{U(Q)-U(P)}{h}\cos\alpha-\frac{U(R)-U(P)}{h}\sin\alpha+\sigma(P^*)U(P)=f(P^*),$$

或

$$U(P)=\frac{U(Q)\cos\alpha+U(R)\sin\alpha+hf(P^*)}{\cos\alpha+\sin\alpha+h\sigma(P^*)}, \tag{8.2.13}$$

式中 $U(P)$, $U(Q)$ 等分别表示解在 P,Q 等点处的近似值.(8.2.13)式就是与边界条件(8.2.11)相对应的差分方程.

到此为止,我们已经解决了在正方形网格的情况下,怎样用差分方法求拉普拉斯方程的定解问题.但是,读者应该明白,网格不一定非得用正方形的.为了使 Γ_h 更接近于边界曲线 Γ, 我们可以用矩形网格、平行四边形网格、正六边形网格等,即使采用正方形网格,所得的差分方程也不一定只有(8.2.7)式这一种形式,只要用不同的近似式代替 Δu, 就会引出不同形式的差分方程,此外,差分方程的解法也有多种,上面所叙述的迭代法只不过是其中的一种方法.关于这些问题,读者可以参阅其他书籍.

附录一　双调和方程

我们考虑一类特殊的四阶偏微分方程:双调和方程

$$\nabla^4 u = 0. \tag{1}$$

定义 $\nabla^4 u$ 为函数 $u(x,y)$ 的双调和算子:

$$\nabla^4 u = \nabla^2(\nabla^2 u). \tag{2}$$

在直角坐标系下

$$\begin{aligned}\nabla^4 u(x,y) &= \nabla^2(u_{xx} + u_{yy}) \\ &= (u_{xx} + u_{yy})_{xx} + (u_{xx} + u_{yy})_{yy} \\ &= u_{xxxx} + u_{yyxx} + u_{xxyy} + u_{yyyy} \\ &= u_{xxxx} + 2u_{yyxx} + u_{yyyy}.\end{aligned}$$

四阶偏导数的出现产生新的挑战.在直角坐标系下,我们对双调和方程

$$u_{xxxx} + 2u_{yyxx} + u_{yyyy} = 0$$

直接进行分离变量,无法得出令人满意的结论.事实上,令 $u(x,y) = X(x)Y(y)$,代入双调和方程,可得

$$X^{(4)}Y + 2X''Y'' + XY^{(4)} = 0.$$

显然,在这个方程中变量不能被分离.直接对双调和方程作研究是十分困难的,当寻求解析解时,我们运用一个巧妙的方法,将其简化为一个涉及拉普拉斯算子的问题.这个简化只对极坐标有用,对笛卡儿坐标无效,所以我们无法在笛卡儿坐标系下寻求解析解(对这些问题可以求数值解),只能在极坐标下求双调和方程的解析解.

1.双调和函数与调和函数

称双调和方程的解为双调和函数.注意,任何调和函数也是双调和的,这是显然的,因为如果 $\nabla^2 u = 0$,则

$$\nabla^4 u = \nabla^2(\nabla^2 u) = \nabla^2(0) = 0.$$

反之并不成立,下面我们构造一个不是调和函数的双调和函数.

例 1　如果 $u = u(x,y)$ 是调和的,且

$$v = u(x,y)[A(x^2 + y^2) + Bx + Cy + D], \tag{3}$$

其中,A,B,C 和 D 是给定常数.证明 v 是双调和函数.

证明　我们必须验证 $\nabla^4 v = 0$. 第一步,建立恒等式

$$\nabla^2(\varphi \cdot \psi) = \psi\,\nabla^2(\varphi) + \varphi\,\nabla^2(\psi) + 2\varphi_x\psi_x + 2\varphi_y\psi_y. \tag{4}$$

对 $u=\varphi$ 和 $\psi = A(x^2 + y^2) + Bx + Cy + D$,应用上面的恒等式,因为 $\nabla^2 u = 0$(u 是调和的),$\nabla^2(A(x^2 + y^2) + Bx + Cy + D) = 4A$, $\psi_x = 2Ax + B$ 和 $\psi_y = 2Ay + C$,则

$$\nabla^4 v = \nabla^2\nabla^2(u \cdot (A(x^2 + y^2) + Bx + Cy + D))$$

$$= \nabla^2(4Au + 2u_x(2Ax + B) + 2u_y(2Ay + C))$$
$$= 4A\nabla^2 u + 2\nabla^2(u_x(2Ax + B)) + 2\nabla^2(u_y(2Ay + C))$$
$$= 2\nabla^2(u_x(2Ax + B)) + 2\nabla^2(u_y(2Ay + C)).$$

由于 $\nabla^2 u=0$，则 $\nabla^2(u_x)=(\nabla^2 u)_x=0$，类似地，$\nabla^2(u_y)=0$. 同样，$2Ax+B$ 是线性函数，因此 $\nabla^2(2Ax+B)=0$，类似地，$\nabla^2(2Ay+C)=0$. 应用(4)式，我们有

$$\nabla^2(u_x(2Ax + B)) = 2(u_x)_x(2Ax + B)_x + 2(u_x)_y(2Ax + B)_y = 4Au_{xx}.$$

类似地，$\nabla^2(u_y(2Ay+C))=4Au_{yy}$. 因此，

$$\nabla^4 v = 8Au_{xx} + 8Au_{yy} = 8A(u_{xx} + u_{yy}) = 0.$$

命题得证.

若在(3)式中取 $u(x,y)=1$，$A=-1$，$D=1$，且 $B=C=0$，我们得到

$$v(x,y) = 1 - x^2 - y^2.$$

经计算可得 $\nabla^2 v=-2-2=-4\neq 0$，则

$$\nabla^4 v = \nabla^2(\nabla^2 v) = \nabla^2(-4) = 0.$$

所以，函数 $v(x,y)=1-x^2-y^2$ 是双调和函数，但不是调和函数.

2.双调和方程的求解

在极坐标 (ρ,θ) 中，我们考虑中心在原点，半径为 $a>0$ 的圆盘上的双调和方程：

$$\nabla^4 u = 0, 0 \leqslant \rho < a, 0 \leqslant \theta < 2\pi. \tag{5}$$

因为双调和方程涉及四阶导数，我们加上两个边界条件，分别确定 u 及其外法线方向导数在边界上的值.由于对圆盘而言，外法线方向导数是 $\dfrac{\partial u}{\partial \rho}$（或简单记为 u_r），我们将考虑方程(5)满足边界条件

$$u(a,\theta) = f(\theta), \frac{\partial u}{\partial \rho}(a,\theta) = g(\theta), 0 \leqslant \theta < 2\pi. \tag{6}$$

下面通过将边值问题(5)—(6)化为圆盘上的两个狄利克雷问题来求解.我们考虑如下的函数

$$u(\rho,\theta) = (a^2 - \rho^2)v(\rho,\theta) + w(\rho,\theta), \tag{7}$$

其中 v 和 w 是调和函数.由于 $\rho^2=x^2+y^2$，由例1知：$(a^2-\rho^2)v$ 是双调和函数，可知(7)式的右端是两个双调和函数，因而 u 也是双调和函数，则 u 满足(5)式.下面，我们确定满足边界条件(6)的 v 和 w.

首先，在(7)式中，令 $\rho=a$，并利用 $u(a,\theta)=f(\theta)$，我们得到 w 满足的边界条件为

$$w(a,\theta) = f(\theta). \tag{8}$$

由于 w 是调和函数，所以 w 满足调和方程

$$\nabla^2 w = 0. \tag{9}$$

利用分离变量法(见2.4.2节)，可求出由(9)式和(8)式确定的调和函数 w.

然后，我们确定 v 的边界值，进而确定 v 本身.为此，对(7)式两边关于 ρ 求导，令 $\rho=a$，并利用 $u_\rho(a,\theta)=g(\theta)$，我们得到

$$
\begin{aligned}
u_\rho(\rho,\theta) &= -2\rho v(\rho,\theta) + (a^2-\rho^2)\,v_\rho(\rho,\theta) + w_\rho(\rho,\theta)\,,\\
u_\rho(a,\theta) &= g(\theta) = -2av(a,\theta) + w_\rho(a,\theta)\,,\\
v(a,\theta) &= \frac{1}{2a}(w_\rho(a,\theta) - g(\theta))\,.
\end{aligned}
\tag{10}
$$

由于此时 w 是已经确定好的,因此 $w_\rho(a,\theta)$ 是已知的.从而(10)式就确定了 v 的边界值.故 v 是圆盘内的带有边界条件(10)的狄利克雷问题的(唯一)解.这就确定了(7)式中的 v 和 w,因而解出了边界问题(5)—(6).

当求解圆盘内的双调和方程时,因为 v 的边界值依赖于 w 的边界值,所以我们首先求解 w,然后再求 v.

例 2　在单位圆盘上,求解双调和方程

$$
\begin{cases}
\nabla^4 u = 0, 0 < \rho < 1, 0 \leqslant \theta < 2\pi,\\
u(1,\theta) = \cos\theta, u_\rho(1,\theta) = \sin\theta.
\end{cases}
$$

解　由(7)式可知双调和方程具有形式为

$$u(\rho,\theta) = (1-\rho^2)\,v + w$$

的解,其中 v 和 w 是单位圆盘中的调和函数,显然 w 的边界条件是

$$w(1,\theta) = \cos\theta.$$

所以我们需要求解的狄利克雷问题为

$$
\begin{cases}
\nabla^2 w = 0,\\
w(1,\theta) = \cos\theta.
\end{cases}
$$

这个问题的解由

$$w(\rho,\theta) = \frac{a_0}{2} + \sum_{n=1}^{\infty}\rho^n(a_n\cos n\theta + b_n\sin n\theta)$$

给出,其中 a_n 和 b_n 是由边界条件 $f(\theta) = \cos\theta$ 所确定的傅里叶系数,因此, $w(\rho,\theta) = \rho\cos\theta$.

我们已经求得 w, 由(10)式,并利用 $g(\theta) = \sin\theta$ 和 $w_\rho(r,\theta)\big|_{\rho=1} = \cos\theta$, 我们可以确定 v 的边界值为

$$v(1,\theta) = \frac{1}{2}(\cos\theta - \sin\theta)\,.$$

求解狄利克雷问题

$$
\begin{cases}
\nabla^2 v = 0,\\
v(1,\theta) = \dfrac{1}{2}(\cos\theta - \sin\theta)\,,
\end{cases}
$$

可得

$$v(\rho,\theta) = \frac{1}{2}\rho(\cos\theta - \sin\theta)\,.$$

因此,双调和问题的解为

$$u(\rho,\theta) = \frac{1}{2}(1-\rho^2)\,\rho(\cos\theta - \sin\theta) + \rho\cos\theta.$$

可以验证,这个函数确实是一个解.注意到,$\rho\cos\theta$ 是调和的,但是 $\frac{1}{2}(1-\rho^2)\rho(\cos\theta-\sin\theta)$ 不是调和的,因此,函数 u 在圆盘中不是调和的.

例 3 在单位圆盘上,试证:边值问题

$$\begin{cases}\nabla^4 u=0,\\ u(1,\theta)=0,u_\rho(1,\theta)=g(\theta)\end{cases}$$

的解由

$$u(\rho,\theta)=-\frac{1}{2}(1-\rho^2)\left[a_0+\sum_{n=1}^{\infty}\rho^n(a_n\cos n\theta+b_n\sin n\theta)\right]$$

给出,其中 a_0,a_n 和 b_n 是函数 g 的傅里叶系数.

证明 由(7)式可知双调和方程具有形式为

$$u(\rho,\theta)=(1-\rho^2)v+w$$

的解,其中 v 和 w 是单位圆中的调和函数.由于 w 在边界上为 0,所以我们得到 w 在单位圆盘上恒等于 0.因此,

$$u(\rho,\theta)=(1-\rho^2)v.$$

利用(10) 式以及 $w_\rho=0$ 这个事实,我们得到 v 的边界值

$$v(1,\theta)=-\frac{1}{2}g(\theta).$$

求解狄利克雷问题

$$\begin{cases}\nabla^2 v=0,\\ v(1,\theta)=-\dfrac{1}{2}g(\theta),\end{cases}$$

得

$$v(\rho,\theta)=-\frac{1}{2}\left[a_0+\sum_{n=1}^{\infty}\rho^n(a_n\cos n\theta+b_n\sin n\theta)\right],$$

其中 a_0,a_n 和 b_n 是边界条件所确定的傅里叶系数.这就确定了 v, 从而所求的双调和方程解为

$$u(\rho,\theta)=(1-\rho^2)v=-\frac{1}{2}(1-\rho^2)\left[a_0+\sum_{n=1}^{\infty}\rho^n(a_n\cos n\theta+b_n\sin n\theta)\right],$$

命题得证.

附录二　探讨定解问题适定性的方法——能量积分法

本书主要讨论了定解问题的求解,至于定解问题的适定性基本未讨论.下面我们利用能量积分法,证明一维波动方程定解问题的解是唯一的,也是稳定的.

首先,我们导出长为 l 的弦振动时的动能和位能(或称势能)的表达式,然后再给出总能量(动能与位能的总和)所满足的不等式.

由物理学知,若质点的质量是 m,在时刻 t 的速度是 $\boldsymbol{v}$,则它在 t 时刻的动能为 $\frac{1}{2}mv^2$. 现在考虑弦上的元素 $\mathrm{d}s$,当弦做微小横向振动时,$\mathrm{d}s \approx \mathrm{d}x$,它在时刻 t 的速度为 u_t,所以 $\mathrm{d}s$ 在时刻 t 所具有的动能近似地为 $\frac{1}{2}\rho u_t^2\mathrm{d}x$,其中 ρ 是弦的密度(一般来说,ρ 是 x 的函数),整个弦在 t 时刻的动能为

$$U = \int_0^l \frac{1}{2}\rho u_t^2 \mathrm{d}x. \tag{1}$$

再看弦在 t 时刻的位能.所谓位能就是使弦变形时所做的功.假设弦不受外力作用,则使弦变形的力只有张力,反抗张力所做的功就是弦的位能的增量.当弦的振幅很小时,它的张力可以看作是一个常向量,其大小记作 T,张力在位移方向的分量近似于 Tu_x. 在这个力的作用下,弦变形了,其位移的增量为 $\Delta u \approx \mathrm{d}u = u_x\mathrm{d}x$. 弦上元素 $\mathrm{d}s$ 在 t 时刻的位能近似为 $\frac{1}{2}Tu_x^2\mathrm{d}x$,整个弦在 t 时刻的位能为

$$V = \frac{1}{2}\int_0^l Tu_x^2 \mathrm{d}x. \tag{2}$$

当然,如果除了张力 $\boldsymbol{T}$ 以外,在 t 时刻弦在位移方向还受到密度为 $f(x,t)$ 的外力作用,这时位能应为

$$V = \int_0^l \left(\frac{1}{2}Tu_x^2 + fu\right)\mathrm{d}x. \tag{3}$$

将(1) 式和(2) 式(或(3) 式)相加,即得弦在 t 时刻的总能量

$$E(t) = \frac{1}{2}\int_0^l (\rho u_t^2 + Tu_x^2)\,\mathrm{d}x \tag{4}$$

$$\left(E(t) = \int_0^l \left(\frac{1}{2}\rho u_t^2 + \frac{1}{2}Tu_x^2 + fu\right)\mathrm{d}x\right), \tag{5}$$

如果 ρ 是常数,并不计常数因子,(4) 式可以表示为

$$E(t)=\int_0^l[u_t^2(x,t)+a^2u_x^2(x,t)]\,\mathrm{d}x,\tag{6}$$

式中，$a^2=\dfrac{T}{\rho}$，或者更简单地写成

$$E(t)=\int_0^l[u_t^2(x,t)+u_x^2(x,t)]\,\mathrm{d}x.\tag{7}$$

我们把(6)式或(7)式称为**能量积分**,或称之为 u 的**能量模**(有时将其正平方根称为 u 的能量模).

现在来考虑初值问题

$$\begin{cases}\dfrac{\partial^2u}{\partial t^2}=a^2\dfrac{\partial^2u}{\partial x^2}+f(x,t),\ -\infty<x<+\infty,t>0,\\ u\big|_{t=0}=\varphi(x),\dfrac{\partial u}{\partial t}\Big|_{t=0}=\psi(x).\end{cases}\tag{8}$$

设 u 是问题(8)的解(古典解),为了建立能量不等式,如图1,我们过点 (x_0,t_0) 作特征线 $x=x_0\pm a(t-t_0)$，它们与 x 轴相交于 $(x_0-at_0,0)$ 及 $(x_0+at_0,0)$，这两条特征线与 x 轴所围成的区域记作 K.任取 $0\leqslant\tau\leqslant t_0$，令

$K_\tau=K\cap\{0\leqslant t\leqslant\tau\}$（侧边为特征线的梯形），

$\Omega_\tau=K\cap\{t=\tau\}$

$=(x_0+a(\tau-t_0),x_0-a(\tau-t_0))$（区间）.

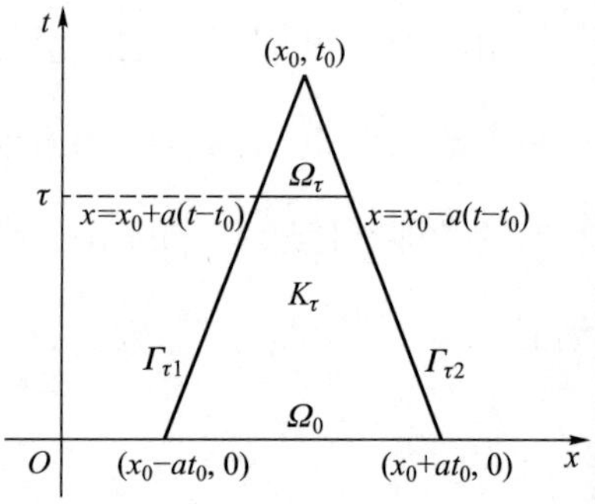

图 1

在(8)式中的波动方程两端同乘 $\dfrac{\partial u}{\partial t}$ 并在 K_τ 上积分,得

$$\iint\limits_{K_\tau}\frac{\partial u}{\partial t}\left(\frac{\partial^2u}{\partial t^2}-a^2\frac{\partial^2u}{\partial x^2}\right)\mathrm{d}x\mathrm{d}t=\iint\limits_{K_\tau}f\frac{\partial u}{\partial t}\mathrm{d}x\mathrm{d}t.\tag{9}$$

先计算上式左端的积分,由于

$$\frac{\partial u}{\partial t}\frac{\partial^2u}{\partial t^2}=\frac{1}{2}\frac{\partial}{\partial t}\left(\frac{\partial u}{\partial t}\right)^2,$$

$$\frac{\partial u}{\partial t}\frac{\partial^2u}{\partial x^2}=\frac{\partial}{\partial x}\left(\frac{\partial u}{\partial t}\frac{\partial u}{\partial x}\right)-\frac{\partial}{\partial x}\left(\frac{\partial u}{\partial t}\right)\frac{\partial u}{\partial x}=\frac{\partial}{\partial x}\left(\frac{\partial u}{\partial t}\frac{\partial u}{\partial x}\right)-\frac{1}{2}\frac{\partial}{\partial t}\left(\frac{\partial u}{\partial x}\right)^2,$$

代入(9)式可得

$$\iint\limits_{K_\tau}\left\{\frac{1}{2}\frac{\partial}{\partial t}\left[\left(\frac{\partial u}{\partial t}\right)^2+a^2\left(\frac{\partial u}{\partial x}\right)^2\right]-a^2\frac{\partial}{\partial x}\left(\frac{\partial u}{\partial t}\frac{\partial u}{\partial x}\right)\right\}\mathrm{d}x\mathrm{d}t=\iint\limits_{K_\tau}f\frac{\partial u}{\partial t}\mathrm{d}x\mathrm{d}t.$$

利用格林公式得

$$-\oint\limits_{\partial K_\tau}a^2\left(\frac{\partial u}{\partial t}\frac{\partial u}{\partial x}\right)\mathrm{d}t+\frac{1}{2}\left[\left(\frac{\partial u}{\partial t}\right)^2+a^2\left(\frac{\partial u}{\partial x}\right)^2\right]\mathrm{d}x=\iint\limits_{K_\tau}f\frac{\partial u}{\partial t}\mathrm{d}x\mathrm{d}t,\tag{10}$$

式中，∂K_τ 表示 K_τ 的边界,它由上底 Ω_τ、下底 Ω_0 及两侧边 $\Gamma_{\tau1}$ 与 $\Gamma_{\tau2}$ 所组成.

把(10)式左端记作 J，则

$$J=\frac{1}{2}\int_{\Omega_\tau}\left[\left(\frac{\partial u}{\partial t}\right)^2+a^2\left(\frac{\partial u}{\partial x}\right)^2\right]\mathrm{d}x-\frac{1}{2}\int_{\Omega_0}(\psi^2+a^2\varphi_x^2)\,\mathrm{d}x-$$

$$\int_{\Gamma_{\tau1}\cup\Gamma_{\tau2}}\left\{a^2\left(\frac{\partial u}{\partial x}\frac{\partial u}{\partial t}\right)\mathrm{d}t+\frac{1}{2}\left[\left(\frac{\partial u}{\partial t}\right)^2+a^2\left(\frac{\partial u}{\partial x}\right)^2\right]\mathrm{d}x\right\}.\tag{11}$$

将(11) 式右端第三项记成 J_1. 现在来估计 J_1. 在 $\Gamma_{\tau1}$ 上, $\mathrm{d}x=a\mathrm{d}t$, 在 $\Gamma_{\tau2}$ 上, $\mathrm{d}x=-a\mathrm{d}t$, 故

$$\begin{aligned}J_1&=-\int_{\Gamma_{\tau1}}\left\{a^2\left(\frac{\partial u}{\partial t}\frac{\partial u}{\partial x}\right)+\frac{1}{2}a\left[\left(\frac{\partial u}{\partial t}\right)^2+a^2\left(\frac{\partial u}{\partial x}\right)^2\right]\right\}\mathrm{d}t+\\&\quad\int_{\Gamma_{\tau2}}\left\{a^2\left(\frac{\partial u}{\partial t}\frac{\partial u}{\partial x}\right)-\frac{1}{2}a\left[\left(\frac{\partial u}{\partial t}\right)^2+a^2\left(\frac{\partial u}{\partial x}\right)^2\right]\right\}\mathrm{d}t\\&=\frac{a}{2}\int_0^\tau\left(\frac{\partial u}{\partial t}+a\frac{\partial u}{\partial x}\right)^2\Bigg|_{x=x_0+a(t_0-t)}\mathrm{d}t+\frac{a}{2}\int_0^\tau\left(\frac{\partial u}{\partial t}-a\frac{\partial u}{\partial x}\right)^2\Bigg|_{x=x_0-a(t_0-t)}\mathrm{d}t\\&\geqslant 0.\end{aligned}\tag{12}$$

由(10) —(12) 式可得

$$\int_{\Omega_\tau}\left[\left(\frac{\partial u}{\partial t}\right)^2+a^2\left(\frac{\partial u}{\partial x}\right)^2\right]\mathrm{d}x\leqslant\int_{\Omega_0}(\psi^2+a^2\varphi_x^2)\,\mathrm{d}x+2\iint_{K_\tau}f\frac{\partial u}{\partial t}\mathrm{d}x\mathrm{d}t.\tag{13}$$

利用代数不等式 $2ab\leqslant a^2+b^2$ 可得

$$2\iint_{K_\tau}f\frac{\partial u}{\partial t}\mathrm{d}x\mathrm{d}t\leqslant\iint_{K_\tau}\left[\left(\frac{\partial u}{\partial t}\right)^2+f^2\right]\mathrm{d}x\mathrm{d}t,$$

从而

$$\begin{aligned}&\int_{\Omega_\tau}\left[\left(\frac{\partial u}{\partial t}\right)^2+a^2\left(\frac{\partial u}{\partial x}\right)^2\right]\mathrm{d}x\\\leqslant&\int_{\Omega_0}(\psi^2+a^2\varphi_x^2)\,\mathrm{d}x+\iint_{K_\tau}\left(\frac{\partial u}{\partial t}\right)^2\mathrm{d}x\mathrm{d}t+\iint_{K_\tau}f^2\mathrm{d}x\mathrm{d}t\\\leqslant&\int_{\Omega_0}(\psi^2+a^2\varphi_x^2)\,\mathrm{d}x+\iint_{K_\tau}\left[\left(\frac{\partial u}{\partial t}\right)^2+a^2\left(\frac{\partial u}{\partial x}\right)^2\right]\mathrm{d}x\mathrm{d}t+\iint_{K_\tau}f^2\mathrm{d}x\mathrm{d}t.\end{aligned}\tag{14}$$

令

$$\begin{aligned}G(\tau)&=\iint_{K_\tau}\left[\left(\frac{\partial u}{\partial t}\right)^2+a^2\left(\frac{\partial u}{\partial x}\right)^2\right]\mathrm{d}x\mathrm{d}t\\&=\int_0^\tau\int_{x_0-a(t_0-t)}^{x_0+a(t_0-t)}\left[\left(\frac{\partial u}{\partial t}\right)^2+a^2\left(\frac{\partial u}{\partial x}\right)^2\right]\mathrm{d}x\mathrm{d}t\\&=\int_0^\tau\int_{\Omega_t}\left[\left(\frac{\partial u}{\partial t}\right)^2+a^2\left(\frac{\partial u}{\partial x}\right)^2\right]\mathrm{d}x\mathrm{d}t,\end{aligned}$$

由式(14)可知 $G(\tau)$ 满足微分不等式

$$\frac{\mathrm{d}G(\tau)}{\mathrm{d}\tau}\leqslant G(\tau)+F(\tau)\,,\tag{15}$$

式中

$$F(\tau)=\int_{\Omega_0}(\psi^2+a^2\varphi_x^2)\,\mathrm{d}x+\iint_{K_\tau}f^2\mathrm{d}x\mathrm{d}t.$$

为了从(15)式中解出 $G(\tau)$，用 $\mathrm{e}^{-\tau}$ 乘其两端，得

$$\frac{\mathrm{d}}{\mathrm{d}\tau}(\mathrm{e}^{-\tau}G(\tau))\leqslant \mathrm{e}^{-\tau}F(\tau).$$

在 $[0,\tau]$ 上积分，得

$$\mathrm{e}^{-\tau}G(\tau)\leqslant\int_0^\tau \mathrm{e}^{-t}F(t)\,\mathrm{d}t\leqslant F(\tau)(1-\mathrm{e}^{-\tau}),$$

故

$$G(\tau)\leqslant(\mathrm{e}^{\tau}-1)F(\tau),\tag{16}$$

将(16)式代入(15)式的右端，由 $G(0)=0$ 及 $F(\tau)$ 非负单增得

$$\frac{\mathrm{d}G(\tau)}{\mathrm{d}\tau}\leqslant \mathrm{e}^{\tau}F(\tau).$$

再由 $G(\tau)$ 的表达式可得能量不等式

$$\int_{\Omega_\tau}\left[\left(\frac{\partial u}{\partial t}\right)^2+a^2\left(\frac{\partial u}{\partial x}\right)^2\right]\mathrm{d}x\leqslant \mathrm{e}^{\tau}\left[\int_{\Omega_0}(\psi^2+a^2\varphi_x^2)\,\mathrm{d}x+\iint_{K_\tau}f^2\mathrm{d}x\mathrm{d}t\right].\tag{17}$$

注 1 上面我们得到了一维波动方程的能量积分及能量不等式，完全类似地可以得到弹性膜或弹性体振动时的动能及位能的表达式为

动能
$$U=\frac{1}{2}\int_\Omega \rho u_t^2\mathrm{d}\boldsymbol{x},$$

位能
$$V=\int_\Omega\frac{T}{2}|\nabla u|^2\mathrm{d}\boldsymbol{x},$$

式中，Ω 表示弹性物体所占的空间区域，$\boldsymbol{x}$ 表示二维或三维欧氏向量（$\boldsymbol{x}=(x_1,x_2)$ 或 $\boldsymbol{x}=(x_1,x_2,x_3)$），$\nabla u$ 表示 u 的梯度.例如，在三维空间内

$$\nabla u=\frac{\partial u}{\partial x_1}\boldsymbol{i}+\frac{\partial u}{\partial x_2}\boldsymbol{j}+\frac{\partial u}{\partial x_3}\boldsymbol{k},$$

故

$$|\nabla u|^2=\sum_{i=1}^3\left(\frac{\partial u}{\partial x_i}\right)^2.$$

此外，用推导(17)式同样的方法也可以得到高维波动方程的能量不等式，所不同的是过空间一点向下作特征锥面，例如，对二维波动方程，过点 (x_0,y_0,t_0) 作特征锥面

$$a(t_0-t)=\sqrt{(x-x_0)^2+(y-y_0)^2},$$

而不是作特征线.

注 2 不等式(16)称为**格朗沃尔(Gronwall)不等式**，它说明只要非负函数满足微分不等式(15)，便可得到(16)式.更一般的情形是

如果非负函数 $G(\tau)$ 在 $[0,\tau]$ 上连续可微，$G(0)=0$，且对 $\tau\in[0,\tau]$，它满足

$$\frac{\mathrm{d}G(\tau)}{\mathrm{d}\tau}\leqslant CG(\tau)+F(\tau),$$

则

$$G(\tau) \leqslant \frac{1}{C}(e^{C\tau}-1)F(\tau).$$

证明的方法和推导(16)式完全相同,只要用 $e^{-C\tau}$ 代替 $e^{-\tau}$.

由于一维波动方程及其初始条件都是线性的,要证明问题(8) 的解是唯一的,只要证明齐次问题

$$\begin{cases}\dfrac{\partial^2 u}{\partial t^2}=a^2\dfrac{\partial^2 u}{\partial x^2}, \quad -\infty<x<+\infty, t>0,\\ u\big|_{t=0}=0, \dfrac{\partial u}{\partial t}\Big|_{t=0}=0\end{cases}$$

只有零解,而后者可以直接由(17)式得到.事实上,当 $\varphi=\psi=f\equiv 0$ 时 ,由(17)式得

$$\int_{\Omega_\tau}\left[\left(\frac{\partial u}{\partial t}\right)^2+a^2\left(\frac{\partial u}{\partial x}\right)^2\right]dx=0,$$

故

$$\frac{\partial u}{\partial t}=\frac{\partial u}{\partial x}=0.$$

由于 u 是一个光滑函数,所以 $u(x,t)\equiv$ 常数.但是,当 $t=0$ 时, $u=0$, 所以 $u(x,t)\equiv 0$.

下面来讨论解的稳定性,凡是谈到稳定性,首先要搞清楚解在什么意义下是稳定的.设有两个初值问题:

$$\begin{cases}\dfrac{\partial^2 u_i}{\partial t^2}=a^2\dfrac{\partial^2 u_i}{\partial x^2}+f_i(x,t), \quad -\infty<x<+\infty, t>0,\\ u_i\big|_{t=0}=\varphi_i(x), \dfrac{\partial u_i}{\partial t}\Big|_{t=0}=\psi_i(x)\end{cases} \quad (i=1,2),$$

将两个问题中对应的方程相减得

$$\begin{cases}\dfrac{\partial^2(u_1-u_2)}{\partial t^2}=a^2\dfrac{\partial^2(u_1-u_2)}{\partial x^2}+f_1(x,t)-f_2(x,t), \quad -\infty<x<+\infty, t>0,\\ (u_1-u_2)\big|_{t=0}=\varphi_1(x)-\varphi_2(x),\\ \dfrac{\partial(u_1-u_2)}{\partial t}\Big|_{t=0}=\psi_1(x)-\psi_2(x).\end{cases}$$

对上面的定解问题利用能量不等式(17)得

$$\begin{aligned}&\int_{\Omega_\tau}\left[\left(\frac{\partial(u_1-u_2)}{\partial t}\right)^2+a^2\left(\frac{\partial(u_1-u_2)}{\partial x}\right)^2\right]dx\\ &\leqslant e^{\tau}\left[\int_{\Omega_0}\left[(\psi_1-\psi_2)^2+a^2\left(\frac{\partial\varphi_1}{\partial x}-\frac{\partial\varphi_2}{\partial x}\right)^2\right]dx+\iint_{K_\tau}(f_1(x,t)-f_2(x,t))^2 dx dt\right]. \quad (18)\end{aligned}$$

如果(18)式右端的值很小,即初值与方程中自由项在能量模意义下变化很小,则初值问题(8)的解也在能量模意义下变化很小,也就是说,初值问题的解在能量模意义下连续地依赖于初始数据和方程的自由项.

下面我们考虑一维波动方程的初边值问题

$$\begin{cases}\dfrac{\partial^2 u}{\partial t^2}=a^2\dfrac{\partial^2 u}{\partial x^2}+f(x,t), \quad 0<x<l,t>0,\\ u(0,t)=u(l,t)=0,\\ u(x,0)=\varphi(x),\\ \dfrac{\partial u}{\partial t}(x,0)=\psi(x),\end{cases} \tag{19}$$

和前面的做法相同,在问题(19)中,方程的两端同乘 u_t 后在长方形区域 $Q_\tau=\{(x,t)\mid 0<x<l, 0<t<\tau\}$ 上积分,得

$$\iint_{Q_\tau} u_t(u_{tt}-a^2u_{xx})\,\mathrm{d}x\mathrm{d}t=\iint_{Q_\tau} u_t f\mathrm{d}x\mathrm{d}t,$$

把左端积分号内的函数写成散度形式,再用格林公式可得

$$-\oint_{\partial Q_\tau}\left[\left(\frac{1}{2}u_t^2+\frac{1}{2}a^2u_x^2\right)\mathrm{d}x+a^2u_tu_x\mathrm{d}t\right]=\iint_{Q_\tau} u_t f\mathrm{d}x\mathrm{d}t$$

即

$$-\int_0^l (u_t^2+a^2u_x^2)\big|_{t=0}\mathrm{d}x-\int_0^\tau 2a^2u_tu_x\big|_{x=l}\mathrm{d}t-\int_l^0 (u_t^2+a^2u_x^2)\big|_{t=\tau}\mathrm{d}x-\int_\tau^0 2a^2u_tu_x\big|_{x=0}\mathrm{d}t$$
$$=2\iint_{Q_\tau} u_t f\mathrm{d}x\mathrm{d}t.$$

利用边界条件及初始条件得

$$\int_0^l (u_t^2+a^2u_x^2)\big|_{t=\tau}\mathrm{d}x-\int_0^l (\psi^2+a^2\varphi_x^2)\,\mathrm{d}x=2\iint_{Q_\tau} u_t f\mathrm{d}x\mathrm{d}t, \tag{20}$$

由此可得

$$\int_0^l [u_t^2(x,\tau)+a^2u_x^2(x,\tau)]\,\mathrm{d}x\leqslant\int_0^l (\psi^2+a^2\varphi_x^2)\,\mathrm{d}x+\iint_{Q_\tau} u_t^2\mathrm{d}x\mathrm{d}t+\iint_{Q_\tau} f^2\mathrm{d}x\mathrm{d}t. \tag{21}$$

令

$$G(\tau)=\iint_{Q_\tau}(u_t^2+a^2u_x^2)\,\mathrm{d}x\mathrm{d}t,$$

则由(21)式可得

$$\frac{\mathrm{d}G(\tau)}{\mathrm{d}\tau}\leqslant G(\tau)+F(\tau), \tag{22}$$

式中

$$F(\tau)=\int_0^l (\psi^2+a^2\varphi_x^2)\,\mathrm{d}x+\iint_{Q_\tau} f^2\mathrm{d}x\mathrm{d}t,$$

由格朗沃尔不等式并利用表达式(6) 可得

$$E(\tau)\leqslant M\left(E(0)+\iint_{Q_\tau} f^2\mathrm{d}x\mathrm{d}t\right), \tag{23}$$

这就是一维波动方程边值问题的能量不等式,其中 $M=\mathrm{e}^\tau\leqslant\mathrm{e}^T$,$T$ 是任意正数,$(x,\tau)\in Q_T$.

从上面推导的过程中(见(20)式)可知,若 $f \equiv 0$,则

$$E(\tau) = E(0) ,$$

这说明,若没有外力作用,则弦的能量是守恒的.

作为能量不等式(23)的推论,我们可以证明初边值问题(19)的解是唯一的,并且在能量模意义下连续依赖于初始值和方程中的自由项.

注 1 对于抛物型方程

$$\frac{\partial u}{\partial t} = a^2 \frac{\partial^2 u}{\partial x^2} + f(x,t) \tag{24}$$

来说,没有能量的概念,因此也就没有能量不等式.不过若忽略物理概念,也可以套用前面讲述的方法来证明方程(24)的初值问题及初边值问题解的唯一性.所不同的是,在弦振动方程中用 $\frac{\partial u}{\partial t}$ 乘方程两端后积分,对方程(24)来说,是用 u 乘方程两端再进行积分.由于这个积分也具有与波动方程能量积分类似的形式,因此有些书上也称之为能量方法.这里不再赘述,有兴趣的读者可自己去做相应的推导.

注 2 利用能量方法也能证明定解问题解的存在性,但需要用到一些较深的数学理论,例如泛函分析等,这里不再细述了.

部分习题答案与提示

参 考 文 献

1. Haberman R. Applied Partial Differential Equations: with Fourier Series and Boundary Problem. 5th ed. New York: Pearson Education Limited, 2012.
2. 梁昆淼.数学物理方法.4 版. 北京:高等教育出版社,2010.
3. 郭敦仁.数学物理方法.2 版. 北京:高等教育出版社,1991.
4. 邵惠民.数学物理方法.2 版. 北京:科学出版社,2016.
5. 程建春.数学物理方程及其近似解法. 2 版.北京:科学出版社,2018.
6. 严镇军. 数学物理方法.合肥:中国科学技术大学出版社,1999.
7. 姚端正,梁家宝. 数学物理方法.3 版. 北京:科学出版社,2010.
8. 谷超豪,李大潜,陈恕行,等.数学物理方程.3 版. 北京:高等教育出版社,2016.
9. 胡嗣柱,倪光炯.数学物理方法. 2 版. 北京:高等教育出版社,2008.
10. 何淑芷,刁元胜,周佐横,等.数学物理方程中的近代分析方法.广州:华南理工大学出版社,1995.
11. 王元明.工程数学——数学物理方程与特殊函数.4 版. 北京:高等教育出版社,2012.
12. 刘连寿, 王正靖.数学物理方法.3 版. 北京:高等教育出版社,2011.